新版
これでわかる
化学演習

JN090571

編著

矢野　潤・管野善則

共著

伊藤武志・岡野　寛・尾崎信一・加藤清考・
竹中和浩・多田佳織・立川直樹

三共出版

新版にあたって

　本書は，高等専門学校，大学，短期大学の基礎教養の化学の教科書や参考書として利用できるものを目指して書かれた初版「これでわかる化学」に対応する演習書として著したものである．初版は 2011 年に刊行されたが，すでに 12 年近くの歳月が過ぎた．2023 年 4 月に，「これでわかる化学」が 14 年ぶりに改訂され，「新版 これでわかる化学」として刊行された．これに伴い，本書も「新版 これでわかる化学」に対応させるために，改訂する必要が生じた．

　2023 年の高等学校の化学の教科書において，熱化学方程式がエンタルピー変化になり熱の出入りの符号が逆になった．したがって，本書においても，化学反応などによるエネルギー変化を熱化学方程式ではなく，化学反応式とエンタルピー変化 ΔH で表した．また ΔH の値は，これまでと視点が変わるので，熱化学方程式の値とは符号を逆にした．他方，新たに増補した有機化合物の章に対応する問題をまとめた章を設けた．この 2 点が主な改訂箇所であるが，その他にも現在の状況から見て適切ではない箇所は訂正・加筆して修正した．また，問題そのもの自体の削除も行った．

　今回の改訂においては，現在，化学の講義を担当されている香川高等専門学校高松キャンパスの立川直樹先生と詫間キャンパスの竹中和浩先生にも，訂正・加筆および問題作成をお願いした．

　終わりに，初版を世に出して以来 12 年近い年月を経たが，この間，教科書や参考書として使用されている学生さんや教員の方，また自学する読者の方々から多くのご教示やご意見を頂戴した．それらは本書を執筆するにあたり参考になったばかりではなく，本書を今後もより良いものにしなければいけないという使命感を強く持つことにもなった．それらの方々に感謝の意を表したいと思う．また，本書を上梓するにあたり多大なご尽力をいただいた三共出版の野口昌敬，秀島功氏に心よりお礼をいいたい．

　　令和 6 年 3 月　　　　　　　　　　　　　　　　　　　編著者を代表して

　　　　　　　　　　　　　　　　　　　　　　　　　　　　　矢野　潤

はじめに

　本書は高等専門学校，短期大学や大学の理工系学部の教養課程の化学や一般化学の教科書および参考書として著された「これでわかる化学（三共出版）」に対応する問題集として作成したものである．「これでわかる化学」においては，主として物理化学的で理解しなければならない化学の基礎的な箇所に焦点をあてて，無機化学，有機化学，高分子化学などの基礎的部分は思い切って割愛した．すなわち，自然科学の1つである化学の基礎理論を理解することを目的としたものである．この中にも例題や問題はいくつか掲載したが，理解するためにももう少し問題の量がほしいという声が寄せられた．実際，「これでわかる化学」を使用していただいた現場の先生方や学生諸氏からも，問題集を作ってほしいという要望が多く寄せられた．こうした背景から本書の企画を思い立った訳である．

　本書の執筆者は四国の高等専門学校の現場で化学の講義を担当し，こうした背景を痛感されている教員ばかりである．また執筆者全員，これまでに問題を独自に作成して化学の四国統一テストを行い，得られた結果，分析と対策などを教育関係の学会発表や論文で公表してきており，学生の理解の障害になっているのはどのようなことが多いのかということも熟知している．今回，新たな執筆者も加え，基礎的で基礎理論の理解を助け，かつ実力養成にもなる問題も多く掲載することができた．

　本書は基礎理論を簡単に概説した後に，解き方を詳しく解説した例題，そしてその例題から問題へと円滑に移行するように努めて執筆したつもりである．また，覚えておかなければならない原子量や重要な諸定数の数値は意図的に問題中に記載したり，しなかったりしている．これは振り返りそれらの数値を調べることにより，学生の記憶に残ることを狙ったためである．さらに，問題の解答において解き方を詳しく記載していないのは，学生にがんばって頭を絞ってもらうことを意図しているためである．

　本書の形式や内容が学生の実力向上に最適なものとは思えない．わかりやすさを重視したばかりに厳密性を欠いた説明になったり，説明不足の箇所があったり，執筆者らの浅学のために生じた間違いや誤解を生む箇所などもあるに違いない．また編集にあたっては，執筆者どうしが相互に緊密に連絡・相談しあって調整に努めてきたつもりであるが，統一されていない形式，図，表記などもあると思われる．さらに，「これでわかる化学演習」なる書名だが，「これではわからない化学演習」になっている箇所も多いと思われる．こ

れらの点に関しては，本書を使用される諸賢の愛情ある御叱正により，改めるべきところ
は改めて期待に添えるような良書に近づけたいと切に念願している次第である．

　終わりに，本書を完成させ発刊させるにあたって多大な御支援と御声援を賜った三共出
版株式会社の秀島功をはじめご関係された各位に感謝したい．

　　平成 23 年 3 月

編著者代表　　矢野　潤

目　　次

1 物質の構成

1.1 元素と周期表

> **元　素**　物質を構成する基本的な成分を**元素**という．現在では約 100 種類以上の元素が知られている．
>
> **周期表**　すべての元素を原子番号の順番に並べたものを元素の**周期表**という（本書の表紙裏に掲載）．

例題と解き方

【例題 1–1】元素記号

次の (1) 〜 (10) の各元素の元素記号を書け．

 (1) 水素   (2) 炭素   (3) 窒素 (4) 酸素 (5) 塩素

 (6) リチウム (7) アルミニウム (8) 銅 (9) 鉄 (10) 金

> ➡原子番号が 20 番までの元素や銅や鉄のように普段よく聞く金属元素は覚えておく．元素記号は英語の正式名称のスペルの略であることが多い．元素記号が 1 つのアルファベットで表示される場合は大文字で表現し，複数のアルファベットで表示される場合，最初は大文字でその後は小文字を使う．

答　(1) H, (2) C, (3) N, (4) O, (5) Cl, (6) Li, (7) Al, (8) Cu, (9) Fe, (10) Au

【例題 1–2】元素の日本語名

次の (1) 〜 (10) の各元素の日本語名を書け．

 (1) Hg   (2) S   (3) Si   (4) F   (5) Ar

 (6) Ag   (7) Cu   (8) Pt   (9) Co (10) Ni

答　(1) 水銀, (2) 硫黄, (3) ケイ素, (4) フッ素, (5) アルゴン, (6) 銀, (7) 銅, (8) 白金, (9) コバルト, (10) ニッケル

問題 1-1

次の (1) 〜 (10) の各元素の元素記号を書け.

(1) フッ素　　(2) ネオン　　(3) マグネシウム　(4) ケイ素　　(5) 硫黄

(6) カルシウム　(7) クロム　　(8) 銀　　　(9) 水銀　　(10) 鉛

ヒント：元素記号は必ずアルファベットの大文字から始まることに注意すること.

問題 1-2

次の (1) 〜 (10) の各元素の日本語名称を書け.

(1) He　　(2) Mg　　(3) K　　(4) Ni　　(5) Zn

(6) In　　(7) Sn　　(8) U　　(9) Ar　　(10) Be

ヒント：元素記号のアルファベットと日本語名称の最初の発音は必ずしも一致しない.

問題 1-3

次の (1) 〜 (10) の各元素の日本語名称を書け.

(1) Mn　　(2) Nb　　(3) Ti　　(4) Y　　(5) As

(6) Bi　　(7) Po　　(8) W　　(9) Xe　　(10) La

ヒント：原子番号が 20 を越えるもので, 少し難しいがトライしてみよう. もちろん覚えていない場合は, 元素の周期表をみて確認するとよい.

問題 1-4

次の文書の（　）内に適当な語句を記入せよ.

　すべての元素を（ 1 ）の順に並べたものが周期表である. 周期表から各元素の元素記号, 名称,（ 1 ）や（ 2 ）などの情報が得られる. すべての元素は, 金属元素と（ 3 ）に分類される. 全元素の約 8 割が金属元素である.（ 3 ）は周期表の右上部に（ 4 ）種類存在している. また, 全元素は（ 5 ）と遷移元素に分類することができる. これは（ 6 ）を基にした分類方法である.（ 5 ）は周期表の両端に位置し, 原子番号の変化と（ 7 ）の個数との間に規則性を有する. 同じ族であれば（ 7 ）の個数は等しく, 周期表の縦隣の元素は似た性質を示す. そこで,（ 5 ）には, 1 族は（ 8 ）, 2 族は（ 9 ）,（ 10 ）族はハロゲンそして（ 11 ）族は希ガス, というようにグループごとに固有の名称が付いている.

　遷移元素は周期表の（ 3 族〜12 族）に位置し, 原子番号の変化と（ 7 ）の個数に規則性が見られない. 電子配置も複雑であり, 同一元素でもいろいろな性質を示すことが多い.（ 5 ）とは異なり周期表の横隣の元素は類似の性質を示すことがある.

ヒント：周期表の族, 原子番号とその意味などを理解しながら記入するとよい.

1.2 単体と化合物

単体　　1種類の元素のみで形成されている物質を**単体**という.
化合物　　複数の元素で形成される物質を**化合物**という.

例題と解き方

【例題 1-3】単体と化合物

次の (1) ～ (10) の物質を単体と化合物に分類せよ. また, 化学式も書け.

   (1) 水素　　(2) ダイヤモンド　　(3) 硫酸　　(4) オゾン　　(5) 鉄
   (6) 亜鉛　　(7) アンモニア　　(8) メタン　　(9) 水銀　　(10) 白金

> ➡ まずは物質を化学式であらわしてみよう. 正確な化学式が書けたら単体と化合物の分類は簡単である. この例題にある物質はいずれも化学を勉強するに当たり重要なものばかりであるから, この機会に化学式を覚えてしまおう.

答　(1) H_2：単体, (2) C：単体, (3) H_2SO_4：化合物, (4) O_3：単体, (5) Fe：単体, (6) Zn：単体, (7) NH_3：化合物, (8) CH_4：化合物, (9) Hg：単体, (10) Pt：単体

【例題 1-4】単体・化合物と同素体

（　　）内に適当な語句を記入し文書を完成させよ.

   水は（ 1 ）原子2個と酸素原子（ 2 ）個からできており, 複数の元素からできているので（ 3 ）である. 一方酸素は酸素原子が2個, オゾンは酸素原子が（ 4 ）個から成り, 1種類の元素のみで形成されているので（ 5 ）である. 酸素とオゾンのように同じ元素でできた（ 5 ）であるが, その原子配列が異なるため物理的, 化学的に異なる性質を示す物質を（ 6 ）という.

> ➡ 酸素とオゾンの場合, 化学式は異なるが同じ元素からなる. 黒鉛とダイヤモンドなどは化学式が同じであるが原子配列が異なり性質も違うことから同素体である. 同素体と似た用語に同位体があるが, まったく異なるものであるから混同しないこと.

答　(1) 水素, (2) 1, (3) 化合物, (4) 3, (5) 単体, (6) 同素体

問題 1-5

次の (1) ～ (10) の物質を単体と化合物に分類せよ.

   (1) アルゴン　　(2) 二酸化炭素　　(3) 窒素　　(4) プロパン　　(5) ヘリウム
   (6) 塩素　　(7) 一酸化炭素　　(8) 二酸化硫黄　　(9) ネオン　　(10) エタン

> ヒント：すべて気体に関する問題であるが, 同じ気体でも単体と化合物がある. 化学式を調べて, 1種類の元素からなる場合は単体で, 2種類以上の元素から構成されていれば化合物である.

次の (1) ～ (10) の物質を単体と化合物に分類せよ.

 (1) 酸化アルミニウム (2) 硫黄   (3) ウラン (4) アミノ酸 (5) ニッケル

 (6) チタン酸バリウム (7) ドライアイス (8) ナフタレン (9) プルトニウム (10) リン

ヒント：すべて固体に関する問題であるが, 同じ固体でも単体と化合物がある. 前問と同様に化学式を調べて考えればよい. 元素記号はアルファベットの大文字から始まるので, アルファベットの大文字が 2 個以上であれば化合物であり, 1 個ならば単体である.

問題 1-7
次の (1) ～ (10) の物質を単体と化合物に分類せよ.

 (1) アルミナ (2) ゲルマニウム (3) 一酸化窒素 (4) パラジウム (5) ブドウ糖

 (6) セルロース (7) クリプトン (8) エタノール (9) カドミウム (10) 酢酸

ヒント：少し難しいのでわからなくてもかまわない. 化学式や周期表を調べてまずは単体がどれか考えてみることから始めよう.

問題 1-8
次の文章を読み問いに答えよ.

 同じ元素で形成される （①） であるが, 構成元素の （②） が異なることにより, その性質がお互いに異なる物質を （③） という. （③） はお互いに物理的・化学的性質が異なる. ₁ダイヤモンドと黒鉛や₂酸素とオゾンが代表例である.

 (1) （　） 内に適当な語句を記入し文書を完成せよ.

 (2) 下線部 1 に示す物質を構成する元素は何か. また, この元素で構成される他の同素体を 2 つあげよ.

 (3) 下線部 2 に示す物質を化学式で示せ.

ヒント：少し難しいのでわからなくてもかまわない. 化学式や周期表を調べ, まずは単体がどれか考えてみることから始めよう.

1.3　純物質と混合物

純物質　1 種類の単体あるいは 1 種類の化合物のみから構成されている物質. 1 つの化学式で素記可能.
混合物　複数の純物質が混じり合った物質.

例題と解き方

【例題 1-5】純物質と混合物
次の (1) ～ (10) の物質を純物質と混合物に分類せよ. また純物質については, 化学式で示し単体か化合物かを答えよ. 混合物についてはどのような純物質から成り立っているか答えよ.

(1) 水素　　(2) ダイヤモンド　　(3) 塩酸　　(4) 二酸化炭素　　(5) ガソリン

(6) 海水　　(7) アンモニア　　(8) 鉛　　(9) 黄銅　　(10) 白金

➡ダイヤモンドは炭素で構成された純物質と回答する場合が多いが，天然のダイヤモンドであれば多くは微量の不純物が含まれており正確な意味では混合物である．他の物質も，混合物から不純物を取り除き純度を上げていくのは非常に難しい作業である．

答　(1) 純物質；H_2；単体，(2) 純物質；C；単体，(3) 混合物；$HCl + H_2O$，(4) 純物質；CO_2；化合物，(5) 混合物；炭素数が5〜10程度の炭化水素，(6) 混合物；$H_2O + NaCl +$ 各種アルカリおよびアルカリ土類金属イオンなど，(7) 純物質；NH_3；化合物，(8) 純物質；Pb；単体，(9) 混合物，Cu + Zn，(10) 純物質；Pt；単体

【例題 1-6】 純物質とその分離

（　）内に適当な語句を記入し文書を完成させよ．

空気は主に（ 1 ）と（ 2 ）とからなる．食塩水は主に水と（ 3 ）で構成されている．このように2種類以上の物質から構成されているものを（ 4 ）という．（ 4 ）は（ 5 ）という操作でいくつかの（ 6 ）に分けることができる．食塩水を加熱して水を（ 7 ）させ，その後冷却することで溶けきれなくなった（ 3 ）を析出させることができる．これを（ 8 ）という．

➡混合物を純物質に分ける操作を分離という

答　(1) 窒素，(2) 酸素，(3) 塩化ナトリウム，(4) 混合物，(5) 分離，(6) 純物質，(7) 蒸発，(8) 再結晶

問題 1-9

次の文章を読み問いに答えよ．

混合物をいくつかの物質に分けていく操作を（①）という．最終的に混合物はいくつかの（②）に分離できる．分離には混合物中の物質の物理的性質や化学的性質の違いを利用することが多い．

(1)（　）内に適当な語句を記入し，文書を完成せよ．

(2) 下線部分の物理的性質と化学的性質とは具体的にどのような性質があるか．

(3) 代表的な分離手法を4つ示せ．

ヒント：固体の場合は物質の液体に対する溶解しやすさ，また液温による溶けやすさの相違，液体の場合は沸騰・蒸発のしやすさ，などを考慮するとよい．その他，水には溶解しない固体物質を含む溶液（例えば泥水など）ならば，目の細かい布やフィルタなどのようなものでこしとれば，固体物質を溶液から分離することができる．クロマトグラフィーや電気泳動など，機器を用いた分離も行われている．

問題 1-10

次の(1)〜(10)の物質を純物質と混合物に分類せよ．

(1) オゾン　　(2) 二酸化炭素　　(3) トマト　　(4) 硫酸　　(5) 人間

(6) 草　　(7) 一酸化炭素　　(8) 鶏卵　　(9) ネオン　　(10) 地球

ヒント：調べてみて，化学式で表現できる物質を探してみよう．1つの化学式で表すことができる物質が純物質である．基本的な化学物質の名称と化学式は覚えることが必要不可欠である．

問題 1-11
次の (1)〜(5) の物質を純物質と混合物に分類せよ．また，純物質については化学式で示し，
単体か化合物かを答えよ．混合物についてはどのような純物質で形成しているか答えよ．
  (1) 酸化アルミニウム   (2) 塩酸   (3) 硫黄   (4) ニッケル   (5) ステンレス

：いくつかは身近にある材料でありなじみが深い．それぞれについて調べ，化学式で表してみよう．

問題 1-12
次の (1)〜(5) の物質はすべて混合物である．それぞれどのような純物質で構成されているか
を答えよ．
  (1) 青銅   (2) ガソリン   (3) 黄銅   (4) p 型 Si
  (5) 充電されたリチウムイオン電池の負極

ヒント：それぞれについて調べて答えればよい．

1.4　原子の構成

原子の構成　　物質を構成する基本粒子を**原子**という．原子は中心に**原子核**が存在
し，その周りに**電子**が存在している．原子核は正の電荷を有する**陽子**と電気的に中性
な**中性子**から成り立っている．電子は負の電荷を有し，陽子や中性子と比較して非常
に軽い粒子である（約 1,840 分の 1 である）．そのため原子の質量はほぼ原子核の質
量で決まる．

原子番号と質量数　　原子核の質量がその原子の質量を決定するが，それは陽子と中
性子の数で決まる．そこで原子核の陽子数と中性子数の和を**質量数**として表す．質量
数や原子番号を示すときは，元素記号の左上，原子番号を左下に記す．

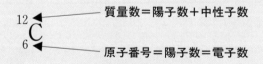

$$^{12}_{6}\mathrm{C}$$

質量数＝陽子数＋中性子数

原子番号＝陽子数＝電子数

例題と解き方

【例題 1-7】原子番号—陽子数—電子数—中性子数の関係
質量数 4 のヘリウム原子および質量数 23 のナトリウム原子について，以下の (1)〜
(4) を求めよ．
  (1) 原子番号   (2) 陽子数   (3) 中性子数   (4) 電子数

➡原子番号は陽子の数を表しているから，原子番号＝陽子の数である．また中性の原子
  の場合，正の電荷をもつ陽子の数と，負の電荷を持つ電子の数は等しい．質量数＝陽

子の数＋中性子の数，であるから，質量数と陽子の数の差が中性子の数である．

答 ヘリウム：(1) 2, (2) 2, (3) 2, (4) 2, ナトリウム：(1) 11, (2) 11, (3) 12, (4) 11

【例題 1-8】原　子

下記は原子についての説明文である．（　）内に適当な語句を加えて文書を完成させよ．

　すべての物質は約（ 1 ）種類の元素で構成されている．元素は（ 2 ）という小さな粒子でできており，原子は物質を構成する最小単位である．原子の内部を見ると，中心に（ 3 ）がありその周りに（ 4 ）が存在している．原子核は正の電荷をもつ（ 5 ）と電気的には中性の（ 6 ）からできている．陽子と中性子の質量はほぼ同じであり，電子の質量の約（ 7 ）倍である．そのため原子の質量は原子核の質量，すなわち陽子の質量と中性子の質量の和で決まる．原子核の中の陽子の数と中性子の数の和を（ 8 ）という．原子核の周りに存在する電子は（ 9 ）の電荷を有しており，（ 5 ）と同じ数だけ存在する．

➡電子の質量は陽子や中性子の質量と比較して非常に小さい

答 (1) 100, (2) 原子, (3) 原子核, (4) 電子, (5) 陽子, (6) 中性子, (7) 1840, (8) 質量数, (9) 負

問題 1-13

下記の文章を読み，(1)〜(3)の各問に答えよ．

　同じ元素の原子であるが，原子核の中の（①）の数が異なることにより（②）が異なる原子をお互いに**同位体**という．同位体はその質量などの物理的な性質は異なるが，一般的な化学的性質は同じである．水素の場合，質量数の異なる3つの同位体が存在し，質量数2の水素を（③），質量数3の水素を3重水素という．天然に存在する全ての原子には同位体が存在する．同位体には安定なものと不安定なものが存在し，不安定なものは特に（④）同位体と呼び放射線を放出して分解する．

(1) （　）内に適当な語句を記入し文書を完成させよ．
(2) 質量数2の水素 100 [%] を燃焼して水を得た．比重はおおよそいくらになるか．
(3) 代表的な放射性同位体を1つ示せ．

ヒント：(2) 普通の水（水素の質量数は1）の分子量は約18である．つまり，1 [mol] の質量は18 [g] である．重水素100％で形成した水の場合，1 [mol] の質量は20 [g] となることから計算or考えよ．分子量や1 [mol] の考え方は3章を参考のこと．なお比重は同体積の水の質量を1としたときの相対値である．
(3) インターネットなどで調べてみよう．

問題 1-14

次の表に数値を記入し完成させよ.

元素記号	原子番号	陽子数	中性子数	質量数	電子数
^{1}H					
^{37}Ar					
^{24}Mg					
^{56}Fe					
^{200}Au					
^{238}U					
^{191}Po					

ヒント：H, Ar, Mg はすべて原子番号が 20 以下だから，ぜひ原子番号も記憶しておこう. Fe, Au, U, Po は周期表を参考に原子番号を調べてみよう. 原子は電気的に中性であるから，電子の数と陽子の数は原子番号に等しい. 陽子の数＋中性子の数＝質量数，を考慮すれば容易に求められる. なお質量数は原素記号の左上に記すことになっている.

1.5　電子配置

電子殻と閉殻構造　　原子核の周りに存在している電子は無秩序に存在しているのではなく，原子核を中心としたいくつかの層に分かれて存在している. その層を**電子殻**という. 電子殻は原子核に近いほうから，**K 殻**，**L 殻**，**M 殻**，**N 殻**，…と呼ばれている. 各電子殻に収容できる電子の最大個数は決まっており，K 殻から順に 2 個，8 個，18 個，…となっていて，原子核から n 番目の電子殻の最大収容個数は $2n^2$ 個である. 一番外側の殻（最外殻）に存在する電子が原子どうしの結合や原子の安定性に大きく影響し，**価電子**とよばれる*.
最外殻が K 殻の場合は 2 個，L 殻と M 殻の場合は 8 個電子が存在すると**閉殻構造**となりその原子は安定状態となる.

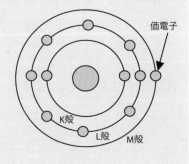

Na原子の例

*ただし閉殻構造を有する希ガス原子の価電子は 0 とする.

電子殻と spd 理論　　電子殻についてさらに詳しくみると，実際には **s 軌道**，**p 軌道**，**d 軌道**，**f 軌道**からなる. s 軌道は球形をしており 1 種類で，p 軌道は八の字型（アレイ型）をしていて，x 方向，y 方向，z 方向のものがあり 3 種類ある. d 軌道は

5種類，f軌道は7種類あるが，複雑な形をしている．各軌道には電子が2個入る．これらの軌道に，電子はエネルギーの低い順から詰まっていて同じエネルギーの軌道があれば対にはならない．（**フントの規則**）．したがって同一原子内には全く同じ条件の電子は2個存在しない（**パウリの排他原理**）．電子殻とこれらの軌道の関係を以下の表にまとめた．s，p，d，f軌道の前の数字が大きくなるほど，形は同じであるが大きいものとなる．また，——→でエネルギーの低い順から高い順の方向を示した．電子は1s，2s，2p，3s，3p，4s，3d，4p，5s，4d，5p，6s，4f，5d，6p，7s，5fの順に詰まっていく．

電子殻	s軌道	p軌道	d軌道	f軌道	収容電子数
Q	7s				
P	6s	6p			
O	5s	5p	5d	5f	
N	4s	4p	4d	4f	32個
M	3s	3p	3d		18個
L	2s	2p			8個
K	1s				2個
収容電子数	2個	6個	10個	14個	

例）金（Au）の電子配置：$1s^2 2s^2 2p^6 3s^2 3p^6 3d^{10} 4s^2 4p^6 4d^{10} 4f^{14} 5s^2 5p^6 5d^{10} \underline{6s^1}$
よって金の最外殻電子と価電子は下線の6sの電子であり，最外殻はP殻．

例題と解き方

【例題1-9】電子配置

He，N，AlについてK，L，M殻の電子数を考えて下表を完成させよ．また，spd理論による電子配置を示せ．

	K殻	L殻	M殻
He			
N			
Al			

➡原子番号から電子数をみる．K殻は2個，L殻は8個，M殻は18個電子が入ることができる．また，s軌道は2個，p軌道は6個，d軌道は10個の電子を収容することができる．

答

	K 殻	L 殻	M 殻
He	2 個	0 個	0 個
N	2 個	5 個	0 個
Al	2 個	8 個	3 個

spd 理論による電子配置：He；$1s^2$，N；$1s^2\ 2s^2\ 2p^3$，Al；$1s^2\ 2s^2\ 2p^6\ 3s^2\ 3p^1$

問題 1-15

下記は電子配置についての説明文である．（　）内に適当な語句を加えて文章を完成させよ．
中性の原子は（1）と同じ数の電子をもっている．電子は原子核の周りにいくつかの層をなして存在している．最も原子核に近い層を（2）と呼び最大（3）個の電子を収容可能である．その外側に（4）があり最大 8 個の電子を収容可能である．さらに外側には M 殻があり最大（5）の電子を収容可能である．各殻に存在する電子数はその原子の性質を決定する．K 殻には 2 個，L 殻と M 殻には 8 個電子が収容された時，その原子は安定する．

ヒント：前頁のまとめを参考にしよう．

問題 1-16

次の文章を読み(1)～(3)の各問に答えよ

原子核の周りを電子が円運動しているというモデルは（①）と呼ばれる．しかし，最大 18 個の電子を収容可能な M 殻に 8 個の電子が入ると安定状態になるという事実は説明できない．そこで新たなモデルとして電子は原子核の周りに雲のようにある分布を持って存在していると考える．その雲を**電子雲**と呼ぶ．通常 K 殻には球状の 1 つの電子雲が存在し（②）と呼ばれる．L 殻には球状をした（②）よりも一回り大きな（③）と，八の字型をした 3 つの（④）が存在している．M 殻には，K 殻や L 殻より一回り大きな，1 つの 3 s 軌道と，3 つの 3 p 軌道があり，さらに非常に複雑な形状をした（⑤）つの（⑥）が存在している．結果として，K 殻には 1 つ，L 殻には 4 つ，M 殻には 9 つの軌道が存在している．各軌道の電子の最大収容個数は（⑦）であり，K 殻には 2 個，L 殻には 8 個，M 殻には 18 個の電子が入ることになる．

(1)（　）内に適当な語句を加えて文書を作成せよ．

(2) 下線部分を spd 軌道の概念を使用して説明せよ．

(3) M 殻に 8 個電子が収容された安定な元素は何か．またこの元素の電子配置を spd 理論を用いて示せ．

ヒント：s，p，d 軌道のエネルギー順から，各軌道と KLM 殻の関係を考えよう．

1.6 イ オ ン

イオン　　中性の原子は原子核の中の陽子の数と電子の数が同じである．この原子が，電子を放出したり受け取ったりすると電荷を帯びた粒子となる．このように原子や原子団が電荷を帯びた状態を**イオン**という．原子が電子を放出したり受け取ったりするのは，それによって電子配置が閉殻構造となり安定するからである．原子番号が20番までの原子は，最外殻（電子の存在する一番外側の殻）がK殻の場合は2個，L殻とM殻の場合は8個存在すると閉殻構造となり安定化する．電子を放出し正の電荷を帯びた粒子を**陽イオン**，電子を受け取り負の電荷を帯びた粒子を**陰イオン**という．また，相対的に電子1個分の電荷を帯びたイオンを1価のイオン，電子2個分の電荷を帯びたイオンを2価のイオンという．イオンには1つの原子から形成した**単原子イオン**と複数の原子からなる**多原子イオン**とがある．

イオンの電子配置（閉殻構造）　　閉殻構造（希ガス構造）は極めて安定であるため，閉殻構造になるようにイオンが形成される．例えばNa原子は1個電子を放出するとNeと同じ電子配置になり安定化してNa$^+$になる．他方，F原子は1個電子を受け取ることによりNeと同じ電子配置になり安定化してF$^-$になる．

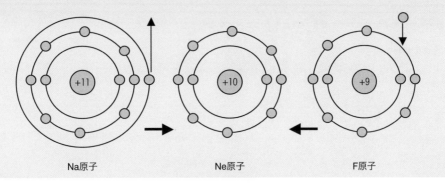

Na原子　　　　　　Ne原子　　　　　　F原子

例題と解き方

【例題 1-10】陽イオンと陰イオンの形成

リチウムや酸素はどのようなイオンになるか，またリチウムや酸素イオンが中性の原子から生成するときのイオン式を記述せよ．

➡ Li原子の価電子は1個であり，この価電子を放出すると閉殻構造になる．O原子の価電子は6個であり，他から2個の電子を受け取ると閉殻構造になる．

答　リチウム：1価の陽イオン（Li $\longrightarrow$ Li$^+$ + e$^-$），酸素：2価の陰イオン（O + 2e$^-$ $\longrightarrow$ O^{2-}）

問題 1-17

次の文章を読み(1)～(4)の各問に答えよ.

　ナトリウムは原子番号が 11 であるから, 中性の状態で （①） 個の電子を持っている. それらの電子は, K 殻に 2 個, L 殻に （②） 個, M 殻に （③） 個存在している. 安定状態になるための条件は （④） になることである. ナトリウムの場合, 2 通りの方法が考えられる. 1 つは M 殻の 1 個の電子を放出することであり, もう一つは他から 7 個の電子を受け取ることである. ナトリウムの場合は, よりエネルギー的に有利な前者の方法をとる. こうして電子 1 個を放出し, 相対的に （⑤） の電荷を 1 つ有した 1 価の陽イオンになる.

(1) （　） 内に語句を記入し文章を完成させよ.

(2) ナトリウムの電子配置を spd 理論による表示で示せ.

(3) ナトリウムと同じような性質を示す元素を 1 つ答えよ.

(4) ナトリウムがイオンになる変化を電子を用いたイオン式で示せ.

> **ヒント**：原子番号 1 番から 20 番までの原子については電子配置を書けるようにしておこう.

問題 1-18

以下の(1)～(6)の原子はどのようなイオンになるか. また中性の原子から生成するときのイオン式はどのようになるか. 例) にならって, 反応式で示せ.

　例　Na：1 価の陽イオン （Na $\longrightarrow$ Na$^+$ ＋ e$^-$）

(1) Li　　　　(2) Al　　　　(3) Ca　　　　(4) N　　　　(5) Cl　　　　(6) S

> **ヒント**：電子配置をみて, 閉殻構造になるにはどうなるかを考えてみよう.

問題 1-19

次のような電子配置の物質（原子やイオン）について下記の各問に答えよ.

① $1s^2$

② $1s^2 2s^2 2p^6$

③ $1s^2 2s^2 2p^6 3s^2 3p^5$

④ $1s^2 2s^2 2p^6 3s^2$

(1) 安定な 1 価の陽イオンの電子配置となるものはどれか.

(2) 陰イオンになりやすい原子の電子配置はどれか.

(3) ①の電子配置の原子とイオンを化学式で示せ.

(4) ④の電子配置の原子が安定なイオンとなった場合のイオンを化学式で示せ.

> **ヒント**：電子数と価電子の数を考えてみよう.

1.7 電気陰性度

電気陰性度　　原子が電子を引き付ける力を**電気陰性度**という．電気陰性度が大きいほど電子を引き付けて陰イオンになりやすい．フッ素はすべての元素の中で最も電気陰性度が大きい．一般的に希ガス（18属）を除き周期表の右上に行くほど電気陰性度は大きくなる．各元素の電気陰性度の差により，結合様式や**極性**についても説明することができる．

発　展

各元素の電気陰性度の値はポーリングなどにより数値として表されている．

電気陰性度の差は物質内の電子のかたよりも予想できる．

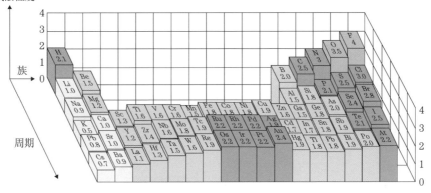

元素の電気陰性度（ポーリングの値）

例題と解き方

【例題 1-11】電気陰性度と電子親和力

以下の電子親和力についての説明において（　）内に適当な語句を入れよ．

電気陰性度の（ 1 ）きな原子は，電子を奪って（ 2 ）になりやすい．原子が電子を奪って陰イオンになるときに（ 3 ）するエネルギーを**電子親和力**という．ハロゲンのように陰イオンになりやすい原子の電子親和力は（ 4 ）きな値となることが多い．

➡電気陰性度と電子親和力はまったく違うものである．

答　(1) 大，(2) 陰イオン，(3) 放出，(4) 大

【例題 1-12】イオン化エネルギー

以下の**イオン化エネルギー**についての説明について（ ）内に適当な語句を加えて文書を完成させよ.

電気陰性度の（ 1 ）さな原子は電子を（ 2 ）して陽イオンになりやすい. 原子が1つ目の電子を放出して陽イオンになるときに必要な（ 3 ）を第1イオン化エネルギー，2つ目の電子を放出するときに必要なエネルギーを（ 4 ）という.

⇒原子から電子を取り去るのに必要なエネルギーをイオン化エネルギーという.

答 (1) 小, (2) 放出, (3) エネルギー, (4) 第2イオン化エネルギー

問題 1-20

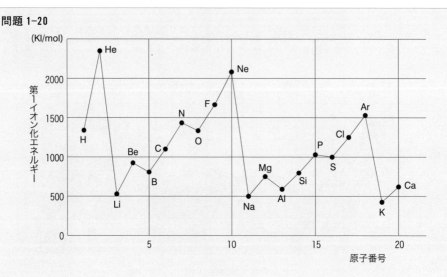

上図は原子番号と第1イオン化エネルギーの関係を示している. この図に関する (1)〜(3) の各問に答えよ.

(1) 希ガス元素の第1イオン化エネルギーが前後の元素に比べて大きい理由を説明せよ.

(2) 同族元素の場合，原子番号が大きくなるにつれて第1イオン化エネルギーが小さくなる理由を説明せよ.

(3) 第2周期の元素の場合，原子番号の増加とともに第1イオン化エネルギーは大きくなる傾向にあるが，Be＞B となっている理由を説明せよ.

ヒント：(2) 電子と原子核との間にはクーロン力が働き引き合っている. (3) spd 理論で考えてみよう.

問題 1-21

次のような電子配置の原子について (1)〜(4) の各問に答えよ.

① $1s^2 2s^1$　② $1s^2 2s^2 2p^6$　③ $1s^2 2s^2 2p^6 3s^2 3p^5$　④ $1s^2 2s^2 2p^6 3s^2$

(1) 最も安定な電子配置を持つ物質はどれか.

(2) 第1イオン化エネルギーの最も小さな物質はどれか.

(3) 電気陰性度の最も大きな物質はどれか.

(4) 電子親和力の最も大きな物質はどれか.

ヒント：電子数を数えて周期表のどの位置の原子か考えてみよう. また, spd 理論による表示において, 最外殻電子は最も大きい s 軌道と p 軌道の電子であることから考えてもよい.

問題 1-22

極性分子とはどのような分子か. 水分子を例に電気陰性度の観点から 100 字程度で説明せよ.

ヒント：電気陰性度の大きく異なる原子で形成された分子には, 分子内で電荷の偏りが生じる.

問題 1-23

炭素原子の電子親和力は +122.5 [kJ/mol] で比較的大きい（電子を受け入れやすい）が, 窒素原子の電子親和力は −7 [kJ/mol] でかなり小さい（電子を受け入れにくい）. この炭素原子と窒素原子の電子親和力の差異を, 電子配置の違いを用いて説明せよ.

ヒント：パウリの排他原理により, 各電子軌道には 2 個まで電子が入ることができる. またフントの規則により, 電子はエネルギーの低い順から並行に詰まっていく. すなわち炭素原子も窒素原子も $1s \rightarrow 2s \rightarrow 2p$ の順に電子が入っていくことになる. ただし, $2p$ にはエネルギーは同じで 3 種類の $2p$ 軌道（$2p_x$, $2p_y$, $2p_z$）がある. フントの規則により, 並行に入っていくから窒素原子の $2p$ 軌道に 3 個の電子が入っていく場合には, $2p_x$, $2p_y$, $2p_z$ に 1 個ずつ入っていく. 炭素の場合は $2p$ 軌道に 2 個の電子が入るので, まったく電子で満たされていない $2p$ 軌道が 1 つ存在することになる. この $2p$ 軌道に外部から電子が入る場合の, 電子どうしの反発を考慮する.

問題 1-24

【例題 1-12】でみたように, 原子が 1 つ目の電子を放出して陽イオンになるときに必要なエネルギーを第 1 イオン化エネルギー, 2 つ目の電子を放出するときに必要なエネルギーを第 2 イオン化エネルギーという. マグネシウム原子の第 2 イオン化エネルギーは 1450.7 [kJ/mol] に比べて, ナトリウム原子の第 2 イオン化エネルギーは 4562.4 [kJ/mol] と極めて大きい. この理由を説明せよ.

ヒント：マグネシウムとナトリウムの電子配置と閉殻構造により説明すればよい.

演習問題

【1】 以下の表は K 殻から N 殻までの s, p, d, f 軌道とその数そして収容電子数を示したものである．いま，K 殻を n＝1，L 殻を n＝2，M 殻を n＝3，N 殻を n＝4 とすると，それぞれの電子殻に収容できる電子の最大数は $2n^2$ となっている．このことを数列の和を用いて証明せよ．

電子殻	s 軌道	p 軌道	d 軌道	f 軌道	収容電子数
N (n=4)	4s (1個)	4p (3個)	4d (5個)	4f (7個)	32個
M (n=3)	3s (1個)	3p (3個)	3d (5個)		18個
L (n=2)	2s (1個)	2p (3個)			8個
K (n=1)	1s (1個)				2個
収容電子数	2個	6個	10個	14個	

ただし，初項が a，公差が d，である数列の m 番目までの和 S_m は以下の式のようになる．

$$S_m = \frac{m\{2a + (m - 1)d\}}{2}$$

ヒント：s, p, d, f 軌道の数の合計（和）を求め，1 つの電子軌道には 2 個の電子まで収容できるというパウリの排他原理を用いればよい．s, p, d, f 軌道の数は，1, 3, 5, 7 となっており初項が 1，公差が 2 の等差数列とみなすことができる．

【2】 水素原子の電子 1 個において，n の軌道の電子のエネルギー（E_n）とより大きな m の軌道の電子のエネルギー（E_m）の差（$E_m - E_n$）は以下の式のように表される．

$$E_m - E_n = RhcN_A\left(\frac{1}{n} - \frac{1}{m}\right)$$

ただし，R はリュードベリ定数と呼ばれる定数で 1.097×10^7 [1/m]，h はプランクの定数と呼ばれる定数で 6.625×10^{-34} [J・s]，N_A はアボガドロ定数といい，6.022×10^{23} [1/mol]，c は光速を示し 3.00×10^8 [m/s] である．水素の電子配置は $1s^1$ であり，この状態が最も安定な電子軌道である．この $1s^1$ の電子は n＝1 である．これらのことより水素原子の第 1 イオン化エネルギーはいくらになるか．

ヒント：イオン化エネルギーは電子を無限遠に取り去るために必要なエネルギーであるから，m＝∞ とすればよい．

問 題 解 答

問題 1-1　(1) F，(2) Ne，(3) Mg，(4) Si，(5) S，(6) Ca，(7) Cr，(8) Ag，(9) Hg，(10) Pb

問題 1-2　(1) ヘリウム，(2) マグネシウム，(3) カリウム，(4) ニッケル，(5) 亜鉛，(6) インジウム，(7) スズ，(8) ウラン，(9) アルゴン，(10) ベリリウム

問題 1-3　(1) マンガン，(2) ニオブ，(3) チタン，(4) イットリウム，(5) ヒ素，(6) ビスマス，(7) ポロニウム，(8) タングステン，(9) キセノン，(10) ランタン

問題 1-4　(1) 原子番号，(2) 原子量，(3) 非金属元素，(4) 21，(5) 典型元素，(6) 電子配置，(7) 価電子，(8) アルカリ金属，(9) アルカリ土類金属，(10) 17，(11) 18

問題 1-5　単体：(1)，(3)，(5)，(6)，(9)
　　　　　化合物：(2)，(4)，(7)，(8)，(10)

問題 1-6　単体：(2)，(3)，(5)，(9)，(10)
　　　　　化合物：(1)，(4)，(6)，(7)，(8)

問題 1-7　単体：(2)，(4)，(7)，(9)
　　　　　化合物：(1)，(3)，(5)，(6)，(8)，(10)

問題 1-8　(1) ① 単体，② 原子配列，③ 同素体
　　　　　(2) 炭素（C）：フラーレン，カーボンナノチューブ，グラフェンなど
　　　　　(3) O_2，O_3

問題 1-9　(1) ① 分離，② 純物質
　　　　　(2) 物理的性質：融点・沸点・溶解度など，化学的性質：反応性など
　　　　　(3) 蒸留，再結晶，抽出，ろ過

問題 1-10　純物質：(1)，(2)，(4)，(7)，(9)
　　　　　混合物：(3)，(5)，(6)，(8)，(10)

問題 1-11　純物質：(1) Al_2O_3，(3) S，(4) Ni
　　　　　混合物：(2) H_2O + HCl，(5) 主に Fe + Ni + Cr

問題 1-12　(1) Cu + Sn，(2) 炭素数が 5〜10 程度の炭化水素，(3) Cu + Zn，(4) 例えば Si + B，(5) 例えば C + Li

問題 1-13　(1) ① 中性子，② 質量数，③ 重水素，④ 放射性
　　　　　(2) 約 1.1 倍，(3) ^{3}H，^{14}C など

問題 1-14

元素記号	原子番号	陽子数	中性子数	質量数	電子数
^{1}H	1	1	0	1	1
^{37}Ar	18	18	19	37	18
^{24}Mg	12	12	12	24	12
^{56}Fe	26	26	30	56	26
^{200}Au	79	79	121	200	79
^{238}U	92	92	146	238	92
^{191}Po	84	84	107	191	84

問題 1-15　(1) 陽子，(2) K 殻，(3) 2 個，(4) L 殻，(5) 18 個

問題 1-16　(1) ① ボーアモデル，② 1s 軌道，③ 2s 軌道，④ 2p 軌道，⑤ 5，⑥ 3d 軌道，⑦ 2 個
　　　　　(2) 原子は各軌道が満たされると安定状態になる．M 殻に 8 個電子が入った状態は，spd 理論では s 軌道と p 軌道が満たされた状態に相当し，安定状態となっている．
　　　　　(3) アルゴン（Ar）：$1s^2 2s^2 2p^6 3s^2 3p^6$

問題 1-17　(1) ① 11，② 8，③ 1，④ 閉殻構造，⑤ 正，(2) $1s^2 2s^2 2p^6 3s^1$
　　　　　(3) リチウム（Li）やカリウム（K）など，(4) Na ⟶ Na^+ + e^-

問題 1-18 (1) 1 価の陽イオン （Li ⟶ Li⁺ ＋ e⁻）

(2) 3 価の陽イオン （Al ⟶ Al³⁺ ＋ 3e⁻）

(3) 2 価の陽イオン （Ca ⟶ Ca²⁺ ＋ 2e⁻）

(4) 3 価の陰イオン （N ＋ 3e⁻ ⟶ N³⁻）

(5) 1 価の陰イオン （Cl ＋ e⁻ ⟶ Cl⁻）

(6) 2 価の陰イオン （S ＋ 2e⁻ ⟶ S²⁻）

問題 1-19 (1) ①, ②, (2) ③, (3) He, Li⁺, (4) Mg²⁺

問題 1-20 (1) 電子配置が閉殻構造をとり，すでに安定状態にあるから．

(2) 電子は負の電荷を有しており，正の電荷を有する原子核とクーロン力で引き合っている．同族の場合，原子番号が増加するごとに，最外殻の電子は原子核からの距離が大きくなりクーロン力が小さくなる．すなわち電子が原子核に引きつけられる力が小さくなるから，電子を放出しやすくなる．

(3) B と Be の電子配置は以下のとおりである．

B：1s²2s²2p¹，Be：1s²2s²

Be はボーアモデルでは閉殻構造ではないが，2s 軌道が満たされている．2s 軌道に 1 つ空きのある B よりも安定な状態にあるから，イオン化エネルギーは大きな値となる．

問題 1-21 (1) ②, (2) ①, (3) ③, (4) ③

問題 1-22 水分子の場合，電気陰性度は H より O の方が大きいので，分子内で電子は酸素側に偏っている．また水分子は，への字型の分子のため正の電荷の重心と負の電荷の重心がずれている．このように正負の電荷の重心がずれている分子のことを**極性分子**という．

問題 1-23 炭素原子の電子配置は 1s²2s²2p² であり，窒素原子の電子配置は 1s²2s²2p³ である．炭素原子において新たに加えられる電子は，2p 軌道の 1 つが空であるため，その軌道に入る．したがって，2p 軌道における電子-電子間の電気的な反発は小さく，電子を受け取りやすい．他方，窒素原子の 3 個の 2p 軌道にはそれぞれ 1 個ずつすでに電子が存在する．よって，電子-電子間の電気的な反発が大きくなるために，電子は受け取りにくくなる．

問題 1-24 ナトリウム原子の電子配置は 1s²2s²2p⁶3p¹ であり，マグネシウム原子の電子配置は 1s²2s²2p⁶3p² である．マグネシウム電子から 2 個電子を奪うと安定な閉殻構造になるが，ナトリウム原子から 2 個電子を奪うと閉殻構造にはならないからである．

演 習 問 題

【1】 s，p，d，f 軌道の数は，1，3，5，7 となっており初項が 1，公差が 2 の等差数列とみなすことができる．初項は s 軌道の数を表しており，m＝2 が p 軌道，m＝3 が d 軌道，m＝4 が f 軌道になっている．したがって，各電子殻において初項を s 軌道とみると，すべての軌道の数の和は n までの等差数列の和となる．よって，等差数列の和を表す公式において，$a=1$，$d=2$，$m=n$ とすると各電子殻における電子軌道の合計は，

$$S_n = \frac{n\{2 \times 1 + (n-1) \times 2\}}{2} = \frac{n(2+2n-2)}{2} = n^2$$

電子軌道の合計が n^2 であり，それぞれの電子軌道にはパウリの排他原理によって，最大 2 個までの電子が入ることができる．したがって，電子殻の電子の最大収容数は，$2n^2$ となる．

【2】 与えられた式において，$R=1.097 \times 10^7$ [1/m]，$h=6.625 \times 10^{-34}$ [J·s]，$N_A=6.022 \times 10^{23}$ [1/mol]，$c=3.00 \times 10^8$ [m/s]，n＝1，m＝∞ を代入すれば，

$$E_\infty - E_1$$

$$= (1.097 \times 10^7)(6.625 \times 10^{-34})(3.00 \times 10^8)(6.022 \times 10^{23})\left(\frac{1}{1} - \frac{1}{\infty}\right)$$

$$= 1,313,000$$

1,313 [kJ/mol]

2 化学式と物質量

2.1 化　学　式

化学式の種類

分子式：分子を構成している元素記号と原子数を用いて表した式

組成式：イオン結晶を構成しているイオンの種類と数を最も簡単な整数比で表した式．また，分子を構成している原子の割合を表した式

構造式：分子の共有結合を線を用いて表した式　※11-2 参照

※以前は Na^+ や $SO_4{}^{2-}$ のようにイオンを表す化学式を「イオン式」と呼んでいた

示性式：有機化合物を官能基*を用いて表した式

官能基名	官能基	化合物の一般名	例
ヒドロキシ基	-OH	アルコール	CH_3OH メタノール
ホルミル基*	-CHO	アルデヒド	CH_3CHO アセトアルデヒド
カルボニル基	$>CO$	ケトン	$\begin{matrix}CH_3\\CH_3\end{matrix}>CO$ ジメチルケトン
カルボキシ基	-COOH	カルボン酸	CH_3COOH　酢酸
ニトロ基	$-NO_2$	ニトロ化合物	$C_6H_5NO_2$ ニトロベンゼン
アミノ基	$-NH_2$	アミン	$C_6H_5NH_2$　アニリン
エーテル結合	-O-	エーテル	CH_3OCH_3　ジメチルエーテル
エステル結合	-COO-	エステル	$CH_3COOC_2H_5$　酢酸エチル

*アルデヒド基ともいう

原子価　　分子を構造式で表したとき，1つの原子がいくつ結合するか示した数

異性体　　分子式で表すと同じだが，構造式で書くと異なる分子

構造異性体：官能基の種類や結合位置などが異なる異性体

立体異性体：示性式は同じだが，原子・原子団の立体構造が異なる異性体

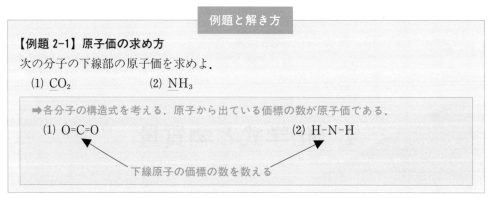

例題と解き方

【例題 2-1】原子価の求め方

次の分子の下線部の原子価を求めよ.

(1) $\underline{C}O_2$　　　　　　　(2) $\underline{N}H_3$

➡各分子の構造式を考える. 原子から出ている価標の数が原子価である.

(1) O=C=O　　　　　　　　　　　(2) H-N-H

下線原子の価標の数を数える

答　(1) 4, (2) 3

問題 2-1

次の分子の下線部の原子価を求めよ.

(1) $\underline{C}H_4$　　　(2) $H_2\underline{O}$　　　(3) $H\underline{Cl}$　　　(4) $\underline{S}O_2$　　　(5) $\underline{S}O_3$

(6) $H_3\underline{P}O_4$　　　(7) $\underline{N}_2$　　　(8) $\underline{N}O_2$　　　(9) $\underline{H}_2$　　　(10) $\underline{C}O$

ヒント：同じ原子でも原子価が異なる場合もあるので注意する. S－O 間は二重結合である. (6)は PO_4^{3-} の形で考えてみる. (10)は例外である.

2.2　原子量・分子量・式量

原子の相対質量　　質量数 12 の炭素原子 ^{12}C の質量を 12 とし、^{12}C を基準とした他の原子の相対的な質量*

$$原子の相対質量 = 12 \times \frac{原子1個の質量}{炭素原子1個の質量\ (1.993 \times 10^{-23}[g])}$$

元素の原子量　　同位体が存在する場合は、同位体の相対質量の平均値を存在比で求めた値

分子量　　分子を構成する各原子の原子量の総和

式　量　　化学式（イオンを表す式），組成式に含まれる各原子の原子量の総和

＊相対質量に限らず，相対値というものは何かを基準にしてその何倍かを示すものととらえてもよい. 例えば体重が 60 [kg] の人を基準にした相対体重といえば，120 [kg] の人はその 2 倍なので，その人の相対体重は 2 ということになる. また体重が 30 [kg] の人は基準の半分なので，相対体重は 0.5 ということになる. 基準値で割ったものが相対値である.

例題と解き方

【例題 2-2】原子の相対質量の求め方

^{1}H 1 個の質量は 1.674×10^{-24} [g] である．^{12}C 1 個の質量を 1.993×10^{-23} [g] として，^{1}H の相対質量を求めよ．

> ➡上記式に代入しても解くことができるが，比を作って求めてもよい．

^{1}H の相対質量を x とすると

$$1.993 \times 10^{-23} \quad : \quad 1.674 \times 10^{-24} \quad = \quad 12 \quad : \quad x$$

（^{12}C 1 個の質量）　（^{1}H 1 個の質量）　　（^{12}C の相対質量）　（^{1}H の相対質量）

この方程式を展開すると

$$x = 12 \times \frac{1.674 \times 10^{-24}}{1.993 \times 10^{-23}} = 1.008 \quad \longleftarrow \boxed{\text{公式に代入した形になる．}}$$

答　1.008

【例題 2-3】同位体と元素の原子量

窒素には相対質量が 14.003 の ^{14}N と 15.00 の ^{15}N の同位体があり，存在比はそれぞれ 99.634 [%] と 0.366 [%] である．窒素の原子量を求めよ．

> ➡存在比を用いて，窒素の相対質量の平均値を求める*．

$$14.003 \times \frac{99.634}{100} + 15.00 \times \frac{0.366}{100}$$

$\boxed{^{14}\text{N の相対質量}}$ $\qquad$ $\boxed{^{15}\text{N の相対質量}}$

$\boxed{^{14}\text{N の存在比}}$ $\qquad$ $\boxed{^{15}\text{N の存在比}}$

答　14.01

*平均値は全体量を総数で割ったものである．例えば，体重が 60 [kg] の人が 5 人，50 [kg] の人が 3 人，40 [kg] の人が 2 人いる場合，体重の総合計は，$60 \times 5 + 50 \times 3 + 40 \times 2 = 530$ [kg] である．これを総人数（$5+3+2=10$）で割って 53 [kg] が平均値である．これを以下の式のように見直すと，それぞれの体重の値に人数の割合をかけて合計したものとなる．つまり平均値はある値にその存在比をかけて合計したものとなる．

$$\frac{60 \times 5 + 50 \times 3 + 40 \times 2}{10} = 60 \times \frac{5}{10} + 50 \times \frac{3}{10} + 40 \times \frac{2}{10} = 53$$

問題 2-2

^{12}C 1 個の質量を 1.993×10^{-23} [g] として，次の各問に答えよ（有効数字 4 桁）．

(1) ^{35}Cl 1 個の質量は 5.808×10^{-23} [g] である．^{35}Cl の相対質量を求めよ．

(2) ^{16}O 1 個の質量は 2.657×10^{-23} [g] である．^{16}O の相対質量を求めよ．

(3) ^{15}N の相対質量は 15.00 である．1 個の ^{15}N の質量は何 [g] か．

> ヒント：(3) は ^{15}N 原子 1 個の質量を x として，比を作ってみよう．

問題 2-3

次の同位体と元素の原子量に関する各問に答えよ.

(1) ^{63}Cu と ^{65}Cu の天然存在比はそれぞれ 69.0 [%] と 31.0 [%] である. ^{63}Cu と ^{65}Cu の相対質量を 63.0, 65.0 としたとき, 銅の原子量を求めよ.

(2) マグネシウムには ^{24}Mg, ^{25}Mg, ^{26}Mg の同位体が存在し, 天然存在比はそれぞれ 79 [%], 10 [%], 11 [%] である. ^{24}Mg, ^{25}Mg, ^{26}Mg の相対質量を 24.0, 25.0, 26.0 としたとき, マグネシウムの原子量を求めよ.

(3) 塩素の原子量は 35.45 である. ^{35}Cl と ^{37}Cl の相対質量を 35.0, 37.0 としたとき, ^{35}Cl の天然存在比は何 [%] か.

> ヒント : (3) ^{35}Cl の天然存在比を x [%] とすると, ^{37}Cl の天然存在比は $(100-x)$ [%] である. また塩素の原子量は (^{35}Cl の相対質量×存在比+^{37}Cl の相対質量×存在比) である.

【例題 2-4】分子量・式量の計算

次の物質の分子量および式量を求めよ. ただし原子量を C=12, O=16, H=1, N=14, S=32, Ca=40 とする.

(1) CO_2 (2) NH_3 (3) CH_3COOH (4) $SO_4{}^{2-}$ (5) $Ca(OH)_2$

> ➡分子式, 組成式を構成している原子の原子量の総和を求める. 原子量は原子 1 個 (厳密には後述するように 1 個ではなく 1 [mol]) の重さのようなものである. したがって, 化学式の原子の個数に原子量をかけて足し合わせたものが分子量や式量となる.

(1) (C の原子量) × 1 + (O の原子量) × 2 = 12 × 1 + 16 × 2 = 44

(2) (N の原子量) × 1 + (H の原子量) × 3 = 14 × 1 + 1 × 3 = 17

(3) (C の原子量) × 2 + (H の原子量) × 4 + (O の原子量) × 2
    = 12 × 2 + 1 × 4 + 16 × 2 = 60*
    *化学式の順番どおりに, (12+1×3+12+16+16+1) と別々で考えてもよいが, 同じ原子はまとめた方が計算しやすい.

(4) (S の原子量) × 1 + (O の原子量) × 4 = 32 × 1 + 16 × 4 = 96*
    *電子の質量は原子に比べはるかに小さいので, イオンの価数は考えなくてよい.

(5) (Ca の原子量) × 1 + [(O の原子量) × 1 + (H の原子量) × 1] × 2
    = 40 × 1 + (16 × 1 + 1 × 1) × 2 = 74*
    *( ) のある物質は ( ) 内を先に計算する.

答 (1) 44, (2) 17, (3) 60, (4) 96, (5) 74

問題 2-4

次の物質の分子量または式量を求めよ. (15)と(16)は n を含めた形で答えよ. ただし各原子量は次のとおりである. C=12, O=16, H=1, N=14, S=32, Ca=40, Cl=35.5, Mg=24, Cr=52, Fe=59, Cu=63.5.

(1) NO_2 (2) O_2 (3) CH_4 (4) $(NH_4)_2SO_4$ (5) $C_6H_{12}O_6$

(6) $Mg(OH)_2$ (7) OH^- (8) CH_3COO^- (9) $Cr_2O_7{}^{2-}$ (10) $[Fe(CN)_6]^{4-}$

(11) $CuSO_4 \cdot 5H_2O$　　(12) $CuCl_2 \cdot 2H_2O$　　(13) 　　(14)

(15) $-(C_6H_4NH)_n-$　　(16) $-(C_6H_{10}O_5)_n-$

> ヒント：化学式の形やイオンの価数に惑わされないようにしよう．(11) は硫酸銅と水分子（5つ）の分子量を加えた値となる．(12) は塩化銅と水分子（2つ）の分子量を加えた値となる．(13) の分子式は C_6H_6 であり，(14) は C_6H_5OH とも表される．(15) はポリアニリンと呼ばれる導電性高分子であり，(16) はデンプンである（　）内の式量を計算して n 倍すればよい．

【例題 2-5】混合気体の見かけの分子量*

空気の体積組成を窒素 80 [%]，酸素 20 [%] とするとき，空気の見かけの分子量を求めよ．ただし，原子量を $N=14$，$O=16$ とする．

　　*見かけの分子量とは，混合物である空気を一つのものとして考えたときの分子量で**平均分子量**とも呼ばれる．

> ➡**体積組成と分子量から平均分子量を求める．**

（窒素の分子量）$\times \dfrac{\text{体積 [\%]}}{100}$ ＋ （酸素の分子量）$\times \dfrac{\text{体積 [\%]}}{100}$

$= 28 \times 0.8 + 32 \times 0.2 = 28.8$

*一般に混合気体の見かけの分子量は，

　成分気体の分子量 $\times \dfrac{\text{体積 [\%]}}{100}$ の和

　$=$ 成分気体の分子量 $\times \dfrac{\text{成分気体の物質量 [mol]}}{\text{成分気体の全物質量 [mol]}}$ の和

により，求めることができる．

答　28.8

問題 2-5

次の (1)～(3) の各混合気体の見かけの分子量を求めよ．ただし，原子量を $C=12$，$O=16$，$H=1$，$N=14$，$Ar=40$ とする．

(1) 酸素と二酸化炭素の体積比 1：1 の混合気体

(2) 体積がメタン 50 [%]，アルゴン 30 [%]，窒素 20 [%] の混合気体

(3) 水素 6 [mol]，酸素 2 [mol]，窒素 2 [mol] の混合気体

> ヒント：(1) 体積組成はそれぞれ 50% である．

問題 2-6

次の各問に答えよ．ただし(2)において，式量を $CuSO_4=160$，$H_2O=18$ とする．

(1) CH_3COOH に含まれる炭素の質量の割合は何 [%] か．

(2) 75.0 [g] の $CuSO_4 \cdot 5H_2O$ に含まれる $CuSO_4$ の質量を求めよ．

(3) $C_nH_{2n}O_n$ の物質の分子量を測定した結果 180 であった．n はいくつか．

> ヒント：(1) 炭素の質量の割合は（炭素の原子量×2÷CH_3COOH の分子量）である．
> (2) $CuSO_4 \cdot 5H_2O$ に含まれる $CuSO_4$ の割合は（$CuSO_4$ の式量）÷（$CuSO_4 \cdot 5H_2O$ の式量）である．
> (3) n＝1 のときの分子量はいくらになるか考えてみよう．

2.3 物　質　量

物質量 [mol]（n という記号で表すことがある）　　原子，分子，イオンなどの粒子の 6.02×10²³ 個の集団（集まり）を 1 [mol]（モル）として，[mol] で表した物質の量
アボガドロ定数 [1/mol]（N_A という記号で表すことがある）　　物質 1 [mol] あたりの単位個数

$$物質量 \, [mol] = \frac{粒子の個数 \, [個]}{アボガドロ定数 \, (= 6.02 \times 10^{23} \, [1/mol])}$$

モル質量 [g/mol]　　物質 1 [mol] あたりの質量 [g] のことで，原子量，分子量，式量がその値になる．

$$物質量 \, [mol] = \frac{質量 \, [g]}{分子量 \, (式量，原子量)}$$

$$質量 \, [g] = 物質量 \, [mol] \times 分子量 \, (式量，原子量)$$

※この公式は化学でよく用いるので，覚えておくとよい．

気体 1 [mol] の体積　　標準状態（0 [℃]，1.013×10⁵ [Pa]）での気体 1 [mol] の体積は 22.4 [L] である．よって 0 [℃]，1.013×10⁵ [Pa] の場合

$$物質量 \, [mol] = \frac{気体の体積 \, [L]}{22.4 \, [L/mol])}$$

1 [mol] という量　　固体，液体，気体を問わず，1 [mol] という量は，6.02×10²³ 個，質量でいえばモル質量（原子量，分子量式量）である．0 [℃]，1.013×10⁵ [Pa] の気体のみ 1 [mol] の体積は 22.4 [L] である．したがって，以下の関係は重要である．

➡ 1 [mol] = 6.02 × 10²³ 個 = モル質量（分子量，式量，原子量）
　　　　　　= 22.4 [L]（0 [℃]，1.013×10⁵ [Pa]）

例題と解き方

【例題 2-6】物質量と粒子数・質量・気体の体積の関係
次の物質量に関する (1) 〜 (3) の各問に答えよ．
  (1) 1.2×10²⁴ 個の酸素分子の物質量は何 [mol] か．ただし，アボガドロ定数を 6.0×10²³ [1/mol] とする．
  (2) 水分子 4.5 [g] の物質量は何 [mol] か．
  (3) 0.6 [mol] の水素は 0 [℃]，1.013×10⁵ [Pa] で何 [L] か．

➡公式に代入をする．または求めたいものを x として，1 [mol] の各値を用いて比を作って求める．

(1) 酸素分子 1.2×10^{24} 個の物質量を x とすると，

　　 $1\,[\mathrm{mol}]$: 　6.0×10^{23} 個　＝　$x\,[\mathrm{mol}]$　: 　1.2×10^{24} 個

　（物質量）（$1\,[\mathrm{mol}]$ の粒子数）（求めたい物質量）（問題の酸素の粒子数）

　　よって，$x = \dfrac{1.2 \times 10^{24} \text{個}}{6.0 \times 10^{23}} = 2$（公式に代入した形）

(2) 水分子（H_2O）の分子量は 18 である．水 $4.5\,[\mathrm{g}]$ の物質量を $x\,[\mathrm{mol}]$ とすると，

　　 $1\,[\mathrm{mol}]$: 　$18\,[\mathrm{g}]$　＝　$x\,[\mathrm{mol}]$　: 　$4.5\,[\mathrm{g}]$

　（物質量）（$1\,[\mathrm{mol}]$ の質量）（求めたい物質量）（問題の水の質量）

　　よって，$x = \dfrac{4.5}{18} = 0.25$（公式に代入した形）

(3) 水素 $0.6\,[\mathrm{mol}]$ の体積を $x\,[\mathrm{L}]$ とすると，

　　 $1\,[\mathrm{mol}]$: 　$22.4\,[\mathrm{L}]$　＝　$0.6\,[\mathrm{mol}]$　: 　$x\,[\mathrm{L}]$

　（物質量）（$1\,[\mathrm{mol}]$ の体積）（問題の物質量）（求めたい水素の体積）

　　よって，$x = 0.6 \times 22.4 = 13.44$

　　他方，公式に代入した形は，

$$0.6 = \dfrac{x}{22.4}$$

　　で，上式と同じであることがわかる．

答　(1) 2 $[\mathrm{mol}]$，(2) 0.25 $[\mathrm{mol}]$，(3) 13.44 $[\mathrm{L}]$

【例題 2-7】粒子数・質量・気体の体積の関係

次の各問に答えよ．ただし，アボガドロ定数を $6.0 \times 10^{23}\,[\mathrm{1/mol}]$，気体の体積は $0\,[\mathrm{℃}]$，$1.013 \times 10^5\,[\mathrm{Pa}]$ におけるものとする．

(1) 水 $4.5\,[\mathrm{g}]$ に含まれる水分子の粒子数は何個か．

(2) 酸素分子 $4.48\,[\mathrm{L}]$ は何 $[\mathrm{g}]$ か．

➡公式などを用いて，まず物質量 $[\mathrm{mol}]$ に変換して各値を求める方法と，比を用いて求める方法の 2 つの解き方がある．

【解法 1：物質量に変換して求める方法】

(1) 水（H_2O，分子量 18）の物質量は公式（**【例題 3-7】**の解き方）より，

$$\dfrac{4.5}{18} = 0.25\,[\mathrm{mol}]$$

次に，水分子 $0.25\,[\mathrm{mol}]$ の粒子数を x 個とおくと，公式より

$$0.25 = \dfrac{x}{6.0 \times 10^{23}}$$

これを解いて，$x = 1.5 \times 10^{23}$

【解法 2：比を用いて求める方法】

(1) 水分子 $4.5\,[\mathrm{g}]$ の粒子数を x 個とおき，左辺に $1\,[\mathrm{mol}]$ の各値を用いて比を作れば，

　　　　 $18\,[\mathrm{g}]$　: 　6.0×10^{23} 個　＝　$4.5\,[\mathrm{g}]$　: 　x 個

　　　　（$1[\mathrm{mol}]$ の質量）（$1[\mathrm{mol}]$ の粒子数）（問題の質量 $[\mathrm{g}]$）（求めたい水の粒子数）

よって，$x = \dfrac{4.5 \times 6.0 \times 10^{23}}{18} = 1.5 \times 10^{23}$

※【解法1】は一度 [mol] に変換するために手間がかかり，計算ミスも多くなるため，解法2を薦める．以下の問は【解法2】で解く．

(2) 酸素分子（分子量32）4.48 [L] の質量を x [g] とすると，

$$22.4 \,[\text{L}] \quad : \quad 32 \,[\text{g}] \quad = \quad 4.48 \,[\text{L}] \quad : \quad x \,[\text{g}]$$
$$(1[\text{mol}]の体積) \quad (1[\text{mol}]の質量) \quad (問題の体積) \quad (求めたい酸素の質量[\text{g}])$$

よって，$x = \dfrac{32 \times 4.48}{22.4} = 6.4$

答　(1) 1.5×10^{23} 個，(2) 6.4 [g]

問題 2-7

次の物質量に関する各問に答えよ．ただしアボガドロ定数を 6.0×10^{23} [1/mol]，気体の体積は 0 [℃]，1.013×10^5 [Pa] におけるものとする．また原子量は C＝12，O＝16，H＝1，S＝32，Cl＝35.5，Mg＝24，Na＝23 とする．

(1) 2.4×10^{23} 個の水素原子 H の物質量は何 [mol] か．

(2) 4.2×10^{24} 個の水分子（H_2O）の物質量は何 [mol] か．

(3) 2.5 [mol] のナトリウムイオン Na^+ の粒子数は何個か．

(4) 1.2 [mol] の窒素（N_2）に含まれる窒素分子の粒子数は何個か．

(5) 二酸化炭素（CO_2）8.8 [g] の物質量は何 [mol] か．

(6) マグネシウムイオン Mg^{2+} 6.0 [g] の物質量は何 [mol] か．

(7) 4 [mol] の塩化ナトリウム NaCl の質量は何 [g] か．

(8) 0.25 [mol] の硫黄 S の質量は何 [g] か．

(9) 1.12 [L] の酸素 O_2 の物質量は何 [mol] か．

(10) 33.6 [L] のアンモニア NH_3 の物質量は何 [mol] か．

(11) 1.5 [mol] の水素 H_2 の体積は何 [L] か．

(12) 0.75 [mol] のメタン CH_4 の体積は何 [L] か．

：原子やイオンなど，化学式の形の違いに惑わされないようにしよう．

問題 2-8

次の物質量に関する各問に答えよ．ただし，アボガドロ定数を 6.0×10^{23} [1/mol]，気体の体積は 0 [℃]，1.013×10^5 [Pa] におけるものとする．また，原子量を C＝12，O＝16，H＝1，S＝32，N＝14，Cl＝35.5，Ca＝40，Mg＝24，Na＝23 とする．

(1) 4.2×10^{24} 個のアンモニア（NH_3）の質量は何 [g] か．

(2) 10.8 [g] の水（H_2O）に含まれる水分子の粒子数は何個か．

(3) 2 [g] のメタン（CH_4）の体積は何 [L] か．

(4) 5.6 [L] の窒素に含まれる窒素分子の粒子数は何個か．

(5) 二酸化炭素（CO_2）8.96 [L] の質量は何 [g] か．

(6) 1.8×10^{22} 個の酸素分子は何 [g] か．

(7) 水分子1個の質量は何 [g] か．

(8) 空気の体積組成を窒素 80 [%]，酸素 20 [%] とするとき，1.12 [L] の空気は何 [g] か．

ヒント：(7)は粒子数と質量で比を作ってみるとよい．(8)においては，【例題 2-5】で求めた空気の見かけの分子量を用いれば容易に求められる．

【例題 2-8】 気体の分子量と密度の関係

次の気体に関する(1)と(2)の各問に答えよ．ただし，0 [℃]，1.013×10^5 [Pa] とする．

(1) 酸素（分子量 32）の密度 [g/L] を求めよ．

(2) 密度が 1.25 [g/L] である気体の分子量を求めよ．

➡密度は単位体積あたりの質量であり，液体や固体では [g/cm³] の単位で，気体では [g/L] の単位で示される．密度が分かっていれば，体積を質量に，あるいは質量を体積に換算することができる．0 [℃]，1.013×10^5 [Pa] における気体の場合，1 [mol] の体積は 22.4 [L] であるから，密度は以下に示す式になる．

$$\text{気体の密度} = \frac{\text{気体 1 mol の質量 [g]}}{\text{気体 1 mol の体積 [L]}} \implies = \frac{\text{分子量}}{22.4 \text{ [L]}}$$

(1) 上式より，

$$\text{酸素の密度} = \frac{\text{酸素の分子量}}{22.4} = \frac{32}{22.4} = 1.43$$

(2) 上式より，（気体の分子量 ＝ 密度 × 22.4）となるから，

$$\text{気体の分子量} = 1.25 \times 22.4 = 28$$

答　(1) 1.43 [g/L]，(2) 28

問題 2-9

次の気体に関する各問に答えよ．

(1) 窒素の原子量を 14.0 としたとき，0 [℃]，1.013×10^5 [Pa] における窒素（N_2）の密度は何 [g/L] になるか．

(2) ある気体の 0 [℃]，1.013×10^5 [Pa] における密度を測定したところ，1.96 [g/L] であった．この気体の分子量を求めよ．

(3) 同温・同圧における密度が，窒素（N_2）の 0.57 倍である気体の分子量を求めよ．

(4) アンモニア（NH_3），二酸化炭素（CO_2），塩素ガス（Cl_2）の中で，空気より軽い気体はどれか．ただし，原子量を C＝12，O＝16，H＝1，Cl＝35.5 とする．

ヒント：(3)同温・同圧での密度の比は分子量の比でもある．

【例題 2-9】 密度を用いた計算

硫酸（H_2SO_4，分子量 98）を 0.9 [mol] 量り取りたい*1．メスシリンダーを用いて何 [mL] 量り取ればよいか．ただし，硫酸の密度を 1.8 [g/cm³] とする．

➡密度は単位体積あたりの質量であり，液体や固体では [g/cm³] の単位で示される．

密度が分っていれば，体積を質量に，あるいは質量を体積に換算することができる*.

$$\text{密度 [g/cm}^3] = \frac{\text{質量 [g]}}{\text{体積 [cm}^3]} \quad \text{体積 [cm}^3]^{*2} = \frac{\text{質量 [g]}}{\text{密度 [g/cm}^3]}$$

$$\text{質量 [g]} = \text{密度 [g/cm}^3] \times \text{体積 [cm}^3]$$

硫酸 0.9 [mol] の質量は 0.9×98 [g] だから，上式より，

$$\frac{0.9 \times 98}{1.8} = 49 \text{ [mL]}$$

*1 固体を量り取るときは質量 [g] が主として用いられるが，液体を量り取るときはメスシリンダーやピペットなど体積が量れる器具で量り取る方が便利である．つまり質量で量り取るよりも，容積（体積）で量り取ることの方が多い．
*2 1 [mL] = 1 [cm³] である．
答　49 [mL]

問題 2-10
次の密度と原子の数に関する (1) と (2) の各問に答えよ．

(1) 一辺 2 [cm] の立方体のアルミニウム結晶がある．このアルミニウム結晶には何個のアルミニウム原子が含まれているか．ただし，アルミニウム結晶の密度を 2.7 [g/cm³]，アボガドロ定数を 6.0×10²³ [1/mol]，アルミニウムの原子量を 27 とする．

(2) 面心立方格子の単位格子（形は立方体である）には 4 個の原子が含まれる．面心立方格子である金属 A の密度を d [g/cm³]，単位格子の 1 辺を a [cm]，アボガドロ定数を N_A としたとき，この金属 A の原子量はどのように表されるかを導出せよ．

ヒント：(2) 単位格子の質量→原子1個の質量→原子量の手順で考えてみよう．単位格子の質量は（密度×体積）であり，体積は立方体であるから a^3 [cm³] ある．この質量はアルミニウム原子 4 個分である．

【例題 2-10】分子に含まれる粒子の個数
9.0 [g] の水（H_2O，分子量 18）に水素原子（H）は何個，含まれているか．ただし，アボガドロ定数を，6.0×10²³ [1/mol] とする．

➡水分子 1 個（[mol]）には水素原子 2 個（[mol]）が含まれている．

最初に水分子の粒子数を求める．【例題 3-8】に従い，9.0 [g] の水分子の個数を x 個とすると，

$$18 \text{ [g]} : 6.0 \times 10^{23} \text{個} = 9.0 \text{ [g]} : x \text{個}$$

よって，$x = \dfrac{6.0 \times 10^{23} \times 9.0}{18} = 3.0 \times 10^{23}$

1 個の水分子（H_2O）には水素原子（H）は 2 個存在するので，水分子 3.0×10²³ 個に含まれる水素原子は 2 倍の 6.0×10²³ 個である．

答　6.0 × 10²³ 個

【例題 2-11】化学式の決定
ある化合物の成分元素の質量百分率を調べたところ，S：40 [%]，O：60 [%] であった．この化合物の化学式を記せ．なお原子量を S=32，O=16 とする．

➡原子の数の比 ＝ 物質量 [mol] の比，を求める.

各成分の質量百分率を各原子の原子量で割れば，物質量の比が求まる.

$$S : O = \frac{40}{32} : \frac{60}{16} = \frac{40}{32} : \frac{120}{32} = 40 : 120 = 1 : 3$$

答　SO_3

問題 2–11

次の物質量に関する各問に答えよ. ただし，アボガドロ定数は 6.0×10^{23} [1/mol]，原子量は $C=12$, $O=16$, $H=1$, $N=14$, $Cl=35.5$, $Ca=40$ とする.

(1) グルコース（$C_6H_{12}O_6$）9.0 [g] には何個の炭素原子（C）が含まれるか.

(2) アンモニア分子（NH_3）5.1 [g] に含まれる原子の総数を答えよ.

(3) 塩化カルシウム（$CaCl_2$）11.1 [g] に含まれる Cl^- は何 [mol] か.

ヒント：(3) 1 [mol] の $CaCl_2$ には塩化物イオン Cl^- は何 [mol] 含まれるかを考える.

問題 2–12

ある鉄の酸化物の質量百分率は，Fe : 70 [%]，O : 30 [%] であった. 原子量を $Fe=56$，$O=16$ としたとき，この化合物の化学式を記せ.

演 習 問 題

【**1**】 次の各物質に含まれる酸素原子の個数を求めよ．ただし気体の場合は，すべて
0 [℃]，$1.013×10^5$ [Pa] であるものとする．またアボガドロ定数を $6.0×10^{23}$
[1/mol]，原子量を C＝12，O＝16，H＝1 とする．

(1) 0.2 [mol] の酸素分子　　　　　(2) 2.2 [g] の二酸化炭素

(3) 3.36 [L] のオゾン　　　　　　 (4) 3.6 [g] の水

(5) 9 [g] のグルコース　　　　　　(6) 44.8 [L] の酸素

(7) 密度 1.8 [g/cm³]，質量パーセント濃度 98 [%] の濃硫酸 100 [ml]

【**2**】 次の (1) ～ (3) の各問に答えよ．

(1) ^{6}Li と ^{7}Li の天然存在比はそれぞれ 7.5 [%] と 92.5 [%] である．^{6}Li と ^{7}Li
の相対質量をそれぞれ 6.0，7.0 としたとき，Li の原子量を求めよ．

(2) Na は体心立方格子である．Na の密度を 0.97 [g/cm³]，単位格子の一辺の長
さを $4.3×10^{-8}$ [cm] としたとき，Na の原子量を求めよ．

(2003 年千葉大学出題問題改)

(3) ある金属の酸化物 M_2O_3 の質量百分率を分析したら，酸素が 30 [%] 含まれて
いることがわかった．金属 M の原子量を求めよ．

ヒント：(2)体心立方格子の単位格子には 2 個の原子が含まれる．

【**3**】 次の (1) ～ (4) は，ある金属（A，B，M，L）からその酸化物を生成させたと
きの質量の結果である．A，B，M，L の各金属の原子量を求めよ．なお，酸素
の原子量は 16 とせよ．

(1) 1.00 [g] の金属 A と酸素との反応をある条件下で行った結果，その A はすべ
てその酸化物に変わった．そしてその酸化物である AO_2 が 1.67 [g] 得られ
た．

(2) 1.00 [g] の金属 B と酸素との反応をある条件下で行った結果，その B はすべ
てその酸化物に変わった．そしてその酸化物である B_2O が 1.35 [g] 得られ
た．

(3) 1.00 [g] の金属 M と酸素との反応をある条件下で行った結果，その M はす
べてその酸化物に変わった．そしてその酸化物である M_3O_4 が 1.38 [g] 得ら
れた．

ヒント：それぞれの金属 1 [mol] から酸化物が何 [mol] 生成するかをみる．原子量を x とすれば，それぞれ
の酸化物の式量は，(1) $(x+16×2)$，(2) $(2x+16)$，(3) $(3x+16×4)$，となる．

■ 問 題 解 答

問題 2-1 (1) 4, (2) 2, (3) 1, (4) 4, (5) 6, (6) 5, (7) 3, (8) 4, (9) 1, (10) 3

問題 2-2 (1) 34.97, (2) 16.00, (3) 2.491×10^{-23} [g]

問題 2-3 (1) 63.62, (2) 24.32, (3) 77.5 [%]

問題 2-4 (1) 46, (2) 32, (3) 16, (4) 130, (5) 180, (6) 58, (7) 17, (8) 59, (9) 216, (10) 215, (11) 249.5, (12) 170.5, (13) 78, (14) 94, (15) 91 n, (16) 162n

問題 2-5 (1) 38, (2) 25.6, (3) 13.2

問題 2-6 (1) 40 [%], (2) 48 [g], (3) 6

問題 2-7 (1) 0.4 [mol], (2) 7 [mol], (3) 1.5×10^{24} 個, (4) 7.2×10^{23} 個, (5) 0.2 [mol], (6) 0.25 [mol], (7) 234 [g], (8) 8.0 [g], (9) 0.05 [mol], (10) 1.5 [mol], (11) 33.6 [L], (12) 16.8 [L]

問題 2-8 (1) 114 [g], (2) 3.6×10^{23} 個, (3) 2.8 [L], (4) 1.5×10^{23} 個, (5) 17.6 [g], (6) 0.96 [g], (7) 3×10^{-23} [g], (8) 1.44 [g]

問題 2-9 (1) 1.25 [g/L], (2) 43.9, (3) 16.0, (4) NH_3

問題 2-10 (1) 4.8×10^{23} 個, (2) $\dfrac{da^3 N_A}{4}$

問題 2-11 (1) 1.8×10^{23} 個, (2) 7.2×10^{23} 個, (3) 0.2 [mol]

問題 2-12 Fe_2O_3

演 習 問 題

【 1 】 (1) 2.4×10^{23} 個, (2) 6.0×10^{22} 個, (3) 2.7×10^{23} 個, (4) 1.2×10^{25} 個, (5) 1.8×10^{23} 個, (6) 2.4×10^{24} 個, (7) 4.32×10^{24} 個,

【 2 】 (1) 6.925, (2) 23.1, (3) 112

【 3 】 (1) 48, (2) 23, (3) 56

3 化学結合

3.1 イオン結合

　陽性の強い原子と陰性の強い原子の間で電子がやりとりされて**陽イオン**と**陰イオン**ができる。これらのイオンが静電気力（クーロン力）で引き合ってできる結合を**イオン結合**という。イオン結合によってできた結晶を**イオン結晶**といい、全体として電気的に中性である。イオンからできている物質はそのイオンの数を最も簡単な整数比で示した組成式で表される。

代表的なイオンとイオン式

価数	陽イオン	イオン式	陰イオン	イオン式
1価	水素イオン	H^+	フッ化物イオン	F^-
	リチウムイオン	Li^+	塩化物イオン	Cl^-
	ナトリウムイオン	Na^+	臭化物イオン	Br^-
	カリウムイオン	K^+	水酸化物イオン	OH^-
	銀イオン	Ag^+	硝酸イオン	NO_3^-
	銅(Ⅰ)イオン*	Cu^+	酢酸イオン	CH_3COO^-
	アンモニウムイオン	NH_4^+	炭酸水素イオン	HCO_3^-
2価	カルシウムイオン	Ca^{2+}	酸化物イオン	O^{2-}
	バリウムイオン	Ba^{2+}	硫化物イオン	S^{2-}
	亜鉛イオン	Zn^{2+}	硫酸イオン	SO_4^{2-}
	銅(Ⅱ)イオン	Cu^{2+}	炭酸イオン	CO_3^{2-}
	鉄(Ⅱ)イオン	Fe^{2+}	二クロム酸イオン	$Cr_2O_7^{2-}$
3価	アルミニウムイオン	Al^{3+}	リン酸イオン	PO_4^{3-}
	鉄(Ⅲ)イオン	Fe^{3+}	窒化物イオン	N^{3-}

＊同じ原子で価数の異なるイオンがあるときは、ローマ数字で価数を示す。

陽イオンと陰イオンからなる物質については以下のように表す.

> 物質の組成式：**陽イオンの化学式 ＋ 陰イオンの化学式*** （電荷は省く）
>
> 　n 価の陽イオン（A^{n+}）と m 価の陰イオン（B^{m+}）からなる物質は, $A_m B_n$ となる.
>
> 物質名：　　　**陰イオン名 ＋ 陽イオン名（イオンや物イオンは省く）**

*酢酸イオンやギ酸イオンなどの有機化合物のイオンは, 陰イオンを前に書く.

例題と解き方

【例題 3-1】 イオンからできている物質の組成式と名称

次のイオンからできている物質の組成式と名称を書け.

　(1) Na^+ と Cl^-　　　　　　　　　　　(2) Ca^{2+} と OH^-

> ➡組成式については, 陽イオンと陰イオンの電荷が同じになるようにする. 価数は電荷
> （＋あるいは－）の数を表しているので, 陽イオンと陰イオンの電荷×個数が等しく
> なるようにする. すなわち, n 価の陽イオン（A^{n+}）と m 価の陰イオン（B^{m+}）から
> なる物質は, $A_m B_n$ となる. 名称は, 陰イオン名＋陽イオン名, とし～イオンや～物
> イオンは省く.

(1) Na^+ と Cl^- はともに 1 価のイオンなので, 1 価×1 個＝1 価×1 個となり NaCl となる.
　あるいは陽イオン A^{n+} について A＝Na, n＝1, 陰イオン B^{m+} について B＝Cl, m＝1
　なので, NaCl となる（1 は省略する）.
　　名称は, イオン名がそれぞれナトリウムイオンと塩化物イオンであり, 陰イオン名
　＋陽イオン名においてイオンや物イオンを省けば, 塩化（物イオン）ナトリウム（イ
　オン）→塩化ナトリウムとなる.

(2) (1)と同じように考え, Ca^{2+} は 2 価のイオン, OH^- は 1 価のイオンなので, 2 価×1
　個＝1 価×2 個となるので, $Ca(OH)_2$ となる*. あるいは陽イオン A^{n+} について A＝
　Ca, n＝2, 陰イオン B^{m+} について B＝OH, m＝1 なので, $Ca(OH)_2$ となる.
　　名称は, イオン名がそれぞれカルシウムイオンと水酸化物イオンであり, 陰イオン
　名＋陽イオン名でイオンや物イオンを省けば, 水酸化（物イオン）カルシウム（イオ
　ン）→水酸化カルシウムとなる.

*複数の原子からなるイオンが複数個あるときなどは（　）でくくって表す.

答　(1) NaCl：塩化ナトリウム, (2) $Ca(OH)_2$：水酸化カルシウム

問題 3-1

次の(1)～(12)の各陽イオンと陰イオンの組み合わせからできる化合物の組成式と名称を答え
よ.

　(1) K^+ と OH^-　　　(2) NH_4^+ と Cl^-　　(3) Ca^{2+} と CO_3^{2-}　　(4) Mg^{2+} と O^{2-}

　(5) NH_4^+ と SO_4^{2-}　(6) Al^{3+} と NO_3^-　　(7) Fe^{2+} と S^{2-}　　　(8) Cu^{2+} と O^{2-}

　(9) Na^+ と PO_4^{3-}　(10) Mg^{2+} と Cl^-　　(11) Fe^{3+} と S^{2-}　　(12) Al^{3+} と SO_4^{2-}

ヒント：陽イオンと陰イオンの個数の比は, 全体が電気的に中性になるように決める.

問題 3-2

次の物質の組成式，構成している陽イオンと陰イオンのイオン式とイオン名を記せ．

(1) 炭酸アンモニウム　　　　　(2) 酸化アルミニウム
(3) フッ化ナトリウム　　　　　(4) リン酸リチウム
(5) ギ酸マグネシウム　　　　　(6) 酢酸カルシウム
(7) 酸化亜鉛　　　　　　　　　(8) 硫化銀
(9) 硫酸鉄(III)　　　　　　　　(10) リン酸銅(II)
(11) 硝酸アルミニウム　　　　　(12) ヨウ化バリウム

ヒント：代表的なイオンのイオン名，イオン式，価数は覚えておく必要がある．それらを知らないと，この問題はできない．

問題 3-3

次の(1)〜(12)のイオン式で表される各イオンの有する電子の数はいくらか．

(1) OH^-　　(2) Na^+　　(3) NO_3^-　　(4) CH_3COO^-
(5) Ca^{2+}　　(6) Cl^-　　(7) SO_4^{2-}　　(8) PO_4^{3-}
(9) Al^{3+}　　(10) NH_4^+　　(11) S^{2-}　　(12) CO_3^{2-}

ヒント：原子の陽子数は変わらないので，各原子の原子番号（＝陽子数）の合計とイオンの正負（＋，−）の価数を比較すれば求めることができる．

【例題 3-2】イオン生成と電子配置

次の(1)〜(4)の各原子から生成する最も安定なイオンのイオン式を記せ．

(1) $_3Li$　　(2) $_{13}Al$　　(3) $_{16}S$　　(4) $_{35}Br$

➡ すでにみてきたように安定な電子配置は閉殻構造（希ガス構造）である．この閉殻構造になるようにイオンが生成する．

閉殻構造をとる希ガスの電子配置は以下のとおりであり，その電子配置になるように原子は電子を失ったり受け取ったりしてイオンを生成する．

$_2He：1s^2$　　　　　　　　　　$_{10}Ne：1s^22s^22p^6$
$_{18}Ar：1s^22s^22p^63s^23p^6$　　　　$_{36}Kr：1s^22s^22p^63s^23p^63d^{10}4s^24p^6$
$_{54}Xe：1s^22s^22p^63s^23p^63d^{10}4s^24p^64d^{10}5s^25p^6$

Li は電子を 1 個失うと He の電子配置に，Al は電子を 3 個失うと Ne の電子配置に，S は電子を 2 個受け取ると Ar の電子配置に，Br は電子を 1 個受け取ると Kr の電子配置になることが解る．

答　(1) Li^+, (2) Al^{3+}, (3) S^{2-}, (4) Br^-

問題 3-4

次の(1)〜(8)の各原子から生成する最も安定なイオンのイオン式を記せ．

(1) $_{19}K$　　(2) $_{53}I$　　(3) $_{37}Rb$　　(4) $_{55}Cs$
(5) $_{38}Sr$　　(6) $_{34}Se$　　(7) $_{56}Ba$　　(8) $_{52}Te$

ヒント：【例題 3〜2】でみたように，原子番号が近い希ガスの電子配置になるようにイオンは生成する．

問題 3-5

下表はすべて同じ電子配置（Ne の電子配置）のイオン半径を示したものである．このイオン半径の大小を説明せよ．

イオン	$_8O^{2-}$	$_9F^-$	$_{11}Na^+$	$_{12}Mg^{2+}$
イオン半径 [nm]	0.126	0.119	0.116	0.086

：原子核の陽子の数を考えるとよい．

問題 3-6

下表はすべて同じ族（第1族）のイオン半径を示したものである．このイオン半径の大小を説明せよ．

イオン	$_3Li^+$	$_{11}Na^+$	$_{19}K^+$	$_{37}Rb^+$	$_{55}Cs^+$
イオン半径 [nm]	0.090	0.116	0.152	0.166	0.181

：原子番号が大きくなると，同じ電荷の原子なら原子自体がどうなるかを考えるとよい．

【例題 3-3】 イオン結晶の構造と密度

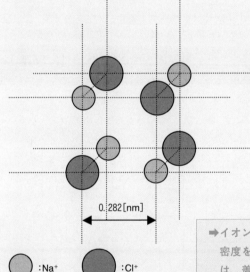

塩化ナトリウム（NaCl）は左図のように一辺が 0.282 [nm]（＝2.82×10^{-8} [cm]）の立方体の各頂点に，ナトリウムイオン（Na^+）と塩化物イオン（Cl^-）が交互に位置した構造を取っている．この塩化ナトリウムにおけるイオン結晶の密度 [g/cm³] を求めよ．ただし，ナトリウムの原子量を 23.0，塩素の原子量を 35.5，アボガドロ定数を 6.02×10^{23} [1/mol] とする．

0.282[nm]

:Na⁺　　:Cl⁺

➡イオン結晶の構造がわかるとそのイオン結晶の密度を計算することができる．基本的な考え方は，着目する体積内に何個のイオンがあるかをみて，その質量を求め体積で割ればよい．

立方体の各頂点に位置する Na^+ と Cl^- はその八分の一だけが立方体内部にあり，Na^+ と Cl^- は4個ずつある．したがって Na^+ も Cl^- もその個数は，

$$Na^+ : \frac{1}{8} \times 4 = \frac{1}{2} 個, \quad Cl^- : \frac{1}{8} \times 4 = \frac{1}{2} 個$$

Na^+ と Cl^- のそれぞれ1個の質量は，原子量をアボガドロ定数で割ったものだから，単位格子内の Na^+ と Cl^- の質量は，

$$\frac{23.0}{6.02 \times 10^{23}} \times \frac{1}{2} + \frac{35.5}{6.02 \times 10^{23}} \times \frac{1}{2} [g]$$

着目する立方体の体積は，一辺が 2.82×10^{-8} [cm] だから，$(2.82 \times 10^{-8})^3$ [cm³] となる．したがって，密度は質量を体積で割ったものであるから，

$$\frac{\dfrac{23.0}{6.02 \times 10^{23}} \times \dfrac{1}{2} + \dfrac{35.5}{6.02 \times 10^{23}} \times \dfrac{1}{2}}{(2.82 \times 10^{-8})^3} = 2.17 \ [\text{g/cm}^3]$$

答　2.17 [g/cm³]

問題 3-7

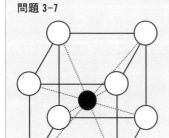

塩素（Cl）とセシウム（Cs）は互いにそれらのイオンとなって結合すると，左図のような構造をとる塩化セシウムになる．これは，立方体の中心にセシウムイオン（●）が位置し，立方体の各頂点に塩化物イオン（○）が位置している．立方体の一辺は 0.412 [nm]，原子量は Cs＝133，Cl＝35.5，として以下の各問に答えよ．

(1) 立方体内にセシウムイオンと塩化物イオンはそれぞれ何個あるか．

(2) (1)より塩化セシウムの組成式を記せ．

(3) アボガドロ定数を 6.02×10^{23} [1/mol] として，密度 [g/cm³] を求めよ．

ヒント：【例題 3-2】と同様に，立方体の各頂点に存在する塩化物イオンが立方体内に何個分存在しているかをみればよい．

問題 3-8

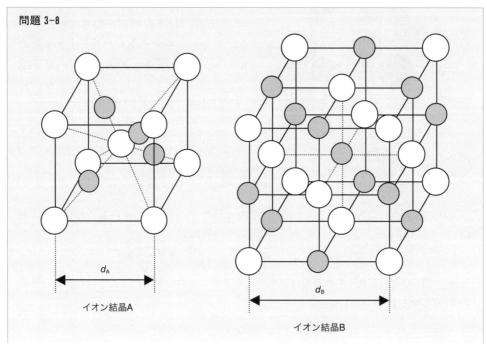

イオン結晶A

イオン結晶B

上図のような単位格子の構造を持つイオン結晶 A とイオン結晶 B がある．イオン結晶 A は，立方体の単位格子の中心と立方体の各頂点に Y 原子の陰イオン（○）が位置し，中心と頂点を結ぶ線上に L 原子の陽イオン（◉）が位置している．他方，イオン結晶 B は，図のように X 原子の陰イオン（○）と M 原子の陽イオン（◉）が位置している．以下の各問に答えよ．

(1) イオン結晶 A において，Y 原子の陰イオン（○）と L 原子の陽イオン（◉）はそれぞれ何個ずつあるか．また，組成式を Y と L を用いて示せ．

(2) イオン結晶 B において，X 原子の陰イオン（○）と M 原子の陽イオン（◉）はそれぞれ何個ずつあるか．また，組成式を X と M を用いて示せ．

(3) イオン結晶 A の式量がイオン結晶 B の式量の 2 倍で，イオン結晶 B の単位格子の一辺の長さ（d_B）がイオン結晶 A の単位格子の一辺の長さ（d_A）の 1.2 倍である．イオン結晶 A の密度はイオン結晶 B の密度の何倍か．

ヒント：(1)と(2)については，【例題 3-2】と同様に，各イオンが単位格子内に何個分存在しているかをみればよい．(3)については，密度が質量を体積（一辺の長さを 3 乗したもの）で割ったものとなることを考えるとよい．

問題 3-9

前問のイオン結晶 B において，半径を r の陽イオンと半径を R の陰イオンが接するとき（上から見た右図参照），r と R の比（r/R）はいくらになるか．

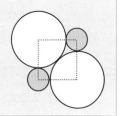

ヒント：正方形の一辺の長さが $r+R$，対角線の長さが $2R$ となることを用いる．

3.2 共有結合と配位結合

共有結合と配位結合　結合する原子どうしが互いに電子（**不対電子**）を出し合い電子対を形成し，両原子がそれらの電子対を共有することよって生じる結合を**共有結合**という．また，結合に関係していない電子対を**非共有電子対**という．この非共有電子対をもつイオンや分子が，非共有電子対を一方的に供与して生じる結合を**配位結合**という．共有結合によってできた分子やイオンは分子式や構造式以外に**電子式**などで表わすことができる．電子式は原子記号のまわりに価電子を「・」で書いた化学式である．

例題と解き方

【例題 3-4】電子式

次の (1) ～ (3) の各分子の電子式を記せ.

(1) 水（H_2O）　　　(2) 二酸化炭素（CO_2）　　(3) 窒素（N_2）

→各原子について閉殻構造，すなわち最外殻電子が 8 個（H の場合は 2 個になるように互いに電子を共有する結合となる.

それぞれの原子の電子式は以下のとおりである.

H•　　　•C•　　　•N•　　　•O•

H は 2 個，その他の原子は 8 個になるように互いに電子を共有する．すなわち，共有する相手原子から共有される電子が，H は 1 個，C は 4 個，N は 3 個，O は 2 個なので，結合する箇所が以下のようになる.

H•　　　•C•　　　•N•　　　•O•

1 個共有　　4 個共有　　3 個共有　　2 個共有

結合する箇所の電子が対（：）をなすように記せばよい．ただし，1 対（：）の場合以外にも，2 対（∷）や 3 対（⦂）となる場合もあるので注意しなければならない.

答 (1) H：O：H, (2) O∷C∷O, (3) N⦂N

【例題 3-5】構造式

次の (1) ～ (3) の各分子の構造式を記せ.

(1) 水（H_2O）　　　(2) 二酸化炭素（CO_2）　　(3) 窒素（N_2）

→構造式は 1 組の共有電子対を 1 本の線（価標）で表し，分子内の原子の結びつきを表した化学式である．電子式は共有電子対を「：」で表すが，構造式は共有電子対を「—」で表す.

前問でそれぞれの電子式は以下のようであった.

(1) H：O：H,　(2) ：O∷C∷O：,　(3) ：N⦂N：

これらについて，「：」を「—」に書き直すと構造式になる.

答 (1) H—O—H, (2) O=C=O, (3) N≡N

問題 3-10

次の (1) ～ (10) の各分子の構造式と電子式を示せ．また，①単結合のみからなる分子，②二重結合を持つ分子，③三重結合を持つ分子，④非共有電子対を持たない分子を答えよ.

(1) HCl　　(2) CH_4　　(3) O_2　　(4) C_2H_6　　(5) C_2H_2

(6) NH_3　　(7) Cl_2　　(8) CH_3COOH　　(9) H_2S　　(10) H_2

ヒント：二重結合や三重結合の数は，電子式・構造式をみると答えが隠されている.

問題 3-11

次の (1)～(10) の各分子について，分子1個に含まれている非共有電子対は，それぞれ何対あるか．

(1) HCl　　(2) H_2O　　(3) O_2　　(4) CO_2　　(5) C_2H_2
(6) NH_3　　(7) Cl_2　　(8) CH_3COOH　　(9) H_2S　　(10) N_2

ヒント：各原子とも閉殻構造をとるので，共有電子対以外のものをみればよい．

問題 3-12

次の (1)～(3) の各分子中の各原子はどの希ガス原子の電子配置か．

(1) HBr　　　　　(2) H_2S　　　　　(3) NH_3

ヒント：各原子とも閉殻構造をとるが，どの希ガスの閉殻構造なのかを考えればよい．

問題 3-13

次の (1)～(10) の各分子やイオンの電子式を記せ．

(1) HCN　　(2) H_2O_2　　(3) HF　　(4) CCl_4　　(5) NH_4^+
(6) $CHCl_3$　　(7) SiH_4　　(8) H_3O^+　　(9) OH^-　　(10) $HCOO^-$

ヒント：イオンの場合は正負の価数から電子の数を求めて考えるとよい．

3.3　電気陰性度と双極子モーメント

イオン結合　共有結合を形成する原子において，共有電子対を引きつける強さの尺度を原子の**電気陰性度**という．異なる原子間の共有結合では，電気陰性度の大きい原子の方に共有電子対が引き寄せられ，両原子間に電気的な偏りを生じる．このような電荷の偏りが大きいほどイオン結合性が大きく，この電荷の偏りを共有結合の**極性**という．極性のない分子を**無極性分子**，極性のある分子を**極性分子**という．結合している原子の電気陰性度の差が大きいほど，極性が大きい．

代表的な元素の電気陰性度

族 / 周期	1	2	13	14	15	16	17
1	H 2.1						
2	Li 1.0	Be 2.0	B 2.0	C 2.5	N 3.0	O 3.5	F 4.0
3	Na 0.9	Mg 1.2	Al 1.5	Si 1.8	P 2.1	S 2.5	Cl 3.0
4	K 0.8	Ca 1.0	Ga 1.6	Ge 1.8	As 2.0	Se 2.4	Br 2.8
5	Rb 0.8	Sr 1.0	In 1.7	Sn 1.8	Sb 1.9	Te 2.1	I 2.5

双極子モーメント　　イオン結合性（極性）の程度を見積もるもう１つの尺度として**双極子モーメント**がある．双極子モーメント μ [C·m] は分極した電荷の絶対値 q [C] と原子核間の距離 l [m] の積で求められる．μ が大きいほど，極性が大きい．

$$\mu = ql$$

例題と解き方

【例題 3-6】 電気陰性度と元素の陰性

次の２つの元素のうちどちらがより電気的に陰性か答えよ．ただし各元素の電気陰性度は，C：2.5，Cl：3.0，Mg：1.2 である．

　(1) C と Cl　　　　　　　　(2) C と Mg

　➡陰性が強い元素は電気陰性度が大きく，陽性が強い元素は電気陰性が小さい．

　(1) Cl は C より電気陰性度が大きいので，Cl の方が電気的に陰性である．
　(2) C は Mg より電気陰性度が大きいので，C の方が電気的に陰性である．

答　(1) Cl，(2) C

【例題 3-7】 電気陰性度と元素の陰性

δ^- および δ^+ を用いて，次の化合物中の各結合において予想される極性の方向を示せ．ただし各元素の電気陰性度は，前例題と同じである．

　(1) H₃C—Cl　　　　　　　　(2) H₃C—MgBr

　➡結合している部分の各原子の電気陰性度から極性を判断する．陰性な原子は部分的に
　　負に荷電（δ^-）し，陽性な原子は部分的に正に荷電（δ^+）する．結合の極性の方向
　　は矢印（→）で表し，矢印の元の部分は電子不足（δ^+）で，先は電子過剰（δ^-）であ
　　ることを示す．

　(1) 結合部分（C—Cl）の各元素の電気陰性度は C：2.5，Cl：3.0 なので，C が δ^+，Cl が
　　δ^- に荷電している．
　(2) 結合部分（C—Mg）の各元素の電気陰性度は C：2.5，Mg：1.2 なので，C が δ^-，
　　Mg が δ^+ に荷電している．

答　(1) H₃C—Cl，(2) H₃C—MgBr
　　　　$\delta^+ \longrightarrow \delta^-$　　$\delta^- \longleftarrow \delta^+$

【例題 3-8】電気陰性度と分子の極性

次の分子は極性分子か，または無極性分子であるか答えよ．

(1) HCl　　　　　　　　　(2) H$_2$

➡結合している部分の各原子の電気陰性度の差から極性を見分ける．差があれば極性分子であり，なければ無極性分子である．

(1) H と Cl の電気陰性度の差は，3.0−2.1＝0.9 であるから，電子は Cl の方に偏っている．

(2) H どうしの電気陰性度の差はないので，電子の偏りはない．

答　(1) 極性分子，(2) 無極性分子

【例題 3-9】分子と双極子モーメント

次の(1)(2)(3)の各分子のうちどれが双極子モーメントを持つかを答えよ．

(1) HCl　　　　　　　(2) Cl$_2$　　　　　　　(3) CH$_3$Cl

➡等核二原子分子や対称的な直線形分子は双極子モーメントを持たない．多原子分子の場合は，結合の双極子モーメントが打ち消すような形であるかどうかを考えればよい．

(1) HCl は直線型ではあるが異核二原子分子（異なる原子どうしが 2 個結合している分子）のため，双極子モーメントを有する．

(2) Cl$_2$ は等核二原子分子（同じ原子どうしが 2 個結合して構成される分子のこと）なので，双極子モーメントを持たない．

(3) C—H の双極子モーメントは三つの C—Cl の双極子モーメントを打ち消せないため，極性分子となる．

答　(1)，(3)

問題 3-14

次の(1)～(6)において，2 つの元素のうち，どちらがより電気的に陰性であるか答えよ．なお，各元素の電気陰性度は，3.3 の最初（P.40）に示してある表の値を参考にせよ．

(1) F と H　　　　(2) Cl と I　　　　(3) Si と O

(4) Li と H　　　　(5) Br と B　　　　(6) C と O

ヒント：陰性が強い元素は電気陰性度が大きく，陽性が強い元素は電気陰性が小さい．

問題 3-15

次の(1)～(6)において，δ^- および δ^+ を用いて，次の各結合において期待される極性の方向を示せ．なお，各元素の電気陰性度は，3.3 の最初（P.40）に示してある表の値を参考にせよ．

(1) H$_3$C—OH　　　　(2) H$_3$C—F　　　　(3) H$_2$N—H

(4) H$_3$C—NH$_2$　　　　(5) H$_3$C—Br　　　　(6) H$_3$C—Li

ヒント：結合している部分の各原子の電気陰性度から極性を見分ける．陰性な原子は部分的に負に荷電（δ^-）し，陽性な原子は部分的に正に荷電（δ^+）する．

問題 3-16

次の (1) ～ (3) に示す結合のうち，最も極性の大きいものはどれか，記号を選べ．なお，各元素の電気陰性度は，**3.3** の最初（P.40）に示してある表の値を参考にせよ．

 (1) N—F   (2) O—F   (3) C—F

 ：各原子の電気陰性度の大小は，F＞O＞N＞C であり，その差の大きい結合ほど極性は大きくなる．

問題 3-17

水（H_2O）やアンモニア（NH_3）に比べて，メタン（CH_4）や二酸化炭素（CO_2）の双極子モーメントが 0 となる．その理由を説明せよ．下図に示すように，二酸化炭素は直線分子で，メタンは対称性分子である．これに対し，水は折れ線型分子，アンモニアは三角錐型分子である．

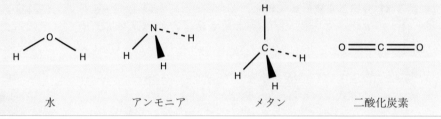

    水   アンモニア   メタン   二酸化炭素

 ：分子の極性は分子の形に大きく影響を受ける．

問題 3-18

次の (1) ～ (6) の分子は極性分子か，または無極性分子であるか分類せよ．なお，各元素の電気陰性度は，**3.3** の最初（P.40）に示してある表の値を参考にせよ．

 (1) H_2O (2) Cl_2 (3) CO_2

 (4) NH_3 (5) CH_4 (6) C_6H_6 （⬡）

 ：(2) と (3) は直線分子で，(5) と (6) は対称性分子である．これに対し，(1) は折れ線型分子，(4) は三角錐型分子である．

問題 3-19

次の (1) ～ (10) の各分子うち双極子モーメントを持っているものを選べ．

 (1) HBr (2) NO_2 (3) CS_2 (4) H_2S (5) CCl_4
 (6) PH_3 (7) HF (8) C_2H_6 (9) BF_3 (10) O_3

 ：各分子の形状を考えるとよい．

3.4 金属結合

　固体の金属内では正の電荷を帯びた金属原子が規則正しく配列している．その間を電子が自由に動き回り，すべての原子に共有され原子をたがいに結びつける．このような働きをする電子を**自由電子**といい，自由電子による金属元素の原子間の結合を**金属結合**という．金属結合により原子が規則正しく配列してできた固体を**金属結晶**という．金属結晶は，**体心立方格子，面心立方格子，六方最密充填構造**などに分類される．結晶内で1つの原子に接している他の原子の数を**配位数**，原子自身が結晶中の空間に占める体積の割合を**充填率**という．また，自由電子の存在によって金属は電気や熱をよく導き，金属特有の性質をもつ（展性（薄く広げられる性質）や延性（引き延ばされる性質），金属光沢など）．

例題と解き方

【例題 3-10】結晶構造と原子数

鉄などの金属結晶は体心立方格子を取っている．体心立方格子は立方体の中心と各頂点に金属原子が位置している．この体心立方格子の単位格子1個当たりに含まれる原子の数を計算せよ．

> ➡体心立方格子の場合，中心の1個の原子は8個の原子の1部分が隣接している．

左図は体心立方格子を上から眺めたものであるが，中心の単位格子内に中心原子は1個分入っているが，頂点の4個の原子は，それぞれA，B，C，D，E，F，G，Hの隣接する別の単位格子にも属していることになり，8分の1個分が格子内に入っていることになる．したがって，

$$\frac{1}{8} \times 8 + 1 = 2$$

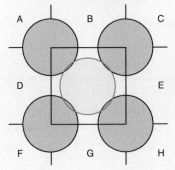

答　2個

【例題 3-11】 結晶構造と充填率

結晶構造がわかれば理論的に充填率を知ることができる．結晶構造が体心立方格子の場合の充填率を求めよ．

> ➡ 単位格子全体の体積は立方体だから一辺の長さを 3 乗すればよい．原子が占める体積は原子を球として求める．一辺の長さと半径の関係を用いれば充填率を求めることができる．

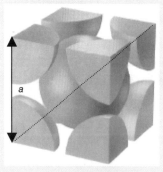

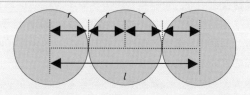

体心立方格子の場合，立方体の対角線上で上図のように球が接している．対角線の長さ l は，立方体の一辺の長さを a とすると，

$$l^2 = a^2 + (\sqrt{2}a)^2 = 3a^2 \iff l = \sqrt{3}a$$

他方，球の半径を r とすれば，$l = 4r$ であるから，

$$l = 4r = \sqrt{3}a \iff r = \frac{\sqrt{3}a}{4}$$

【例題 3-10】でみたように，立方体内には原子（球）が 2 個あるから充填率は，2 個の球の体積を立方体の体積で割れば求められる．

$$\frac{2 \times \frac{4}{3}\pi r^3}{a^3} = \frac{\frac{8}{3}\pi\left(\frac{\sqrt{3}a}{4}\right)^3}{a^3} = \frac{8}{3}\pi\frac{3\sqrt{3}}{4^3} = \frac{\sqrt{3}}{8}\pi = 0.68$$

答　68.0 [%]

問題 3-20

次の金属結晶は体心立方格子，面心立方格子および六方最密充填構造のいずれの構造をとるか．

(1) Ca	(2) Na	(3) Be	(4) Fe	(5) Al
(6) K	(7) Zn	(8) Cu	(9) Mg	(10) Ag

ヒント：代表的な金属の結晶構造は知っておいた方がよい場合もあるので調べてみよう．

問題 3-21

面心立方格子

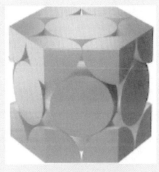

六方最密充填構造

左図は面心立方格子と六方最密充填構造を示したものである．各図に示した中に含まれる原子の数を答えよ．

ヒント：体心立方格子と同じような考え方をすればよい．一つの原子が何個の原子で囲まれているか，どのように原子が何分割に切断されているかを考える．

問題 3-22

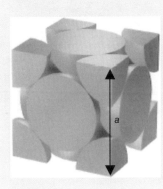

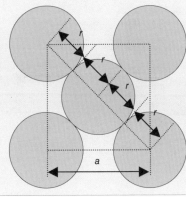

金属結晶の面心立方格子における充填率を求めよ．面心立方格子の面は左図に示すように一辺の長さが a の正方形であり，対角線の長さが半径（r）の4倍である．

ヒント：【例題 3-11】と同じように考えていけばよい．

問題 3-23

ある金属は面心立方格子の結晶構造で，単位格子の一辺の長さが 3.6×10^{-8} [cm] であることがわかっている．この金属の密度を 9.0 [g/cm³]，アボガドロ定数を 6.0×10^{23} [1/mol] として，この金属の原子量を計算せよ．

ヒント：面心立方格子内に原子が何個あるかを踏まえ，まず，単位格子の質量＝単位格子の体積×密度，から原子1個当たりの質量を考える．

問題 3-24

単体のナトリウムは体心立方格子の結晶構造をとっている．ナトリウムの単位格子の一辺の長さを 4.3×10^{-8} [cm]，密度を 0.97 [g/cm³]，原子量を 23 として，アボガドロ定数 [1/mol] を求めよ．

ヒント：問題 3-23 と同じような考え方で解くことができる．

問題 3-25

1つの原子に隣接する原子の数を**配位数**という．面心立方格子，体心立方格子，六方最密充
填構造の配位数はそれぞれいくらか．

問題 3-26

ある金属の結晶構造を調べたところ，一辺が 4.00×10^{-8} [cm] の面心立方格子を取ってい
ることがわかった．以下の (1) ～ (4) の各問に答えよ．

(1) この金属原子の半径はいくらか．

(2) この金属の密度は 6.80 [g/cm³] であった．この金属原子1個の質量は何 [g] か．

(3) この金属の原子量はいくらか．ただし，アボガドロ定数を 6.02×10^{23} [1/mol] とする．

(4) この金属結晶に応力を加えたところ，体心立方格子にその結晶構造が変化した．この
体心立方格子の一辺の長さは何 [cm] になるか．ただし，金属原子の半径は変化しな
いものとする．

(5) この体心立方格子の結晶構造になった金属の密度は何 [g/cm³] か．

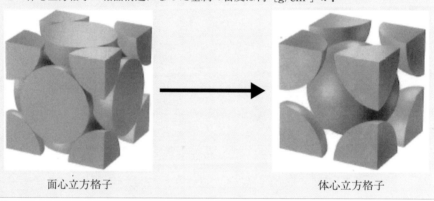

面心立方格子　　　　　　　　　　　体心立方格子

ヒント：(1) 面心立方格子の一辺の長さと半径の関係を用いて計算する．(2) 単位格子の質量＝単位格子の体
積×密度，から原子1個当たりの質量を計算する．(3) 1 [mol] の個数はアボガドロ定数であり，
1 [mol] の原子の質量が原子量となる．(4) 体心立方格子の一辺の長さと半径の関係を用いて計算する．
(5) 質量を体積で割ったものが密度である．

問題 3-27

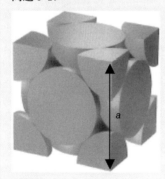

一辺が a [cm] の面心立方格子を取る金属結晶がある．
こ金属結晶の密度を d [g/cm³]，この金属の原子量を
M として以下の (1), (2) の各問に答えよ．

(1) この金属原子1 [mol] が占める結晶の体積は何
[cm³] か．ただし，アボガドロ定数を N_A [1/mol]
とする．

(2) N_A を a, M, d を用いて表せ．

ヒント：単位格子の質量＝単位格子の体積×密度，の関係を用いる．

3.5　水素結合とファンデルワールス力

分子間力　電気陰性度の大きい原子間に水素原子が介在して生じる結合を**水素結合**という．水素結合が存在する液体分子は沸点が高い．極性の小さい分子間においては，**ファンデルワールス力**とよばれる弱い引力がはたらいている．この水素結合やファンデルワールス力のように分子間に働く相互作用を総称して**分子間力**といい，分子間力により分子が規則正しく配列してできた結晶を**分子結晶**という．

例題と解き方

【例題 3-12】水素結合と沸点

フッ化水素（HF），塩化水素（HCl），臭化水素（HBr）について，沸点が高いものの順に並べよ．ただし，電気陰性度の値は，F が 4.0，Cl が 3.0，Br が 2.8 である．

➡ 水素結合の強さが強いほど沸点は高くなる．水素結合の強さは電気陰性度によって判断することができる．

HF，HCl，HBr とも水素結合が存在する．H と結合する原子の電気陰性度が大きいほど，H はより正に荷電するので水素結合の強さは大きくなる．F，Cl，Br の電気陰性度から，水素結合の強さの順は，HF＞HCl＞HBr である．したがって，沸点の高さも同じ順番となる．

答　HF＞HCl＞HBr

問題 3-28

セレン化水素（H_2Se），硫化水素（H_2S），水（H_2O）について，沸点が高いものの順に並べよ．ただし，電気陰性度の値は，Se が 2.4，S が 2.5，O が 3.5 である．

ヒント：【例題 3-12】と同じように考えるとよい．

問題 3-29

窒素（N），酸素（O），フッ素（F），塩素（Cl）は電気陰性度が 3 以上で大きいので，水素結合を形成する化合物を与える．N，O，F，Cl を含み水素結合を形成されると予想される化合物を 1 つずつ記せ．

ヒント：原子の価数を考慮する．

【例題 3-13】ファンデルワールス力と分子量

次の(1)～(4)の分子をファンデルワールス力の大きい順に並べよ．

(1) Br_2　　　　　(2) F_2　　　　　(3) I_2　　　　　(4) Cl_2

➡ 構造の似た分子では，分子量の大きい分子ほどファンデルワールス力は強く作用する．また，分子量が同程度の分子では極性が強い分子ほどファンデルワールス力は強く作用する．

分子量の順は，$I_2 > Br_2 > Cl_2 > F_2$ であるから，ファンデルワールス力の大小もこの順番になる．

答　$I_2 > Br_2 > Cl_2 > F_2$

問題 3–30

次の (1) ～ (4) の分子式で表される化合物はすべて直線状の炭化水素である．これらの分子をファンデルワールス力の大きい順に並べよ．

(1) C_4H_{10}　　　(2) $C_{10}H_{22}$　　　(3) C_7H_{16}　　　(4) C_6H_{14}

ヒント：構造の似た分子では，分子量の大きい分子ほどファンデルワールス力は大きい．

問題 3–31

次の (1) ～ (3) において，2 つの分子のうちファンデルワールス力が大きいのはどちらか．

(1) CH_4 と NH_3　　　(2) H_2S と O_2　　　(3) F_2 と HCl

ヒント：分子量がほぼ同じ場合には，極性分子のほうが無極性分子よりもファンデルワールス力は大きい．

問題 3–32

分子間力で形成されている結晶を 3 つ答えよ．

ヒント：イオン結晶，共有結晶，金属結晶以外のものを考える．

問題 3–33

ドライアイスは二酸化炭素（CO_2）の固体であり，分子間力からなる分子結晶である．この結晶は一辺が 5.60×10^{-8} [cm] の面心立方格子の構造を取る．アボガドロ定数を 6.02×10^{23} [1/mol] とし，以下の (1) ～ (3) の各問に答えよ．

(1) この面心立方格子内に含まれる二酸化炭素分子は何個か．

(2) 最近接の炭素原子間の距離は何 [cm] か．

(3) ドライアイスの密度は何 [g/cm³] か．なお CO_2 の分子量は 44 とする．

(4) ドライアイス 100 [g] が標準状態ですべて気体になるとすると，その体積は何倍になるか．

ヒント：問題 3-21，問題 3-22，問題 3-27 を参考にするとよい．

演習問題

【1】　炭素原子の共有結合からなる共有結晶であるダイヤモンドの結晶の一部は図のような構造を取っている．このような構造を取る共有結晶について以下の(1)と(2)の各問に答えよ．

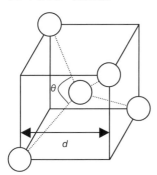

(1) 立方体の一辺の長さを d とするとき，原子間距離を d を用いて表せ．

(2) 原子の結合角（θ）は何度か．ただし，辺の長さが，a，b，c，それに対する角度を A，B，C とするときの余弦定理は，$c^2 = a^2 + b^2 - 2ab \cos C$ である．また，角度を求める場合は，$\cos^{-1} C$ を用いよ．

ヒント：これまでに解いた結晶構造の幾何を参考にして解けばよい．

【2】　以下の(1)～(5)の記述にあてはまるものを，(a)～(d)より選べ．なお，同じものを繰り返し選択してもよい．

(a) イオン結晶　　(b) 分子結晶　　(c) 金属結晶　　(d) 共有結晶

(1) 結晶全体を一つの分子とみなすこともでき，融点が極めて高い．
(2) 外力を加えて曲げることができる．
(3) 固体の状態でも，融解しても電気を通す．
(4) 固体のままでは電気を通さないが，融解させたものや水に溶解させた水溶液は電気を通す．
(5) 軟らかく，融点・沸点が低く，加熱をすると昇華するものもある．

ヒント：各結晶の特徴的な性質で判断する．

【3】　氷に存在している結合や結合力の名称をすべて記せ．

ヒント：水の分子構造を考えるとよい．

【4】　六方最密構造の充填率を計算し，それが最密充填である面心立方格子の充填率と同じであることを示せ．

ヒント：六方最密構造の形状をよく考えるとよい．

【5】　次の分子のうち非共有電子対の数が最大のもの，共有電子対の数が最大のものをそれぞれ選べ．

(1) HCl　　(2) N_2　　(3) NH_3　　(4) CO_2　　(5) H_2O　　(6) Cl_2

ヒント：各原子の価電子を考えれば容易に選ぶことができる．

【6】　次の物質に含まれる化学結合の種類を書け.
　　　(1) NaCl　　(2) Cu　　　　(3) NH_4Cl　(4) CO_2　　　(5) SiO_2　　　(6) Cl_2

ヒント：これまでに学んだ結合を想起しよう.

問 題 解 答

問題 3-1 (1) KOH：水酸化カリウム　(2) NH_4Cl：塩化アンモニウム

(3) $CaCO_3$：炭酸カルシウム　(4) MgO：酸化マグネシウム

(5) $(NH_4)_2SO_4$：硫酸アンモニウム

(6) $Al(NO_3)_3$：硝酸アルミニウム

(7) FeS：硫化鉄(II)　(8) CuO：酸化銅(II)

(9) Na_3PO_4：リン酸ナトリウム　(10) $MgCl_2$：塩化マグネシウム

(11) Fe_2S_3：硫化鉄(III)

(12) $Al_2(SO_4)_3$：硫酸アルミニウム

問題 3-2 (1) $(NH_4)_2CO_3$, NH_4^+(アンモニウムイオン), CO_3^{2-}(炭酸イオン)

(2) Al_2O_3, Al^{3+}(アルミニウムイオン), O^{2-}(酸化物イオン)

(3) NaF, Na^+(ナトリウムイオン), F^-(フッ化物イオン)

(4) Li_3PO_4, Li^+(リチウムイオン), PO_4^{3-}(リン酸イオン)

(5) $(HCOO)_2Mg$, Mg^{2+}(マグネシウムイオン), $HCOO^-$(ギ酸イオン)

(6) $(CH_3COO)_2Ca$, Ca^{2+}(カルシウムイオン), CH_3COO^-(酢酸イオン)

(7) ZnO, Zn^{2+}(亜鉛イオン), O^{2-}(酸化物イオン)

(8) Ag_2S, Ag^+(銀イオン), S^{2-}(硫化物イオン)

(9) $Fe_2(SO_4)_3$, Fe^{3+}(鉄(III)イオン), SO_4^{2-}(硫酸イオン)

(10) $Cu_3(PO_4)_2$, Cu^{2+}(銅(II)イオン), PO_4^{3-}(リン酸イオン)

(11) $Al(NO_3)_3$, Al^{3+}(アルミニウムイオン), NO_3^-(硝酸イオン)

(12) BaI_2, Ba^{2+}(バリウムイオン), I^-(ヨウ化物イオン)

問題 3-3 (1) 10, (2) 10, (3) 32, (4) 32, (5) 18, (6) 18, (7) 50, (8) 50, (9) 10, (10) 10, (11) 18, (12) 32

問題 3-4 (1) K^+, (2) I^-, (3) Rb^+, (4) Cs^+, (5) Sr^{2+}, (6) Se^{2-}, (7) Ba^{2+}, (8) Te^{2-}

問題 3-5 電子の数も電子配置も同じであるが，中心の原子核に存在する陽子の数は，$_{12}Mg^{2+} > _{11}Na^+ > _9F^- > _8O^{2-}$，の順である．すなわち同じ電子配置であっても，陽子の数が多ければ多いほど，電子がより強く原子核方向に引きつけられているためである．

問題 3-6 同じ一価の陽イオンでも，原子番号が大きくなればなるほど，原子自体が大きくなる．したがって同じ価数のイオンの場合，原子番号が大きいほどイオン半径も大きくなる．

問題 3-7 (1) セシウムイオン：1個，塩化物イオン：1個，(2) CsCl, (3) 4.00 [g/cm³]

問題 3-8 (1) Y原子の陰イオン：2個，L原子の陽イオン：4個，組成式：L_2Y, (2) X原子の陰イオン：4個，M原子の陽イオン：4個，組成式：MX, (3) 0.864倍

問題 3-9 0.414

問題 3-10 (1) H–Cl, H:Cl:, (2) H–C–H（メタン）, H:C:H, (3) O=O, :O::O:,

(4) H–C–C–H（エタン）, H:C:C:H, (5) H–C≡C–H, H:C⫶C:H,

(6) H–N–H, H:N:H, (7) Cl–Cl, :Cl:Cl:,

(8) H–C–C–O–H（酢酸）, H:C:C:O:H,

(9) H–S–H, H:S:H (10) H:H, H–H,

①単結合のみからなる分子：(1), (2), (4), (6), (7), (9), (10),

②二重結合を持つ分子：(3), (8), ③三重結合を持つ分子：(5),

④非共有電子対を持たない分子：(2), (4), (5), (10)

問題 3-11 (1) 3 対, (2) 2 対, (3) 4 対, (4) 4 対, (5) 0 対, (6) 1 対, (7) 6 対, (8) 4 対, (9) 2 対, (10) 2 対

問題 3-12 (1) H：He の電子配置, Br：Kr の電子配置,

(2) H：He の電子配置, S：Ar の電子配置,

(3) H：He の電子配置, N：Ne の電子配置

問題 3-13 (1) H:C::N:, (2) H:O:O:H, (3) H:F:, (4) :Cl:C:Cl: / :Cl: , (5) H:N:H / H (上 +), (6) :Cl:C:Cl: / :Cl: / H, (7) H:Si:H / H / H, (8) H:O:H / H (+), (9) :O:H (−), (10) H:C:O: / O

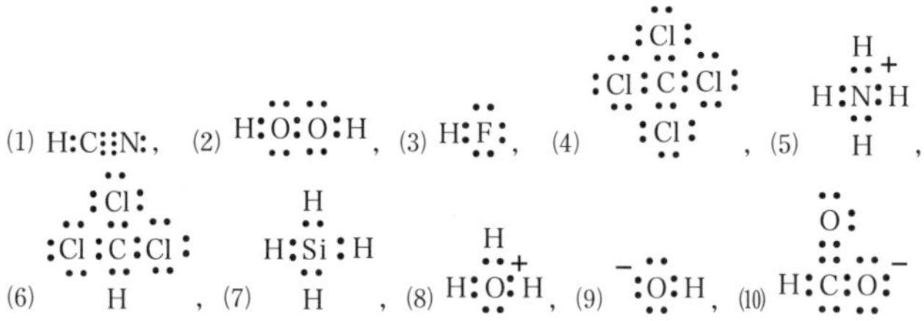

問題 3-14 (1) F, (2) Cl, (3) O, (4) H, (5) Br, (6) O

問題 3-15 (1) H_3C–OH, (2) H_3C–F, (3) H_2N–H, (4) H_3C–NH_2, (5) H_3C–Br, (6) H_3C–Li

$\delta^+ \longrightarrow \delta^-$ $\delta^+ \longrightarrow \delta^-$ $\delta^- \longleftarrow \delta^+$ $\delta^+ \longrightarrow \delta^-$ $\delta^+ \longrightarrow \delta^-$ $\delta^- \longleftarrow \delta^+$

問題 3-16 (3)

問題 3-17 電気陰性度を考慮すると，H_2O，NH_3，CH_4，CO_2 すべて原子間の電子の偏りがある．しかしその方向を見てみると，分子の形が対照的である CH_4 と CO_2 においては，→で示した分極が互いに打ち消し合ってしまうために分子全体の極性はなくなってしまう．すなわち双極子モーメントは 0 となる．これに対し，H_2O と NH_3 においては→で示した分極は打ち消し合わない（以下の図参照）．

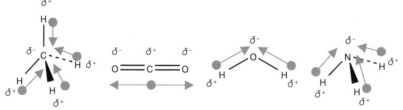

問題 3-18 (1) 極性分子, (2) 無極性分子, (3) 無極性分子, (4) 極性分子, (5) 無極性分子, (6) 無極性分子

問題 3-19 (1), (2), (4), (6), (7), (10)

問題 3-20 (1) 面心立方格子, (2) 体心立方格子, (3) 六方最密構造, (4) 体心立方格子, (5) 面心立方格子, (6) 体心立方格子, (7) 六方最密構造, (8) 面心立方格子, (9) 六方最密構造, (10) 面心立方格子

問題 3-21 面心立方格子：4 個, 六方最密充填構造：6 個

問題 3-22 74 [%]

問題 3-23 63

問題 3-24 6.0×10^{23} [1/mol]

問題 3-25 面心立方格子：12, 体心立方格子：8, 六方最密構造：12

問題 3-26 (1) 1.41×10^{-8} [cm], (2) 1.09×10^{-22} [g], (3) 65.6, (4) 3.26×10^{-8} [cm], (5) 6.29 [g/cm³]

問題 3-27 (1) $\dfrac{a^3 N_A}{4}$, (2) $\dfrac{4M}{a^3 d}$

問題 3-28 $H_2O > H_2S > H_2Se$

問題 3-29 （解答例）NH_3, H_2O, HF, HCl

問題 3-30 $C_{10}H_{22} > C_7H_{16} > C_6H_{14} > C_4H_{10}$

問題 3-31 (1) $NH_3 > CH_4$, (2) $H_2S > O_2$, (3) $HCl > F_2$

問題 3-32 （解答例）ドライアイス，ヨウ素，ナフタレン，氷砂糖など

問題 3-33 (1) 4 個, (2) 3.96×10^{-8} [cm], (3) 1.67 [g/cm³], (4) 850 倍

演 習 問 題

【1】 (1) $\dfrac{\sqrt{3}}{2}d$, (2) 109.5°

【2】 (1) (d), (2) (c), (3) (c), (4) (a), (5) (b)

【3】 共有結合, 水素結合, 分子間力

【4】 74 [%]

【5】 非共有電子対の数が最大：(6), 共有電子対の数が最大：(4)

【6】 (1) イオン結合, (2) 金属結合, (3) 共有結合, 配位結合, イオン結合, (4) 共有結合, (5) 共有結合, (6) 共有結合

4　物質の三態

4.1　物質の三態

物質の三態　　物質の固体・液体・気体の三つの状態を，**物質の三態**という．温度や圧力を変化させると，物質の状態は変化する．どの状態においても，物質の構成粒子は絶えず振動や直進などの運動（熱運動）をしている．

$$固体 \underset{凝固}{\overset{融解}{\rightleftharpoons}} 液体 \underset{凝縮}{\overset{蒸発}{\rightleftharpoons}} 気体, \quad 固体 \underset{昇華}{\overset{昇華}{\rightleftharpoons}} 気体 \qquad \begin{array}{l} 右向きの変化は吸熱 \\ 左向きの変化は発熱 \end{array}$$

物質の状態が変化するときは，必ず熱の出入りがある．固体が液体に変化するときに吸収する熱を**融解熱**，液体が気体に変化するときに吸収する熱を**蒸発熱**という．融解熱，蒸発熱を物質 1 [mol] あたりで表すとき，それぞれ**モル融解熱**，**モル蒸発熱**という．

潜熱と顕熱　　物質の状態変化に伴い放出や吸収している熱を**潜熱**といい，融解熱や蒸発熱がこれにあたる．潜熱は物質量 [mol] が分ればモル融解熱やモル蒸発熱にかけることによって求めることができる．他方，熱の出入りにより状態変化が起こらず，温度が変化する熱を**顕熱**という．物質の比熱 (c [J/K·g]) がわかっていれば，顕熱を求めることができる．比熱はその単位を見ればわかるとおり，1 [g] の物質の温度を 1 [℃] (=1 [K]*) 変化させるときに必要な熱量 [J] である．したがって顕熱 (Q_s) は質量 (m)，比熱 (c)，温度差 (Δt) の積で求めることができる．

$$\boxed{Q_s = mc\Delta t}$$

　状態変化と温度変化があるときの熱量は，潜熱と顕熱の総和になる．例えば，−10 [℃] の氷をすべて蒸発させる（水蒸気にする）ために必要な熱量は，(−10 [℃] の氷を 0 [℃] の氷にする顕熱)＋(水の融解熱)＋(0 [℃] の水を 100 [℃] の水にする顕熱)＋(水の蒸発熱)，となる．

*温度差の場合，その値は単位が [℃] であっても [K] であっても同じである．

例題と解き方

【例題 4-1】状態変化と潜熱

次の (1) と (2) の 1,013 [hPa] における各熱量 [kJ] を求めよ．ただし，水のモル融解熱は 6.01 [kJ/mol]，モル蒸発熱は 40.66 [kJ/mol] とし，モル質量 [g/mol] は 18 [g/mol] として計算せよ．

(1) 0 [℃] において，1 [g] の氷が水になるのに必要な熱量 [kJ]．

(2) 100 [℃] において，1 [g] の水が水蒸気になるのに必要な熱量 [kJ]．

➡ まず，与えられた質量をモル質量 [g/mol] で割ることによって物質量 [mol] を求める．モル融解熱 [kJ/mol] とモル蒸発熱 [kJ/mol] は 1 [mol] あたりの融解熱であるから，物質量 [mol] をかけることによってそれらの熱量を求めることができる．

(1) $\dfrac{1}{18} \times 6.01 = 0.334$

(2) $\dfrac{1}{18} \times 40.66 = 2.26$

答　(1) 0.33 [kJ], (2) 2.3 [kJ]

【例題 4-2】潜熱と顕熱

−20.0 [℃] の氷 18.0 [g]（＝1 [mol]）を水にするときの熱を求めよ．ただし，氷の比熱は 2.10 [J/g·K]，モル融解熱は 6.01 [kJ/mol] とする．

➡ 状態変化を伴うときの熱は顕熱と潜熱を加えて求めることができる．この場合，−20.0 [℃] の氷を 0 [℃] の氷にするための顕熱と，0 [℃] の氷を 0 [℃] の水にする融解熱（潜熱）を加える．

顕熱 (Q_s) は $m = 18$ [g]，$c = 2.10$ [J/g·K]，$\varDelta t = 0-(-20) = 20$ [K] より，
$$Q_s = mc\varDelta t = (18)(2.10)(20)$$

他方，融解熱は 1 [mol] の氷であるから，モル融解熱と等しく，6.01 [kJ]（＝6.01× 10^3 [J]）となる．したがって，−20.0 [℃] の氷 18.0 [g] を水にするときの熱 [J] は，
$$(18)(2.10)(20) + 6.01 \times 10^3 = 6766 \text{ [J]}$$

答　6.77 [kJ]

問題 4-1

1013 [hPa] において，次の (1) と (2) の熱量 [kJ] を求めよ．ただし，1013 [hPa] における水のモル融解熱は 6.01 [kJ/mol]，モル蒸発熱は 40.66 [kJ/mol] とし，モル質量は 18.0 [g/mol] とする．

(1) 0 [℃] において，80.0 [g] の氷が水になるのに必要な熱量 [kJ]

(2) 100 [℃] において，50.0 [g] の水が水蒸気になるのに必要な熱量 [kJ]

ヒント：与えられた質量から物質量 [mol] を求めるとよい．

問題 4-2

−15.0 [℃] の氷 18.0 [g]（=1 [mol]）をすべて水蒸気にするときの熱量は何 [kJ] か．ただし氷の比熱は 2.10 [J/g·K]，水の比熱は 4.19 [J/g·K]，モル融解熱は 6.01 [kJ/mol]，モル蒸発熱は 40.66 [kJ/mol] とする．

> **ヒント**：−15.0 [℃] の氷を 0 [℃] の氷にするときの顕熱，0 [℃] の氷を 0 [℃] の水にする潜熱（融解熱），0 [℃] の水を 100 [℃] の水にするときの顕熱，100 [℃] の水を 100 [℃] の水蒸気にする潜熱（蒸発熱）を合計したものになる．

問題 4-3

右の図はある物質の圧力および温度による固体・液体・気体間の状態変化を表したものである．以下の (1) ～ (5) の各問に答えよ．

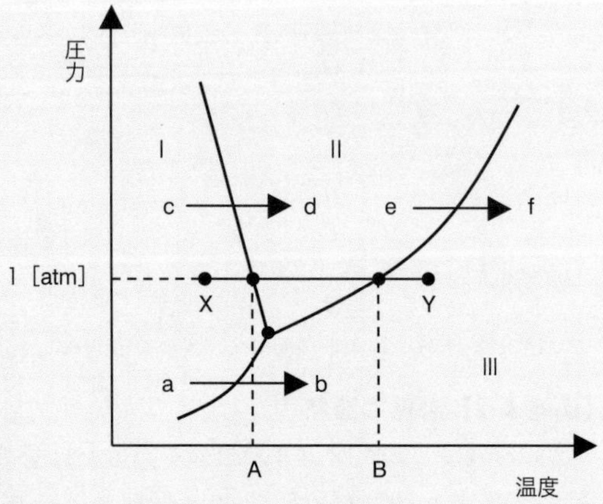

(1) I，II，III の領域はそれぞれどんな状態か．

(2) A，B の温度はそれぞれ何というか．

(3) 圧力一定のもとで温度変化 a → b，c → d，e → f の際に起こる状態変化はそれぞれ何とよばれるか．

(4) 1 [atm] の状態でこの物質を一定の容積の密閉容器に入れ温度を上げた場合，以下の (a) と (b) の温度は 1 [atm] の場合に比べて高くなるか，低くなるか，それとも変わらないか，を答えよ．

    (a) 固体が液体になる温度　　　(b) 液体が気体になる温度

(5) 図中の X 点にある状態を，一定の速さでゆっくり加熱していきながら Y 点まで変化させた．この図が水のものであるとすると，このときの加熱時間（横軸）と水の温度（縦軸）との関係を示す概略図を示せ．

> **ヒント**：固体，液体，気体の状態とそれらの 1 [atm] における温度との関係を考慮すると容易に理解できる．

問題 4-4

次の (1) ～ (4) の変化において吸収する熱量 [kJ] を求めよ．ただし，氷，水（液体）および水蒸気 1.0 [g] を 1.0 [℃] 温度上昇させるために必要な熱量はそれぞれ 2.10 [J]，4.20 [J]，1.90 [J] とする．また，モル融解熱を 6.01 [kJ/mol]，モル蒸発熱を 40.7 [kJ/mol] とする．

(1) 0 [℃] の水 18 [g]（=1 [mol]）を 100 [℃] の水蒸気にする．

(2) −20 [℃] の氷 18 [g] を 0 [℃] の水（液体）にする．

(3) 100 [℃] の水蒸気 18 [g] を 115 [℃] にする．

(4) −20 [℃] の氷 18 [g] を 115 [℃] の水蒸気にする．

> **ヒント**：氷，水（液体）および水蒸気の各状態の変化がある場合は潜熱，同じ状態で温度変化がある場合は顕熱である．顕著の場合は，$Q_s = mc\Delta t$ を用いて求める．

4.2 気体の法則

圧力・体積・温度の変化があるときの気体の法則　気体の体積は，液体や固体と違い，圧力や温度を変えると大きく変わる．一定質量の気体の体積を V，絶対温度を T [K]，圧力を P として以下のような公式で表わすことができる．

　　ボイルの法則：T が一定（同じ値）のとき，V は P に反比例する．

$$PV = k \text{ (k：定数)} \qquad \text{または} \qquad P_1V_1 = P_2V_2$$

　　シャルルの法則：P が一定（同じ値）のとき，V は T に比例する．

$$V = kT \text{ (k：定数)} \qquad \text{または} \qquad \frac{V_1}{T_1} = \frac{V_2}{T_2}$$

　　ボイル・シャルルの法則：V は，P に反比例し，T に比例する*．

$$PV = kT \text{ (k：定数)} \qquad \text{または} \qquad \frac{P_1V_1}{T_1} = \frac{P_2V_2}{T_2}$$

*気体がある状態（P_1，V_1，T_1）から別のある状態（P_2，V_2，T_2）に変化する場合，ボイル・シャルルの法則を用いる．ボイル・シャルルの法則は式から判るように，ボイルの法則とシャルルの法則を一体化したものと見なせるので，気体の状態が変化するときはこの法則ですべて対応できる．なお，T の単位はいつも [K] であるが，P と V については，P_1 と P_2，V_1 と V_2 の単位が同じでありさえすれば問題なく使える．

例題と解き方

【例題 4-3】ボイルの法則

27.0 [℃]，1.00×10^5 [Pa] で 100.0 [mL] の水素について，以下の(1)と(2)の各問に答えよ．

　(1) 温度一定下で，50.0 [mL] まで圧縮したとき，圧力はいくらになるか．

　(2) 温度一定下で，5.00×10^5 [Pa] にしたとき，体積はいくらになるか．

➡温度一定なので，ボイルの法則を用いる．最初の状態を P_1 と V_1，変化後の状態を P_2 と V_2 として適用すればよい．

(1) $P_1 = 1.00 \times 10^5$ [Pa]，$V_1 = 100.0$ [mL]，$V_2 = 50.0$ [mL] であるから，

$$P_2 = \frac{P_1V_1}{V_2} = \frac{(1.00 \times 10^5)(100.0)}{50.0} = 2.00 \times 10^5$$

(2) $P_1 = 1.00 \times 10^5$ [Pa]，$V_1 = 100.0$ [mL]，$P_2 = 5.00 \times 10^5$ [Pa] なので，

$$V_2 = \frac{P_1V_1}{P_2} = \frac{(1.00 \times 10^5)(100.0)}{5.00 \times 10^5} = 20$$

答　(1) 2.00×10^5 [Pa]，(2) 20.0 [mL]

【例題 4-4】 シャルルの法則

0 [℃]，$1.00×10^5$ [Pa] で 200.0 [mL] の水素について，以下の (1) と (2) の各問に答えよ．

(1) 圧力一定で 100.0 [℃] にしたとき，体積はいくらになるか．

(2) 圧力一定で体積を 320.0 [mL] にするには，何 [℃] にすればよいか．

> ➡ 圧力一定なので，シャルル法則を用いる．最初の状態を T_1 と V_1，変化後の状態を T_2 と V_2 として適用すればよい．

(1) $T_1=0+273=273$ [K]，$V_1=200.0$ [mL]，$T_2=100+273=373$ [K] なので，

$$V_2 = \frac{V_1 T_2}{T_1} = \frac{(200)(373)}{273} = 273$$

(2) $T_1=0+273=273$ [K]，$V_1=200.0$ [mL]，$V_2=320.0$ [mL] なので，

$$T_2 = \frac{V_2 T_1}{V_1} = \frac{(320)(273)}{200} = 436.8 \quad 436.8 - 273 = 163.8$$

答　(1) 273 [mL]，(2) 164 [K]

【例題 4-5】 ボイル・シャルルの法則

27.0 [℃]，$1.00×10^5$ [Pa] で 25.0 [L] の気体を，50.0 [℃]，$2.00×10^5$ [Pa] にすると体積は何 [L] になるか．

> ➡ P，V，T がすべて変化しているので，ボイル・シャルル法則を用いる．最初の状態を P_1，V_1，T_1 とし，変化後の状態を P_2，V_2，T_2 として適用すればよい．

最初の状態においては，$P_1=1.00×10^5$ [Pa]，$V_1=25.0$ [L]，$T_1=27+273=300$ [K]，変化後の状態においては $P_2=2.00×10^5$ [Pa]，$T_2=50+273=323$ [K]，となるから，ボイル・シャルルの法則により，

$$V_2 = \frac{P_1 V_1 T_2}{P_2 T_1} = \frac{(1.00 \times 10^5)(25)(323)}{(2.00 \times 10^5)(300)} = 13.46$$

答　13.5 [L]

問題 4-5

気体の変化に関する以下の (1) と (2) の各問に答えよ．

(1) $1.00×10^5$ [Pa] で 8.00 [L] の気体を，温度を変えず圧力を $3.00×10^5$ [Pa] にすると体積は何 [L] になるか．

(2) 温度を一定に保ちながら，$1.00×10^5$ [Pa] で 300 [mL] の気体の体積を 5.00 [L] にすると，気体の圧力は何 [Pa] になるか．

> ヒント：温度は変わらないから，ボイルの法則を用いる．

問題 4-6

気体の変化に関する以下の (1) と (2) の各問に答えよ．

(1) 0 [℃]，$1.00×10^5$ [Pa] で容積が 5.00 [L] のゴム風船を，27.0 [℃]，$1.00×10^5$ [Pa] にすると容積は何 [L] になるか．ただし，このとき風船は自由に膨張できるも

のとする.

(2) 25.0 [℃], 2.00×10^5 [Pa] で 1.00 [L] の気体を,圧力を変えないで体積を 4.0 [L]
にするには,温度を何 [℃] にしたらよいか.

> ヒント：圧力は変わらないから,シャルルの法則を用いる.

問題 4-7

0 [℃], 1.00×10^5 [Pa] で 33.6 [L] の酸素がある.この酸素をすべて 3.00 [L] のボンベ
につめた.このボンベを 25.0 [℃] にすると,酸素の圧力は何 [Pa] になるか.

> ヒント：酸素の体積はボンベにつめると,そのボンベの容積になる.

問題 4-8

高度 10,000 [m] のある大気について,大気圧は 2.60×10^4 [Pa],温度は −50.0 [℃] で
あった.ある気球が 20 [℃], 1.00×10^5 [Pa] の海水面から上昇してこの高度に達したと
き,気球の体積は何倍になったか.なお,気球は自由に膨張できるものとする.

> ヒント：圧力,体積,温度がすべて変化しているので,ボイル・シャルルの法則を用い V_1 と V_2 の比をみれば
> よい.

問題 4-9

27.0 [℃], 4.00×10^5 [Pa] の窒素が,容積が 1.50 [L] の容器に入っている.標準状態
(0 [℃], 1 [atm] = 1,013 [hPa]) ではこの気体の体積はいくらになるか.また体積はその
ままで,圧力を 2 倍にするには温度を何 [℃] にすればよいか.

> ヒント：圧力,体積,温度がすべて変化しているので,ボイル・シャルルの法則を用いて解けばよい.

4.3 気体の状態方程式

標準状態と気体の状態方程式　　標準状態 (0 [℃], 1 [atm] = 1.013×10^5 [Pa]) に
おける気体のモル体積は 22.4 [L/mol] (= 22.4×10^{-3} [m³/mol]) である.n [mol]
の気体について,これらをボイル・シャルルの法則 ($PV = kT$) に代入すると,

$$k = \frac{PV}{T} = \frac{(1.013 \times 10^5)(22.4 \times 10^{-3}n)}{273} = 8.31n$$

ここで $R = 8.31$ [J/K·mol] おけば,$k = 8.31n$ となるから,ボイル・シャルルの法
則は次のようになる.

$$\boxed{PV = nRT}$$

これを**気体の状態方程式**という.R は**気体定数**といい,P の単位が [Pa],V の単
位が [m³] のときは 8.31 [J/K·mol],P の単位が [Pa],V の単位が [L] のときは
8.31×10^3 [Pa·L/K·mol],P の単位が [atm],V の単位が [L] のときは 0.0820
[L·atm/K·mol],となる.気体の状態方程式を用いれば,温度,圧力,体積,物質
量のどれか 3 つが分かれば,残りの 1 つを求めることができる.

気体の状態方程式と分子量　気体の質量を w [g]，分子量を M とすると，気体の物質量 n [mol] は，

$$n = \frac{w}{M}$$

となる．この関係を気体の状態方程式に代入して変形すると，

$$M = \frac{wRT}{PV} = \frac{dRT}{P}\ (d：密度\ [g/L] = \frac{w}{V})$$

となるから，気体の状態方程式を利用して分子量を求めることもできる．

理想気体と実在気体　実際の気体（実在気体）は常温・常圧付近では気体の状態方程式に従うが，温度が高くなると気体の状態方程式に従わなくなる．厳密に気体の状態方程式に従うような気体を**理想気体**という．理想気体は，分子自身の体積が 0 で，分子間力がない気体である．理想気体の状態方程式に，実在気体に合うように補正を加えたものが次式の**ファンデルワールスの状態方程式**である．ここで，a と b は分子間力と体積の補正に関する各気体に固有の定数である．

$$\left(P + \frac{n^2}{V^2}a\right)(V - nb) = nRT$$

例題と解き方

【例題 4-6】気体の状態方程式

気体定数を 8.31×10^3 [Pa·L/K·mol] とし，次の (1) と (2) の各問に答えよ．

(1) 水素 2.0 [mol] を 20 [L] の容器に入れると，27 [℃] で何 [Pa] を示すか．

(2) 0 [℃]，1.50×10^5 [Pa] で 600 [L] の酸素の物質量 [mol] を求めよ．

➡気体の状態方程式（PV＝nRT）をそのまま用いればよい．

(1) $P = \frac{nRT}{V} = \frac{(2.0)(8.31 \times 10^3)(27 + 273)}{20} = 2.49 \times 10^5$

(2) $n = \frac{PV}{RT} = \frac{(1.50 \times 10^5)(600)}{(8.31 \times 10^3)(0 + 273)} = 39.7$

答　(1) 2.49×10^5 [Pa]，(2) 39.7 [mol]

【例題 4-7】気体の状態方程式と分子量

気体定数を 8.31×10^3 [Pa·L/K·mol] とし，次の (1) と (2) の各問に答えよ．

(1) ある気体 1.0 [L] の質量を測定したところ，20 [℃]，1.0×10^5 [Pa] で 0.82 [g] であった．この気体の分子量はいくらか．

(2) ある気体は 27.0 [℃]，1.00×10^5 [Pa] で密度が 1.60 [g/L] であった．この気体の分子量はいくらか．

➡P, V, T そして w [g] が分っており，w を分子量 M で割ったものが n [mol] であるから気体の状態方程式を用いて M が求められる．また密度 [g/L] は質量 w [g] を体積 V [L] で割ったものであるから，密度が分っている場合も分子量を知ることができる．

(1) $P=1.0\times10^5$ [Pa], $V=1.0$ [L], $T=20+273=293$ [K], $w=0.82$ [g] となるから, 気体の状態方程式より,

$$M = \frac{wRT}{PV} = \frac{(0.82)(8.31 \times 10^3)(293)}{(1.0 \times 10^5)(1.0)} = 20.0$$

(2) $P=1.00\times10^5$ [Pa], $T=27+273=300$ [K], $d=1.60$ [g/L] となるから, 気体の状態方程式より,

$$M = \frac{dRT}{P} = \frac{(1.60)(8.31 \times 10^3)(300)}{(1.00 \times 10^5)} = 39.9$$

答　(1) 20.0, (2) 39.9

【例題 4-8】実在気体の状態方程式

50.0 [℃] において, 1 [mol] の水素の体積が 1.64 [L] となるときの圧力 [atm] を, ①理想気体の状態方程式と②ファンデルワールスの状態方程式よりそれぞれ求めよ. ただし, $a=0.245$ [atm・L²/mol²], $b=2.67\times10^{-2}$ [L/mol], $R=0.082$ [L・atm/K・mol] とする.

➡理想気体とファンデルワールスの状態方程式に代入して求める.

① : $P = \dfrac{nRT}{V} = \dfrac{(1)(0.082)(50.0 + 273)}{1.64} = 16.15$

② : $P = \dfrac{nRT}{V - nb} - \dfrac{n^2a}{V^2} = \dfrac{(1)(0.082)(50.0 + 273)}{1.64 - (1.00)(2.67 \times 10^{-2})} - \dfrac{(1^2)(0.245)}{1.64^2} = 16.32$

答　① 16.2 [atm], ② 16.3 [atm] (水素は理想気体に近い気体であると言われている. ここでも, 50 [℃] という高温であるにもかかわらず①と②の結果はほぼ同じである.)

問題 4-10

気体定数を 8.31×10^3 [Pa・L/K・mol], アボガドロ定数を 6.0×10^{23} [/mol], 水素の分子量を 2.0 として, 以下の(1)～(5)の各問に答えよ.

(1) 58.0 [℃], 1.45×10^5 [Pa] で, 体積が 3.0 [L] の気体の物質量はいくらか.

(2) 25.0 [℃], 1.00×10^5 [Pa] で, 6.00 [mol] の気体の体積はいくらか.

(3) 酸素 3.0 [mol] を 400 [ml] の 30 [℃] の容器に封入すると, 圧力は何 [Pa] となるか.

(4) 容積 4.00 [L] のあるブラウン管の管内の圧力は, 27.0 [℃] において 5.45×10^{-6} [Pa] であった. このブラウン管内に存在する気体分子は何個か.

(5) 水素を容積 3.50 [L] の容器に入れ, 密封して 500 [K] にしたところ, 圧力が 2.23×10^5 [Pa] となった. 容器内の水素の質量はいくらか.

ヒント：気体の状態方程式を変形して値を代入するときは, 単位に注意する.

問題 4-11

気体定数を 8.31 [J/K・mol] として, 以下の(1)～(4)の各問に答えよ.

(1) ある気体 8.40 [g] は, 27.0 [℃], 1.00×10^5 [Pa] で 2.40 [L] の体積を占めた. この気体の分子量はいくらか.

(2) 168 [℃]，1.50×10^5 [Pa] において，体積 300 [mL] を占める質量が 0.75 [g] の気体がある．この気体の分子量はいくらか．

(3) 窒素（N_2）は 27.0 [℃] において，1030 [hPa] の圧力を示した．この窒素の密度は何 [g/L] か．なお窒素の原子量は 14.0 とする．

(4) 780 [mL] の密閉容器の中に，ある揮発性の液体 1.60 [g] を注入して 58.0 [℃] に保つと，液体は完全に蒸発して 8.40×10^4 [Pa] の圧力を示した．この液体の分子量はいくらか．

> ヒント：気体の状態方程式を変形して値を代入するときは，単位に注目する．1 [L]＝10^{-3} [m³]，1 [mL]＝10^{-6} [m³]，1 [hPa]＝100 [Pa] などの関係を確認しておくとよい．

問題 4-12

1.00 [mol] の二酸化炭素において，圧力 20.0 [atm]，体積 1.25 [L] のときの温度 [℃] を気体の状態方程式とファンデルワールスの状態方程式を用いて求めよ．ただし，$a=3.61$ [atm·L²/mol²]，$b=4.29 \times 10^{-2}$ [L/mol]，$R=0.082$ [L·atm/K·mol] とする．

> ヒント：ファンデルワールスの状態方程式を用いるときは，式の変形を間違えないようにする．

4.4　混合気体

混合気体と分圧の法則　二種類以上の気体が混ざり合った気体が**混合気体**である．混合気体中の成分気体 A，B，…のそれぞれが示す圧力 p_A，p_B，…を，それぞれの気体の**分圧**，混合気体全体の示す圧力 P を**全圧**という．

ドルトンの分圧の法則：全圧はその成分気体の分圧の和に等しい．

$$P = p_A + p_B + \cdots$$

分圧：それぞれの気体の物質量の割合（モル分率）で全圧を比例配分した圧力（分圧＝全圧×モル分率）となる．

$$p_A = P \times \frac{n_A}{n_A + n_B + \cdots} \quad p_B = P \times \frac{n_B}{n_A + n_B + \cdots}$$
$$n_A,\ n_B,\ \cdots：各成分気体の物質量 [mol]$$

みかけの分子量（$\overline{M}$）：混合気体の平均分子量のことをいう．

$$\overline{M} = M_A \times \frac{n_A}{n_A + n_B + \cdots} + M_B \times \frac{n_B}{n_A + n_B \cdots} + \cdots$$
$$\overline{M}_A,\ M_B,\ \cdots：各成分気体の分子量$$

例題と解き方

【例題 4-9】混合気体の分圧とみかけの分子量

空気を体積比で窒素と酸素が 4：1 の混合気体と見なすとして以下の(1)と(2)の値を求めよ．ただし，窒素と酸素の分子量はそれぞれ 28 と 32 とする．

(1) この空気の圧力（全圧）が 1.0 [atm] のときの窒素と酸素の分圧．

(2) この空気のみかけの分子量．

> ➡分圧は，分圧＝全圧×モル分率，の関係を用いて求める．みかけの分子量は成分気体の分子量にモル分率をかけて足し合わせればよい．なお，気体の体積比と物質量比（モル比）は等しい．

(1) 窒素と酸素の物質量比が 4：1 であるから，窒素と酸素の分圧は，

$$窒素の分圧 ＝ 全圧 × モル分率 ＝ 1.0 × \frac{4}{4+1} ＝ 0.80$$

$$酸素の分圧 ＝ 全圧 × モル分率 ＝ 1.0 × \frac{1}{4+1} ＝ 0.20$$

(2) みかけの分子量は，成分気体の分子量にモル分率をかけて足し合わせたものであるから，

$$みかけの分子量 ＝ 28 × \frac{4}{4+1} ＋ 32 × \frac{1}{4+1} ＝ 28.8$$

答 (1) 窒素の分圧：0.80 [atm]，酸素の分圧：0.20 [atm]，(2) 28.8

問題 4-13

下の図のような，容積 5.00 [L] の容器 A と容積 3.00 [L] の容器 B を連結した装置がある．容器 A には $2.00 × 10^5$ [Pa] の窒素が，容器 B には $3.00 × 10^5$ [Pa] の酸素が入っている．温度を一定に保ったまま中央のコックを開き，十分な時間そのまま保った．この状態について，以下の(1)と(2)の各値を求めよ．

(1) 容器内の窒素・酸素のそれぞれの分圧

(2) 容器内の混合気体の全圧

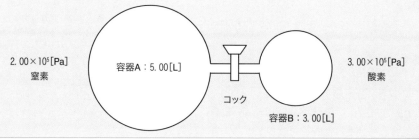

$2.00 × 10^5$ [Pa]
窒素

容器A：5.00[L]

コック

容器B：3.00[L]

$3.00 × 10^5$ [Pa]
酸素

〔ヒント〕：最初の状態（コックがしまっている状態）では，それぞれの気体は混合しておらずそれぞれの圧力と体積が与えられている．コックを開けると混合気体になるが，窒素の体積も酸素の体積も容器の体積，すなわち 5.00＋3.00＝8.00 [L] になる．分圧についてもボイルの法則は成り立つので，適用すれば混合気体の分圧を求めることができる．また，分圧が求められればドルトンの分圧の法則より，全圧も求められる．

問題 4-14

温度一定に保った状態で，1.5×10^5 [Pa] の水素 3.0 [L] と 2.0×10^5 [Pa] の窒素 2.0 [L] を混合して，全体の体積を 6.0 [L] にした．このときの，①水素の分圧，②窒素の分圧，③混合気体の全圧はいくらになるか．

ヒント：問題 4-13 と同様な解き方をすればよい．

問題 4-15

温度一定で 5.00 [L] の容器に以下の 3 つの気体を封入した場合，容器内部の圧力はそれぞれ何 [Pa] になるか．

(1) 1.0×10^5 [Pa] の窒素 4.0 [L]

(2) 1.0×10^5 [Pa] の酸素 1.0 [L]

(3) 1.0×10^5 [Pa] の窒素 4.0 L と 1.0×10^5 [Pa] の酸素 1.0 [L]

ヒント：温度が一定なので，ボイルの法則を用いて求めればよい．なお，分圧についてもボイルの法則は成り立つ．

問題 4-16

20 [℃]，大気圧下（＝1.00 [atm]）で 450 [mL] の水素を水上置換によって捕集した．捕集した水素の物質量は何 [mol] か．なお，20 [℃] における飽和水蒸気圧は 0.023 [atm]，気体定数は 0.082 [L·atm/K·mol] とする．

ヒント：大気圧下で水上置換によって捕集したときの気体の全圧は大気圧に等しい．捕集容器中の気体は水素と水蒸気の混合気体であるから，水素の分圧は，$1.00 - 0.023 = 0.977$ [atm] となる．この水素の分圧を気体の状態方程式に代入して求めればよい．

問題 4-17

25 [℃]，1.01×10^5 [Pa] において，ある気体を水上置換で 500 [mL] 捕集した．この気体の分圧は何 [Pa] か．また，捕集した気体を乾燥すると，25 [℃]，1.01×10^5 [Pa] で何 [mL] になるか．ただし，25 [℃] における飽和水蒸気圧は 3.17×10^3 [Pa]，気体定数は 8.31 [J/K·mol] とする．

ヒント：ある気体の分圧は，$1.01 \times 10^5 - 3.17 \times 10^3$ [Pa]，になる．また，分圧についても気体の状態方程式が成立するので，ある気体の物質量 [mol] が求められる．なお，気体定数の単位を見ればわかるとおり，体積の単位は [m³] を用いなければならない．体積の単位の関係は，1 [mL]＝1×10^{-6} [m³] である．

問題 4-18

空気を物質量比が窒素：酸素＝4：1 の混合気体と見なし，この空気が 25 [℃] で大気圧 770 [mmHg]，湿度 75.0 [%] のときの見かけの分子量を求めよ．ただし，25 [℃] における飽和水蒸気圧を 23.8 [mmHg]，原子量は，N＝14，O＝16，H＝1 とする．

ヒント：飽和水蒸気圧は湿度が 100 [%] のときの水蒸気圧だから，この場合の水蒸気圧は 23.8×0.75 [mmHg] となる．窒素と酸素の分圧比は物質量比と同じである．

問題 4-19

ネオン（Ne）とヘリウム（He）からなる混合気体の平均分子量が 10.4 のとき，ヘリウムの体積%はいくらか．なお，原子量は He＝4，Ne＝20 とする．

ヒント：ヘリウムの体積%を x [%] などとおいて解けばよい．

4.5　固体の溶解度

溶解とは液体にほかの物質が溶け，均一な混合物ができる現象のことである．一定体積または一定質量の溶媒に溶ける溶質の最大量を，その溶媒に対する溶質の**溶解度**という．固体の溶解度は溶媒 100 [g] あたりに溶解している溶質の質量 [g] や飽和溶液の濃度で表す．溶解度は温度に依存する．温度と溶解度の関係について示した曲線を溶解度曲線という．固体の溶解度が溶媒 100 [g] あたりに溶解している溶質の質量 [g] で表されている場合，その値を用いて溶解量や析出量を計算することもできる．

水和水（結晶水）を含まない結晶の溶解量と析出量

溶解量：飽和溶液 w [g] に溶解している結晶の溶解量 x [g] は，溶解度を s とすると次式のようになる．

$$\frac{x}{w} = \frac{s}{100 + s}$$

冷却による析出量：飽和溶液 w [g] を冷却したときに析出する結晶 y [g] は，溶解度を s_1，s_2 とすると次式のようになる（ただし，$s_1 > s_2$）．

$$\frac{y}{w} = \frac{s_1 - s_2}{100 + s_1}$$

溶媒の蒸発による析出量：飽和溶液から溶媒を z [g] 蒸発させたときに析出する結晶 y [g] は，溶解度を s とすると次式のようになる．

$$\frac{y}{z} = \frac{s}{100}$$

水和水（結晶水）を含む結晶の溶解量と析出量

溶解量：飽和溶液 w [g] に溶解している結晶の溶解量 x [g] は，溶解度を s，無水物の式量を M_0，水和物の式量を M すると次式のようになる．

$$\frac{\frac{M_0}{M}x}{w} = \frac{s}{100 + s}$$

冷却による析出量：飽和溶液 w [g] を冷却したときに析出する結晶 y [g] は，溶解度を s_1，s_2 とすると次式のようになる（ただし，$s_1 > s_2$）．

$$\frac{\dfrac{s_1}{100 + s_1}w - \dfrac{M_0}{M}y}{w - y} = \frac{s_2}{100 + s_2}$$

*これらの式はいずれも，飽和溶液の質量 [g]：溶解量 [g]＝100＋溶解度：溶解度，ということを基本に導かれている．したがって，このことを理解していれば，溶解量や析出量の計算は式を記憶しなくても容易に求めることができる．

例題と解き方

【例題 4-10】溶媒の蒸発による析出量

飽和溶液から溶媒 z [g] が蒸発したときに析出する水和水のない結晶 y [g] は，溶解度を s とすると次式のようになることを導け．

$$\frac{y}{z} = \frac{s}{100}$$

➡ 溶解度 (s) は，100 [g] の溶媒に s [g] 溶解しているということである．したがって，最初 w [g] の飽和溶液中に溶解していた結晶（全体量）を u [g] とすると，$w : u = 100 + s : s$．溶媒が z [g] 蒸発し，y [g] の結晶が析出した蒸発後の飽和溶液は $w - z - y$ [g] になる．よって，$w - z - y : u - y = 100 + s : s$ となる．

まず，$w : u = 100 + s : s$ より，$u(100 + s) = ws$
他方，$w - z - y : u - y = 100 + s : s$ より，

$$(u - y)(100 + s) = s(w - z - y)$$
$$\Rightarrow \quad \underline{u(100 + s)} - y(100 + s) = s(w - z - y)$$

$\underline{u(100 + s)} = ws$ より，

$$\underline{ws} - y(100 + s) = s(w - z - y) \quad \Rightarrow \quad -100y = -sz$$

よって，

$$\frac{y}{z} = \frac{s}{100} \quad *$$

*この関係は，溶解度と飽和溶液の量的関係を理解していれば，納得できる式である．飽和溶液の水と溶質の比（$100 : s$）と，蒸発した水量：析出量の比（$z : y$）は等しくなる．

【例題 4-11】水和水（結晶水）を含む結晶の析出量

40.0 [℃] の硫酸銅（Ⅱ）（$CuSO_4$）の飽和水溶液 90.0 [g] を冷却して 0 [℃] にしたときの硫酸銅（Ⅱ）五水和物（$CuSO_4 \cdot 5H_2O$）の析出量を求めよ．ただし，硫酸銅（Ⅱ）の溶解度は，40.0 [℃] において 28.7，0 [℃] において 14.0 である．また，$CuSO_4$ の式量は 160，$CuSO_4 \cdot 5H_2O$ の式量は 250 とする．

➡ 硫酸銅（Ⅱ）五水和物の析出量を y [g] とすると，そのときの飽和水溶液の質量は 90.0 $- y$ [g] となる．この飽和水溶液中に溶解している水和水を含まない硫酸銅

（II）の質量 [g] と飽和水溶液の質量（90.0－y [g]）の比と溶解度から求めた硫酸銅（II）の質量 [g] と飽和水溶液の質量 [g] に等しいとして y を求めればよい.

40.0 [℃] の硫酸銅（II）水溶液 90.0 [g] 中に溶解している硫酸銅（II）の質量を [g] は,

$$\frac{28.7}{100 + 28.7} \times 90.0$$

0 [℃] で析出した硫酸銅（II）五水和物 y [g] 中にある硫酸銅（II）の質量 [g] は,

$$\frac{160}{250}y$$

したがって, 0 [℃] の飽和水溶液（90.0－y [g]）に溶解している硫酸銅（II）の質量 [g] は,

$$\frac{28.7}{100 + 28.7} \times 90.0 - \frac{160}{250}y$$

0 [℃] の飽和水溶液の飽和水溶液の質量 [g] とその中に溶解している硫酸銅（II）の質量 [g] は 0 [℃] の溶解度（14.0）を用いるとそれぞれ 100+14.0 と 14.0 になるから*,

$$\frac{14.0}{100 + 14.0} = \frac{\dfrac{28.7}{100 + 28.7} \times 90.0 - \dfrac{160}{250}y}{90.0 - y}$$

これを解くと, y = 17.4

答 17.4 [g]

*この結果は, **水和水（結晶水）を含む結晶の溶解量と析出量の冷却による析出量**の式である. このように順序立てて考えれば溶解度と飽和溶液の関係から求めることができる.

【例題 4-12】 **水和水（結晶水）を含まない結晶の析出量**

塩化カリウムの溶解度は 60 [℃] で 46, 20 [℃] で 34 である. この値を用いて, 次の (1)～(3) の各問に答えよ.

(1) 60 [℃] の水 300 [g] に, 塩化カリウムを溶かせるだけ溶かした水溶液を 20 [℃] まで冷却したときに何 [g] の塩化カリウムが析出するか.

(2) (1) の 20 [℃] の水溶液の水を 40 [g] 蒸発させた場合, さらに何 [g] の塩化カリウムの結晶が析出するか.

(3) 60 [℃] の塩化カリウム飽和水溶液 300 [g] を 20 [℃] まで冷却すると, 何 [g] の塩化カリウムの結晶が析出するか.

➡ 水和水（結晶水）を含まない結晶の析出量は解説にある式を適用して求めることもできるが, 溶解度と飽和溶液の量的関係を理解していれば, それらの式を記憶しなくても解くことができる.

(1) 飽和溶液 w [g] を冷却したときの析出量 y [g] は, 溶解度を s_1, s_2 とすると下式のようになる（ただし, $s_1 > s_2$）. いま, 60 [℃] の水 300 [g] に溶解できる最大量は 3×46=138 [g]. よって w=300+138=438 [g], s_1=46, s_2=34, となるから,

$$\frac{y}{w} = \frac{s_1 - s_2}{100 + s_1} \Rightarrow \frac{y}{438} = \frac{46 - 34}{100 + 46}$$

【別解】溶解度から, 60 [℃] の水が100 [g] の塩化カリウム飽和水溶液を 20 [℃]

にしたときの析出量は $46-34=12$ [g]．100 [g] の場合が 12 [g] より，300 [g] の場合の析出量 y [g] は，

$$100 : 12 = 300 : y$$

(2) 飽和溶液から溶媒を z [g] 蒸発させたときの析出量 y [g] は溶解度を s とすると下式のようになる．いま，$z=40$ [g]，$s=34$ より，

$$\frac{y}{z} = \frac{s}{100} \implies \frac{y}{40} = \frac{34}{100}$$

(3) (1) と同じ式において，$w=300$ [g]，$s_1=46$，$s_2=34$ を代入すると，

$$\frac{y}{w} = \frac{s_1 - s_2}{100 + s_1} \implies \frac{y}{300} = \frac{46 - 34}{100 + 46}$$

答　(1) 36 [g]，(2) 14 [g]，(3) 25 [g]

【例題 4-13】 水和水を含む結晶の溶解量

20 [℃] の水 100 [g] に溶解する硫酸銅（II）五水和物（$CuSO_4 \cdot 5H_2O$）の最大溶解量 [g] を求めよ．ただし，20 [℃] における硫酸銅（II）無水物（$CuSO_4$）の溶解度は 20.2，$CuSO_4$ の式量は 160，$CuSO_4 \cdot 5H_2O$ の式量は 250 とする．

> ➡ 溶解度は $CuSO_4$ についてのものであるから，$CuSO_4$ で考えないといけない．それぞれの式量から，$CuSO_4 \cdot 5H_2O$ が 250 [g] 溶解すると，$CuSO_4$ は 160 [g] 溶解したことになることに注意する．

水 100 [g] に溶解する $CuSO_4 \cdot 5H_2O$ の最大溶解量を x [g] とすると，飽和水溶液は $100 + x$ [g] となり，その溶液中に溶解している $CuSO_4$ の質量は，

$$\frac{160}{250} x \text{ [g]}$$

したがって，飽和水溶液の質量：溶解している $CuSO_4$ の質量の比は，

$$100 + 20.2 : 20.2 = 100 + x : \frac{160}{250} x$$

書き換えると，

$$\frac{\frac{160}{250} x}{100 + x} = \frac{20.0}{100 + 20.2}$$

これを解くと，$x = 35.6$

答　36 [g]

*この結果は，**水和水（結晶水）を含む結晶の溶解量と析出量の溶解式**にほかならない．このように順序立てて考えれば溶解度と飽和溶液の関係から求めることができる．

問題 4-20

硫酸銅（II）の溶解度は 20 [℃] で 20，60 [℃] で 40 として，以下の (1)〜(3) の各問に答えよ．なお，式量は $CuSO_4 = 160$，$CuSO_4 \cdot 5H_2O = 250$ とする．

(1) 60 [℃] の硫酸銅（II）飽和水溶液を 560 [g] 調製するには，無水硫酸銅（II）は何 [g] 必要か．

(2) 60 [℃] の硫酸銅（II）飽和水溶液を 560 [g] 調製するには，硫酸銅（II）五水和物は何

[g] 必要か.

(3) 60 [℃] の硫酸銅(II)飽和水溶液 560 [g] を 20 [℃] まで冷却すると，硫酸銅(II)五水和物の結晶は何 [g] 析出するか.

ヒント：求める質量を x [g] や y [g] などとおいて，溶解度と飽和水溶液の量的関係を理解しながら解けばよい.

問題 4-21

下表は 60 [℃] と 20 [℃] における塩化ナトリウム，硝酸カリウム，塩化カリウム，の水に対する溶解度を示したものである．この溶解度の値を用いて以下の(1)～(3)の各飽和水溶液を 20 [℃] に冷却したときに析出する結晶の質量を求めよ.

	塩化ナトリウム	硝酸カリウム	塩化カリウム
60 [℃] の溶解度	38	109	46
20 [℃] の溶解度	36	32	34

(1) 60 [℃] の塩化ナトリウム飽和水溶液 414 [g]

(2) 60 [℃] の硝酸カリウムの飽和水溶液 418 [g]

(3) 60 [℃] の塩化カリウムの飽和水溶液 730 [g]

ヒント：求める析出量を y [g] などとおいて，溶解度と飽和水溶液の量的関係を理解しながら解けばよい．また，**水和水（結晶水）を含まない結晶の溶解量と析出量**において示した式を用いてもよい.

問題 4-22

硝酸カリウムの溶解度は 80 [℃] で 170，10 [℃] で 22 として，以下の(1)～(3)の各問に答えよ.

(1) 80 [℃] の硝酸カリウムの飽和水溶液 200 [g] を 10 [℃] まで冷却すると，何 [g] の結晶が析出するか.

(2) 80 [℃] の硝酸カリウムの飽和水溶液 200 [g] を 10 [℃] まで冷却した後，温度を 10 [℃] に保ったままで 10 [g] の水を蒸発させた．全部で何 [g] の結晶が析出するか.

(3) 80 [℃] の飽和水溶液を 10 [℃] まで冷却したところ，40 [g] の結晶が析出した．はじめの飽和水溶液は何 [g] であったか.

ヒント：求める質量を x [g] や y [g] などとおいて，溶解度と飽和水溶液の量的関係を理解しながら解けばよい.

問題 4-23

硫酸銅(II)（$CuSO_4$）の 20 [℃] の飽和水溶液が 100 [g] ある．この飽和水溶液を加熱して 60 [℃] にすると，あと何 [g] の硫酸銅(II)五水和物（$CuSO_4 \cdot 5H_2O$）を溶解させることができるか．ただし，硫酸銅(II)の溶解度は 20 [℃] で 20，60 [℃] で 40 とし，式量は $CuSO_4 = 160$，$CuSO_4 \cdot 5H_2O = 250$ とする.

ヒント：$CuSO_4 \cdot 5H_2O$ を 250 [g] 溶解させると，$CuSO_4$ を 160 [g] 溶解させたことになることに注意する.

4.6 気体の溶解度

気体の溶解度とヘンリーの法則   圧力が一定ならば，気体の溶解度は温度が高いほど小さくなる．また，温度が一定ならば，一定量の液体に溶ける気体の質量・物質量は圧力に比例する．これを**ヘンリーの法則**といい，気体 A の圧力を p_A，一定量の液体に溶ける気体の質量を m_A，物質量を n_A とすると，次式のように表される．ここで，k_A と k_A は比例定数である．

$$p_A = k_A n_A = m_A$$

また気体が液体に溶解する場合，以下の ① と ② が成り立つ．
① 溶ける気体の体積は，標準状態に換算すると，圧力に比例する．
② 溶ける気体の体積は，圧力に関係なく一定である．

例題と解き方

【例題 4-14】気体の溶解度
0 [℃]，1.0×10^5 [Pa] において，酸素は水 1.0 [L] に 0.050 [g] 溶解する．このこと踏まえて以下の (1) と (2) の各問に答えよ．
  (1) 0 [℃] で 3.0×10^5 [Pa] の酸素は水 1.0 [L] に何 [g] 溶解するか．
  (2) 0 [℃] で 2.0×10^5 [Pa] の酸素は水 2.0 [L] に何 [g] 溶解するか．

> ➡ヘンリーの法則より，溶解する気体の質量はその圧力に比例する．式で表せば $p_A = k_A n_A$ などとなるが，気体の溶解量の比例のし方が分るときは必ずしもこのような式を用いる必要はない．

  (1) 溶解する水の体積は同じなので，気体の溶解量 [g] は圧力のみに比例する．
$$0.050 \times \frac{3.0 \times 10^5}{1.0 \times 10^5} = 0.15$$

  (2) 溶解する水の体積も変化しているので，気体の溶解量 [g] は水の体積と気体の圧力の両方に比例する．
$$0.050 \times \frac{2.0 \times 10^5}{1.0 \times 10^5} \times 2.0 = 0.20$$

答 (1) 0.15 [g]，(2) 0.20 [g]

【例題 4-15】混合気体の溶解
標準状態（0 [℃]，1.0×10^5 [Pa]）における水 1.0 [L] への溶解度は，窒素が 0.024 [L]，酸素が 0.049 [L] である．0 [℃]，2.0×10^5 [Pa] において，空気を水 1.0 [L] に接触させた．空気は窒素と酸素の体積比が 4：1 の混合気体であるとして，次の (1) と (2) の各問に答えよ．ただし，窒素の分子量は 28，酸素の分子量は 32 とする．

(1) 溶解した窒素と酸素の体積は，標準状態でそれぞれ何［L］か．

(2) 溶解した窒素と酸素の質量は，それぞれ何［g］か．

> ➡ヘンリーの法則より，溶解する気体の体積はその気体の圧力に比例する．これは混合
> 気体の分圧についても同様に成立する．

(1) 窒素と酸素の圧力が 1.0×10^5［Pa］のときの溶解度が与えられているので，空気（窒素と酸素の混合気体）におけるそれぞれの分圧を求めて比例計算すればよい．

まず，窒素と酸素のそれぞれの分圧は，

窒素の分圧：$2.0 \times 10^5 \times \dfrac{4}{5} = 1.6 \times 10^5$

酸素の分圧：$2.0 \times 10^5 \times \dfrac{1}{5} = 0.4 \times 10^5$

したがって窒素と酸素のそれぞれの溶解量［L］は，

窒素の溶解量［L］：$0.024 \times \dfrac{1.6 \times 10^5}{1.0 \times 10^5} = 0.0384$

酸素の溶解量［L］：$0.049 \times \dfrac{0.4 \times 10^5}{1.0 \times 10^5} = 0.0196$

(2) 標準状態では，1［mol］の気体の体積は 22.4［L］（モル体積＝22.4［L/mol］）であるから，(1)で求めた溶解量［L］を 22.4 で割れば，それぞれの物質量が求められ，分子量をかけて質量も求められる．

窒素の溶解量［g］：$28 \times \dfrac{0.0384}{22.4} = 0.048$

酸素の溶解量［g］：$32 \times \dfrac{0.0196}{22.4} = 0.028$

答　(1) 窒素：0.0384［L］，酸素：0.0196［L］，(2) 窒素：0.048［g］，酸素：0.028［g］

問題 4-24

水素は，0［℃］，1.0×10^5［Pa］で，水 1.0［mL］に 0.022［mL］溶解する．水素が 0［℃］，3.0×10^5［Pa］で水に接しているとき，水素は水 1.0［L］に何［g］溶けるか．ただし，モル体積を 22.4［L/mol］，$H_2 = 2.0$ とする．

> ヒント：まず，0［℃］，1.0×10^5［Pa］で水 1.0［L］に溶解する水素の物質量［mol］を求める．

問題 4-25

20［℃］，2.0×10^5［Pa］の酸素が水に接しているとき，以下の(1)と(2)の各問に答えよ．ただし，20［℃］，1.0×10^5［Pa］の酸素は水 1［L］に 1.38×10^{-3}［mol］溶解するものとする．

(1) 水 1.0［L］に溶けている酸素は何［mol］か．

(2) 水 1.0［L］に溶けている酸素の体積は，0［℃］，1.0×10^5［Pa］に換算すると何［mL］か．また，それは何［mg］か．

> ヒント：20［℃］，1.0×10^5［Pa］の酸素の溶解量を用いて物質量を求める．

問題 4-26

空気を N_2 と O_2 の体積比が 4：1 の混合気体として，1.0 [atm]，40 [℃] で 1.0 [L] の水に接しているとき，この水中に溶けている N_2 と O_2 はそれぞれ何 [mg] か．1.0 [atm]，40 [℃] で，1.0 [L] の水に溶ける N_2 と O_2 の物質量は，それぞれ 0.52×10^{-3} [mol]，1.03×10^{-3} [mol]，$N_2 = 28$，$O_2 = 32$ とする．

ヒント：溶解する気体の物質量は，分圧に比例する．

問題 4-27

右表は 1.0×10^5 [Pa] 下で，1.0 [mL] の水に溶解する窒素と酸素の体積 [mL] を標準状態に換算したものである．この表について以下の (1)～(5) の各問に答えよ．

水温 [℃]	窒素	酸素
(a)	0.015	0.030
(b)	0.011	0.021

(1) 表中の (a) と (b) は 50 [℃] か 19 [℃] かのいずれかである．(a) と (b) の温度はどちらが 50 [℃] で，どちらが 19 [℃] か．

(2) 19 [℃]，2.0×10^5 [Pa] において，水 1.0 [mL] に溶解する窒素の体積はこの温度と圧力において何 [mL] か．

(3) 空気を窒素と酸素が 4：1 の混合気体と見なすとすると，19 [℃]，2.0×10^5 [Pa] で接している水 100 [mL] に溶解している酸素は，19 [℃]，2.0×10^5 [Pa] での体積で表すといくらになるか．

ヒント：気体は水温が低いほど，多く溶解する．また気体の溶解量は，分圧に比例する．

4.7　濃度（質量パーセント濃度・モル濃度・質量モル濃度）

溶液中に含まれている溶質の量の割合を，その溶液の**濃度**という．溶液の濃度にはいくつかの種類がある．

質量パーセント濃度 [％]：溶液中の溶質の質量を％で表した濃度．溶液 100 [g] 中に溶質が何 [g] 溶解しているかを表している．

$$質量パーセント濃度 [％] = \frac{溶質の質量 [g]}{溶液の質量 [g]} \times 100$$

$$= \frac{溶質の質量 [g]}{溶媒の質量 [g] + 溶質の質量 [g]} \times 100$$

モル濃度 [mol/L]：溶液 1 [L] 中の溶質量を物質量 [mol] で表した濃度．溶液 1 [L]（＝1000 [mL]）中に溶質が何 [mol] 溶解しているかを表している．

$$モル濃度 [mol/L] = \frac{溶質の物質量 [mol]}{溶液の体積 [L]}$$

質量モル濃度 [mol/kg]：溶媒 1 [kg] に対する溶質量を物質量 [mol] で表した濃

度．溶媒 1 [kg] に対して何 [mol] 溶質が溶解しているかを表している．

$$\text{質量モル濃度 [mol/L]} = \frac{\text{溶質の物質量 [mol]}}{\text{溶媒の質量 [kg]}}$$

比重や密度 [g/cm³]（＝[g/mL]）を用いた体積－質量の変換：密度は下式で表される．溶液や液体の溶質の密度が分れば，体積 [mL] を質量 [g] に，あるいは質量 [g] を体積 [mL] に換算することができる．また，比重は水に対する質量であり，水の密度がほぼ 1 [g/cm³] であることを考慮すると，比重の値と密度の値は等しい．したがって，比重が分っていても，密度と同様にして体積－質量の変換を行うことができる．

$$\text{密度 [g/cm³]} = \frac{\text{質量 [g]}}{\text{体積 [cm³]}}$$

例題と解き方

【例題 4-16】質量パーセント濃度

質量パーセント濃度に関する以下の(1)と(2)の各問に答えよ．
(1) 塩化ナトリウム 50 [g] を水 100 [g] に溶かした水溶液の濃度を質量パーセント濃度 [%] で表せ．
(2) 質量パーセント濃度 5.0 [%] の塩化ナトリウム水溶液を，200 [g] 調製するために必要な塩化ナトリウムと水はそれぞれ何 [g] か．

➡質量パーセント濃度は溶液全体の質量に対する溶質の割合を百分率で示したものであることを理解して解けばよい．

(1) 溶質の質量が 50 [g]，溶媒の質量が 100 [g] なので，水溶液の質量は 100＋50＝150 [g] となるから質量パーセント濃度 [%] は，

$$\frac{50}{150} \times 100 = 33.3$$

(2) 必要な塩化ナトリウムを x [g] とすると，質量パーセント濃度が 5.0 [%]，200 [g] の溶液を調製するから，

$$\frac{x}{200} \times 100 = 5.0$$

必要な水の質量 [g] は 200－x で求められる．

答 (1) 33.3 [%]，(2) 塩化ナトリウム：10.0 [g]，水：190.0 [g]

【例題 4-17】質量パーセント濃度－モル濃度－質量モル濃度の関係

質量パーセント濃度が a [%] である溶液のモル濃度（c [mol/L]）と質量モル濃度（m [mol/kg]）は a を用いてどのように表されるか．ただし，溶液の密度を d [g/cm³]，溶質のモル質量を M [g/mol] とする．

➡溶液 100 [g] について考えてみるとよい.

溶液 100 [g] を考えると溶質は a [g] となるから，溶媒は $(100-a)$ [g] $(=(100-a)$ $\times10^{-3}$ [kg]) である. また，溶液の体積は $(100\div d)$ [cm³] $(=(100\div d)\times10^{-3}$ [L])，溶質の物質量は $(a\div M)$ [mol] である. これらからモル濃度 (c) と質量モル濃度 (m) を求めることができる.

答　$m = \dfrac{1000a}{(100-a)M}$, $c = \dfrac{10\,da}{M}$

例題と解き方

【例題 4-18】 モル濃度と質量モル濃度

モル濃度と質量モル濃度に関する以下の (1) ～ (4) の各問に答えよ. ただし，原子量は H=1, O=16, Na=23, Cl=35.5, とする.

(1) 水酸化ナトリウム（NaOH）2.0 [g] に水を加えて 100 [mL] の水溶液を調製した. この水溶液のモル濃度を求めよ.

(2) モル濃度が 2.0 [mol/L] の塩酸（HCl）100 [mL] 中に含まれる HCl の質量 [g] を求めよ.

(3) 質量パーセント濃度 20 [%] の NaOH 水溶液（密度は 1.2 [g/cm³]）の NaOH のモル濃度 [mol/L] を求めよ.

(4) モル濃度が 8.0 [mol/L] の塩酸（密度＝1.1 [g/cm³]）の質量モル濃度 [mol/kg] を求めよ.

➡各濃度の定義について考えてみるとよい.

(1) 100 [mL]=0.100 [L] であり，NaOH の式量は 40 となるので，

$$\text{NaOH のモル濃度 [mol/L]} = \dfrac{\dfrac{2.0}{40}}{0.100} = 0.50$$

(2) モル濃度 [mol/L] は溶液 1 [L] （=1000 [mL]）中に含まれる物質量を表しており，100 [mL]=0.1 [L] であるから，塩化水素の物質量 [mol] は 2.0×0.1=0.2 [mol] になる. HCl の分子量は 36.5 より，

$$\text{HCl の質量 [g]} = 36.5 \times 0.200 = 7.30$$

(3) 1 [L] の溶液中の溶質の物質量 [mol] がモル濃度であるから，1 [L] （=1000 [mL]）の溶液を考えると，その質量は密度をかけて 1200 [g] になる. NaOH は 20 [%]（割合にすると 0.20）より，

$$\text{NaOH のモル濃度 [mol/L]} = \dfrac{1200 \times 0.2}{40} = 6.0$$

(4) この溶液 1 [L] の質量は密度をかけて 1100 [g] となる. 含まれている HCl の質量は分子量が 36.5 だから，8.0×36.5=292 [g]，水の質量は 1100−292=808 [g] （=0.808 [kg]）となるから，

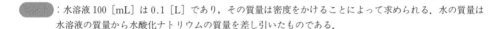

$$\text{HCl の質量モル濃度 } [\text{mol/kg}] = \frac{8.0}{0.808} = 9.90$$

答 (1) 0.50 [mol/L], (2) 7.30 [g], (3) 6.0 [mol/L], (4) 9.90 [mol/L]

問題 4-28

水酸化ナトリウム 9.0 [g] を水に溶かして 100 [mL] とした水溶液がある．この水溶液の密度を 1.1 [g/cm³] として，次の(1)～(3)の各濃度を求めよ．ただし，水酸化ナトリウムの式量は 40 とする．

(1) 質量パーセント濃度　　　(2) モル濃度　　　(3) 質量モル濃度

ヒント：水溶液 100 [mL] は 0.1 [L] であり，その質量は密度をかけることによって求められる．水の質量は水溶液の質量から水酸化ナトリウムの質量を差し引いたものである．

問題 4-29

質量パーセント濃度が 30 [%] の塩化ナトリウム水溶液（密度:1.2 [g/cm³]）について，次の(1)と(2)の各濃度を求めよ．ただし，塩化ナトリウムの式量は 58.5 とする．

(1) モル濃度　　　　　(2) 質量モル濃度

ヒント：水溶液 1 [L]（=1000 [mL]）について考えてみるとよい．

問題 4-30

シュウ酸の結晶（$H_2C_2O_4 \cdot 2H_2O$）7.0 [g] を水に溶かして 100 [mL] とした水溶液がある．この水溶液の密度を 1.02 [g/cm³] として，次の(1)と(2)の各濃度を求めよ．ただし，原子量は C=12，H=1，O=16 とする．

(1) $H_2C_2O_4$ の質量パーセント濃度　　　(2) $H_2C_2O_4$ のモル濃度

ヒント：質量パーセント濃度を求める場合，密度を用いて体積を質量に換算する．

問題 4-31

1.0 [mol/L] の塩酸を使って 0.15 [mol/L] の塩酸を 200 [mL] 調製したい．1.0 [mol/L] の塩酸を何 [mL] 採取して水で希釈すればよいか．

ヒント：0.15 [mol/L] の塩酸を 200 [mL] 調製するために必要な HCl は何 [mol] 必要かをまず求めてみる．

問題 4-32

1.0 [mol/L] の塩化ナトリウム水溶液が 250 [mL] あったが，水が蒸発して 210 [mL] になっていた．モル濃度 [mol/L] はいくらになったか．

ヒント：モル濃度 [mol/L] は溶質量が同じであるとき，溶液の体積に反比例する．

問題 4-33

溶液の密度を d [g/cm³]，溶質のモル質量を M [g/mol]，モル濃度を c [mol/L]，質量モル濃度を m [mol/kg] とするとき，c と m の関係を導出せよ．また，その関係から希薄水溶液の場合は，c と m がほぼ等しくなることを示せ．

ヒント：1 [L]（=1000 [mL]）の溶液，あるいは 1 [kg]（=1000 [kg]）の溶媒について考えればよい．導出した式において，希薄水溶液の場合は，$d \approx 1$ [g/cm³]，c と m は 1000 に比べて無視できるほど小さいことを考慮すればよい．

4.8 コロイド溶液

コロイド溶液（コロイド分散系）　コロイド溶液は直径$10^{-9}\sim10^{-7}$ [m] の粒子（**コロイド**または**コロイド粒子**）が分散している溶液である．コロイド溶液は真の溶液には見られない独特の性質を示す．

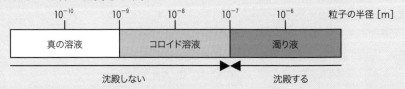

コロイド溶液（コロイド分散系）の性質や操作

　チンダル現象：光の通路（光路）が明るく見える現象．コロイド溶液（コロイド分散系）に光（束）が照射されると，コロイド粒子が光を乱反射することにより光の通路が輝いて見える．

　ブラウン運動：コロイド粒子の不規則な運動．分散媒分子のコロイド粒子への衝突による．その運動は直線的で不規則である．

　電気泳動：電圧により，コロイド粒子がどちらか一方の極に移動して集合する現象．コロイド粒子表面に形成された電気二重層が内部電荷によって打ち消されないため，帯電していることに起因する．

　透　　析：透析膜（半透膜）によりコロイド溶液を精製する操作．

　凝　　析：少量の電解質を加えたとき，疎水コロイド粒子表面の電荷が，電解質から電離したイオンにより失われ，互いに集合し沈殿する現象．

　塩　　析：多量の電解質を加えたとき，親水コロイド粒子表面の水分子と電荷が電解質から電離したイオンにより失われ互いに集合し沈殿する現象．

コロイドの種類

　疎水コロイド：凝析するコロイドのことであり，少量の電解質で沈殿する．また，このコロイド粒子は水に混ざりにくい．無機物質のコロイドに多い．

　親水コロイド：塩析するコロイドのことであり，多量の電解質で沈殿する．また，このコロイド粒子は水に混じりやすい．有機物質のコロイドに多い．

　保護コロイド：疎水コロイドに加えた親水コロイドのことであり，凝析しにくい．

例題と解き方

【例題 4-19】コロイド溶液の性質
次の(1)〜(4)の各記述はコロイド溶液のどのような性質や操作にあてはまるか答えよ．
　(1) イオンなどを含むコロイド溶液をセロハン袋に入れ，流水中に浸した．

(2) でんぷん水溶液に横から光を当てると，光の通路が明るく光って見えた．

(3) コロイド粒子は絶えず直線的で不規則な運動をしている．

(4) コロイド溶液に2本の電極を入れ，直流電圧をかけると，コロイド粒子が一方の電極に向かって移動した．

⇒コロイド溶液の物理的性質やコロイド溶液に関する操作を理解する．

答 (1) 透析，(2) チンダル現象，(3) ブラウン運動，(4) 電気泳動

【例題 4-20】 コロイドの種類

下記の (a) ～ (f) の各溶液を，(1) 疎水コロイド，(2) 親水コロイド，(3) 真の溶液に分類せよ．

　(a) 食塩水　　　(b) セッケン水　　(c) 砂糖水　　　(d) うすい泥水

　(e) イオウのコロイド　　　　(f) でんぷん水溶液

⇒コロイド溶液でない溶液を真の溶液という．

答 (1)：(d)，(e)，(2)：(b)，(f)，(3)：(a)，(c)

問題 4-34

次の (1) ～ (5) の記述と，最も関係のある語句を (ア) ～ (キ) から選べ．

(1) 豆乳ににがり（$MgCl_2$ を含む）を加えると，固まって豆腐になる．

(2) 河口で三角州ができる．

(3) 墨汁にはカーボン（炭素）のほかに，にかわが含まれている．

(4) 昼間の空は明るい．

(5) 煙突からでる煙を少なくするため，煙道に高い電圧をかける．

　(ア) 透析　　(イ) チンダル現象　　(ウ) ブラウン運動　　(エ) 電気泳動

　(オ) 凝析　　(カ) 保護コロイド　　(キ) 塩析

ヒント：コロイド溶液の物理的性質やコロイド溶液に対する操作を理解するようにする．

問題 4-35

粘土のコロイド溶液中に電極を挿入すると，コロイド粒子は陽極側に移動する．粘土のコロイドを凝析させたいとき，最も効果的な塩を次の (a) ～ (e) から選べ．

　(a) $AlCl_3$　　(b) $CaCl_2$　　(c) $NaCl$　　(d) Na_3PO_4　　(e) K_2SO_4

ヒント：凝析力の大きいイオンは，コロイド粒子と電荷が反対で，価数が大きいイオンである．

問題 4-36

以下の (1) ～ (4) の水酸化鉄（III）コロイドおよびその水溶液の各記述が正しいかどうか，○か×で答えよ．

(1) 塩化鉄（III）と沸騰水の反応で生成する．

$$FeCl_3 + 3H_2O \longrightarrow Fe(OH)_3 + 3HCl$$

(2) 塩化ナトリウム水溶液より，硫酸ナトリウム水溶液の方が凝析には有効である．

(3) 親水コロイドである.

(4) 2本の電極を挿入して直流電圧をかけると，電気泳動して陰極側へ移動する.

ヒント：このコロイド粒子は疎水コロイド粒子である.

問題 4-37

あるコロイド水溶液からコロイド粒子を凝析させるために，以下の(1)〜(3)の水溶液を加え
て比較したところ，(3)の水溶液が他のどの水溶液よりも凝析させる効果が高かった．この
コロイド水溶液を電気泳動させると，コロイド粒子は陽極と陰極のどちらに向かって移動す
るか.

(1) 0.3 [mol/L] NaCl 水溶液

(2) 0.1 [mol/L] Na_3PO_4 水溶液

(3) 0.1 [mol/L] $AlCl_3$ 水溶液

(4) 0.1 [mol/L] $CuCl_2$ 水溶液

(5) 0.1 [mol/L] $CuSO_4$ 水溶液

ヒント：コロイド粒子を凝析させるは，反対電荷のイオンの電荷数が大きいほど凝析効果が高い.

演 習 問 題

【1】　気体の圧力・体積・温度が変化するときの以下の(1)～(5)の各問に答えよ.

(1) 1.0×10^5 [Pa]，6.0 [L] の気体の圧力を，温度を一定に保ったまま 3.5×10^5 [Pa] にしたとき，体積は何 [L] になるか.

(2) 27 [℃]，2.0×10^5 [Pa] のもとで 16 [L] の体積を占めている気体がある. この気体を 57 [℃]，1.5×10^5 [Pa] にしたとき，何 [L] の体積を占めるか.

(3) 420 [K] のもとで 9 [L] の体積を占めている気体の温度を，圧力を一定に保ったまま 350 [K] にすると，体積は何 [L] になるか.

(4) 30 [℃] のもとで 20 [L] の体積を占めている気体の体積を，圧力を一定に保ったままで 35 [L] にするためには，温度を何 [℃] にすればよいか.

ヒント：ボイルの法則，シャルルの法則，ボイル・シャルルの法則を適用すればよい. 温度は絶対温度を用いることに注意する.

【2】　27 [℃]，1.0×10^5 [Pa] において，一酸化炭素（CO）と水素（H_2）の混合気体がある. この混合気体 730 [mL] の質量は 208 [mg] であった. 以下の(1)～(3)の各問に答えよ. ただし，気体定数は 8.31×10^3 [Pa·L/K·mol]，原子量は H=1，C=12，O=16 とする.

(1) この混合気体中の一酸化炭素と水素の物質量を合計すると何 [mol] になるか.

(2) この混合気体中の一酸化炭素の質量は何 [g] か.

(3) この混合気体中の一酸化炭素の分圧は何 [Pa] か.

ヒント：混合気体においても気体の状態方程式が成り立つので全体の物質量を求めることができる. また，混合気体の質量が分っているので，一酸化炭素と水素の物質量 [mol] をそれぞれ x，y とおいて解けばよい.

【3】　同物質量の一酸化炭素（CO）と酸素（O_2）を 2.0 [L] の密閉容器に入れて 25 [℃] にしたところ，混合気体の全圧は 300 [kPa] になった. この混合気体に点火して一酸化炭素を燃焼させた後に，25 [℃] にした. このときの全圧は何 [Pa] になっているか. また，二酸化炭素の分圧は何 [kPa] になるか. ただし，一酸化炭素はすべて燃えて二酸化炭素になったものとする（$2CO + O_2 \rightarrow 2CO_2$）.

ヒント：最初の CO と O_2 の物質量 [mol] を x などとおき，燃焼前後の全体の物質量比を求めれば，物質量比と圧力の比は同じである.

【4】 60［℃］の硫酸銅（II）（CuSO₄）の飽和水溶液150［g］を20［℃］にしたところ，硫酸銅（II）五水和物（CuSO₄·5H₂O）の結晶が37.2［g］析出した．CuSO₄の20［℃］における溶解度を求めよ．ただし，60［℃］の溶解度は39.9，式量はCuSO₄＝160，CuSO₄·5H₂O＝250とする．

ヒント：CuSO₄の20［℃］における溶解度を，sなどとおいて考えるとよい．

【5】 容積が11［L］の密閉した容器中に0［℃］の水10［L］と酸素とが接して入っている．ヘンリーの法則が成り立つとして以下の(1)と(2)の各問に答えよ．ただし，0［℃］における水の蒸気圧は0.00［atm］，酸素の溶解度は0.050，60［℃］における水の蒸気圧は0.20［atm］，酸素の溶解度は0.020とする．なお溶解度は，酸素の圧力が1［atm］のとき水1［L］に溶解する酸素の体積［L］を標準状態（0［℃］，1［atm］）に換算した値である．

(1) 0［℃］で酸素の圧力が1.0［atm］となっているとき，水に溶けている酸素と容器内の全酸素の物質量［mol］を求めよ．

(2) この容器を密閉したままで60［℃］に保ったとき，容器内の全圧をP［atm］，全酸素の物質量をM［mol］，水に溶けている酸素の物質量をx［mol］として，を求めるための独立した2つの関係式を示せ．また，xおよびPの値を計算せよ． （東北大　改）

ヒント：溶解度の定義をよく理解して解く．

【6】 濃度に関する以下の(1)～(4)の各問に答えよ．ただし，モル質量は，H₂SO₄＝98.0［g/mol］，AgNO₃＝170.0［g/mol］，

(1) 希硫酸（H₂SO₄，密度：1.20［g/cm³］）の質量パーセント濃度が40.0［％］であるとき，この希硫酸のモル濃度［mol/L］を求めよ．

(2) 硝酸銀（AgNO₃）水溶液の濃度が3.50［mol/L］であるとき，この硝酸銀水溶液の質量パーセント濃度［％］を求めよ．ただし，密度は1.10［g/cm³］とする．

ヒント：各濃度の定義をよく理解して解くとよい．

【7】 質量パーセント濃度の高い溶液（a［％］）と低い溶液（b［％］）を混合して，その中間の濃度の溶液（c［％］）を調製したいとき，a［％］の溶液とb［％］の溶液を質量比で$(a-c):(c-b)$で混合すればよい．これは図のようにして記憶することもある．このことを証明せよ．

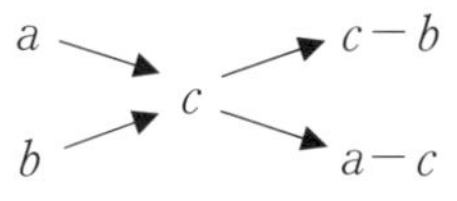

$$a \searrow \qquad \nearrow c-b$$
$$\qquad c$$
$$b \nearrow \qquad \searrow a-c$$

ヒント：a［％］の溶液をA［g］，b［％］の溶液をB［g］，混合するとして考えてみる．

問 題 解 答

問題 4-1 (1) 27 [kJ], (2) 113 [kJ]

問題 4-2 54.8 [kJ]

問題 4-3 (1) I：固体, II：液体, III：気体
(2) A：融点, B：沸点
(3) a → b：昇華, c → d：融解, e → f：蒸発
(4) (a) 低くなる　(b) 高くなる
(5)

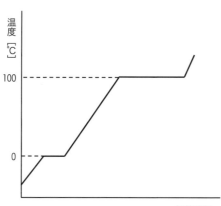

問題 4-4 (1) 48 [kJ], (2) 6.8 [kJ], (3) 0.51 [kJ], (4) 56 [kJ]

問題 4-5 (1) 2.67 [L], (2) 6.00×10^3 [Pa]

問題 4-6 (1) 5.49 [L], (2) 919 [℃]

問題 4-7 1.22×10^6 [Pa]

問題 4-8 2.93 倍

問題 4-9 5.4 [L], 327 [℃]

問題 4-10 (1) 0.16 [mol], (2) 149 [L], (3) 1.89×10^7 [Pa], (4) 5.25×10^{12} [個], (5) 0.38 [g]

問題 4-11 (1) 87.3, (2) 61.1, (3) 1.16 [g/L], (4) 67.2

問題 4-12 気体の状態方程式を用いた場合：31.9 [℃]
ファンデルワールスの状態方程式を用いた場合：55.4 [℃]*
　　＊【例題 4-8】の水素の場合と異なり，二酸化炭素の場合は理想気体と値が大きく異なる．

問題 4-13 (1) 窒素の分圧：1.25×10^5 [Pa], 酸素の分圧：1.13×10^5 [Pa], (2) 2.38×10^5 [Pa]

問題 4-14 ① 7.5×10^4 [Pa], ② 6.7×10^4 [Pa], ③ 1.4×10^5 [Pa]

問題 4-15 (1) 8.0×10^4 [Pa], (2) 2.0×10^4 [Pa], (3) 1.0×10^5 [Pa]

問題 4-16 1.83×10^{-2} [mol]

問題 4-17 ある気体の分圧：9.78×10^4 [Pa], 乾燥気体の体積：484 [mL]

問題 4-18 28.6

問題 4-19 60.0 [%]

問題 4-20 (1) 160 [g], (2) 250 [g], (3) 141 [g]

問題 4-21 (1) 6.0 [g], (2) 154 [g], (3) 60 [g]

問題 4-22 (1) 110 [g], (2) 112 [g], (3) 73 [g]

問題 4-23 33.6 [g]

問題 4-24 5.89×10^{-3} [g]

問題 4-25 (1) 2.76×10^{-3} [mol], (2) 61.8 [mL], 88.3 [mg]

問題 4-26　(1) 11.6 [mg], (2) 6.59 [mg]

問題 4-27　(1) (a) 19 [℃], (b) 50 [℃], (2) 1.6×10^{-2} [mL], (3) 0.64 [mL]

問題 4-28　(1) 8.2 [%], (2) 2.3 [mol/L], (3) 2.2 [mol/kg]

問題 4-29　(1) 6.2 [mol/L], (2) 7.3 [mol/kg]

問題 4-30　(1) 4.9 [%], (2) 0.56 [mol/L]

問題 4-31　30 [mL]

問題 4-32　1.2 [mol/L]

問題 4-33　$m = \dfrac{1000c}{1000d - Mc}$

　　　　希薄水溶液では c はきわめて小さく，$1000d \gg Mc$ としてよいので，$1000d - Mc \fallingdotseq 1000d$．また，$d \fallingdotseq 1$ だから m と c がほぼ等しくなる．

問題 4-34　(1) (キ), (2) (オ), (3) (カ), (4) (イ), (5) (エ)

問題 4-35　(a)

問題 4-36　(1) ○, (2) ○, (3) ×, (4) ○

問題 4-37　陽極

演習問題

【1】　(1) 1.7 [L], (2) 23.5 [L], (3) 7.5 [L], (4) 257 [℃]

【2】　(1) 0.0293 [mol], (2) 0.16 [g], (3) 1.96×10^4 [Pa]

【3】　全圧：225 [kPa]，二酸化炭素の分圧：150 [kPa]

【4】　20.2

【5】　(1) 水に溶けている酸素の物質量：2.2×10^{-2} [mol]，
　　　　容器内の全酸素の物質量：6.7×10^{-2} [mol]

　　　(2) $x = M - \dfrac{P - 0.20}{27.3}$, $x = \dfrac{P - 0.20}{112}$, $x = 1.3 \times 10^{-2}$ [mol], $P = 1.7$ [atm]

【6】　(1) 4.90 [mol/L], (2) 54.1 [%]

【7】　a [%] の溶液 A [g] と b [%] の溶液 B [g] とを混合して，c [%] の溶液を調製したい場合（ただし $a > c > b$），溶液全体は $(A+B)$ [g]，溶質の質量は $(0.01aA + 0.01bB)$ [g] になるから，

$$\dfrac{0.01aA + 0.01bB}{A + B} = 0.01c$$

これを変形すれば，

$0.01aA + 0.01bB = 0.01c(A + B) \Rightarrow A(a - c) = B(c - b)$

したがって，$A : B = (c - b) : (a - c)$

5 希薄溶液の束一性

5.1 蒸気圧降下

蒸気圧降下　　一定温度のもとで，溶媒に不揮発性の溶質を溶解した溶液の示す飽和蒸気圧は溶媒の蒸気圧よりも小さくなる．この現象を，**蒸気圧降下**という．

ラウールの法則　　希薄溶液が示す蒸気圧降下の割合については，以下に示す**ラウールの法則**が成り立つ．ここで，n_1 は溶媒の物質量 [mol]，n_2 は溶質の物質量 [mol]，x_1 は溶媒のモル分率，x_2 は溶質のモル分率，p_0 は純溶媒の蒸気圧，p は溶液の蒸気圧である．蒸気圧降下は，$p_0 - p$ である．

$$\frac{p_0 - p}{p_0} = \frac{n_2}{n_1 + n_2} = x_2 \quad \text{または，} \quad \frac{p}{p_0} = 1 - x_2 = x_1$$

希薄溶液の場合については，溶質の物質量が溶媒に比べて無視できるほど小さいから，上の式は次式のように近似される．

$$\frac{p_0 - p}{p_0} = \frac{n_2}{n_1 + n_2} = \frac{n_2}{n_1}$$

すなわち蒸気圧降下は，一定量の溶媒に溶かした溶質の物質量に比例する．

例題と解き方

【例題 5-1】蒸気圧降下

グルコース（分子量 180）の 8.45 [g] を水 50.0 [g] に溶かした溶液の 100 [℃] における蒸気圧は何 [Pa] になるか．

➡ すでに学んだように，大気圧と蒸気圧が等しくなったときに沸騰が起る．すなわち，水の沸点である 100 [℃] における水の蒸気圧 p_0 は大気圧（1.013×10^5 [Pa]）である．溶媒（水）と溶質（グルコース）の質量と分子量からモル分率を求めて，解けばよい．

水の蒸気圧を p_0，溶液の蒸気圧を p，水のモル分率を x_1 とすると，ラウールの法則より，$p = p_0 x_1$ となる．$p_0 = 1.013 \times 10^5$ [Pa] であり，水のモル分率 x_1 は水の物質量 n_1 とグルコースの物質量 n_2 から求めることができる．

$$n_1 = \frac{50.0\,\mathrm{g}}{18.0} = 2.78 \,[\mathrm{mol}], \quad n_2 = \frac{8.45}{180} = 0.0469 \,[\mathrm{mol}] \ \text{より}$$

$$x_1 = \frac{2.78}{2.78 + 0.0469} = 0.983$$

よって，$p = p_0 x_1 = 1.013 \times 10^5 \times 0.983 = 9.96 \times 10^4$

答 9.96×10^4 [Pa]

【例題 5-2】 蒸気圧と分子量

水の蒸気圧は 25 [℃] において，3.167×10^3 [Pa] である．25 [℃] において，ある糖 90 [g] を水 1 [kg] に溶解させると，蒸気圧は 28.26 [Pa] 降下した．この糖の分子量はいくらか．

> ➡ 蒸気圧降下 $(p_0 - p)$ が 28.26 [Pa] であり，$p_0 = 3.167 \times 10^3$ [Pa] であるから，x_2 を計算することができる．x_2 から n_2 を求め，分子量を求めればよい．

ラウールの法則に，$p_0 - p = 28.26$ [Pa]，$p_0 = 3.167 \times 10^3$ [Pa] を代入して x_2 を求めると，

$$x_2 = \frac{p_2 - p}{p_0} = \frac{28.26}{3.167 \times 10^3} = 8.923 \times 10^{-3}$$

x_2 と n_1，n_2 の関係を変形して n_2 を求めると，

$$n_2 = \frac{x_2}{1 - x_2} \times n_1 = \frac{8.923 \times 10^{-3}}{1 - 8.923 \times 10^{-3}} \times \frac{1000}{18} = 0.500$$

したがって分子量 M は，$n_2 = \dfrac{90}{M}$ であるから，

$$M = \frac{90}{n_2} = \frac{90}{0.500} = 180$$

答   180

問題 5-1

1 気圧（1.013×10^5 [Pa]）におけるトルエン（分子量 92）の沸点は 111 [℃] である．460 [g] のトルエンにナフタレン（分子量 128）を 64 [g] 溶解させた溶液の 111 [℃] における蒸気圧を求めよ．

ヒント：$p_0 = 1.013 \times 10^5$ [Pa]（沸点における蒸気圧は大気圧（1 気圧）に等しい．

問題 5-2

20 [℃] における純粋なトルエンの蒸気圧は 2.93×10^3 [Pa] であり，純粋なベンゼンの蒸気圧は 1.00×10^4 [Pa] である．ベンゼンとトルエンからなる混合溶液の蒸気圧は，ベンゼンとトルエンの分子間に大きな相互作用がなく独立して理想的な挙動を示すことが知られている．いま，ベンゼンのモル分率が 0.3 であるベンゼンとトルエンの混合溶液（これを A 液とする）と A 液の蒸気を完全に冷却・凝縮して得られた混合溶液（これを B 液とする）がある．以下の各問に答えよ．

(1) A 液の蒸気のベンゼンの分圧はいくらか.

(2) A 液の蒸気のトルエンの分圧はいくらか.

(3) A 液の蒸気中のベンゼンのモル分率はいくらか.

(4) A 液の蒸気中のトルエンのモル分率はいくらか.

(5) B 液の蒸気のベンゼンの分圧はいくらか.

(6) B 液の蒸気のトルエンの分圧はいくらか.

(7) B 液の蒸気中のベンゼンのモル分率はいくらか.

(8) B 液の蒸気中のトルエンのモル分率はいくらか.

ヒント：混合溶液のモル分率と蒸気のモル分率は異なる. また, 分圧についてもラウールの法則は成り立つとして計算する.

問題 5-3

ある不揮発性化合物（全く蒸発しない化合物）の分子量を求めるために, この化合物 1.50 [g] を 100 [g] のベンゼン（分子量 78.1）に溶解させた. この溶液の蒸気圧は 9.88×10^3 [Pa] であった. 純粋なベンゼンの蒸気圧を 9.95×10^3 [Pa] として, この不揮発性化合物の分子量を求めよ.

ヒント：【例題 5-2】と同様にして解けばよい.

問題 5-4

12.0 [%] のショ糖（分子量 342）水溶液の水の蒸気圧は何 [Pa] か. ただし, このときの純粋な水の蒸気圧を 2.41×10^3 [Pa] として計算せよ.

ヒント：12.0 [%] の質量パーセント濃度から溶液 100 [g] を考えて, 解けばよい.

5.2 沸点上昇と凝固点降下

沸点上昇と凝固点降下　不揮発性の物質を溶かした溶液の沸点は, 純溶媒の沸点よりも高くなる. この現象を**沸点上昇**という. また, 不揮発性の物質を溶かした溶液の凝固点は, 純溶媒の凝固点よりも低くなる. この現象を**凝固点降下**という.

沸点上昇度と凝固点降下度　不揮発性の非電解質を溶かした希薄溶液において, 純溶媒の沸点を t_b^0, 純溶媒の凝固点を t_f^0, 溶液の沸点を t_b, 溶液の凝固点を t_f としたとき, $t_b - t_b^0$ を**沸点上昇度**（Δt_b）, $t_f - t_f^0$ を**凝固点降下度**（Δt_f）という. Δt_b と Δt_f は不揮発性の非電解質の質量モル濃度 m に比例する.

$$\Delta t_b = K_b m \text{（沸点上昇度）} \qquad \Delta t_f = K_f m \text{（凝固点降下度）}$$

なお K_b は $m = 1$ [mol/kg] のときの沸点上昇度で, **モル沸点上昇**という. また, K_f は $m = 1$ [mol/kg] のときの凝固点降下度で, **モル凝固点降下**という. K_b と K_f は溶媒に特有な定数である.

例題と解き方

【例題 5-3】沸点上昇と凝固点降下

質量パーセント濃度が 20［%］のグルコース（分子量 180）の水溶液の沸点と凝固点はそれぞれ何［℃］か．ただし水のモル沸点上昇 K_b は 0.515［K·kg/mol］，モル凝固点降下 K_f は 1.853［K·kg/mol］とする．

> ➡️質量パーセント濃度が 20［%］ということは，100［g］の溶液を考えたときに溶質が 20［g］，溶媒が 80［g］（＝0.080［kg］）ということである．よって質量モル濃度 m を求めれば，K_b と K_f をかけることにより，それぞれ沸点上昇度と凝固点降下度を計算できる．

$$m = \frac{\frac{20}{180}}{0.080} = 1.39 \text{ より，}$$

$$\Delta t_b = K_b m = 0.515 \times 1.39 = 0.72, \quad \Delta t_f = K_f m = 1.853 \times 1.39 = 2.58$$

答　沸点：100.72［℃］，凝固点：−2.58［℃］

【例題 5-4】凝固点降下と分子量

凝固点降下の現象を用いて分子量が未知の化合物（特に有機化合物）の分子量を求めることができる（沸点上昇の場合は有機化合物自身が熱により変質したり分解したりする恐れもあるのであまり用いられない）．いま，ある物質 7.72［g］を 200［g］の水に溶かした溶液の凝固点は −0.210［℃］であった．この物質の分子量を求めよ．ただし，水のモル凝固点降下は 1.853［K·kg/mol］とする．

> ➡️水の凝固点は 0［℃］だから，凝固点降下度は 0.210［℃］である．モル凝固点降下は 1.853［K·kg/mol］と凝固点降下度から質量モル濃度を求められ，それから分子量を求めることができる．

$\Delta t_f = K_f m$ より，$\Delta t_f = 0.210$［℃］，$K_f = 1.853$［K·kg/mol］を代入して m を求めれば，

$$m = \frac{\Delta t_f}{K_f} = \frac{0.210}{1.853} = 0.1133$$

他方，m はこの物質の分子量を M とすれば，この物質の質量が 7.72［g］溶媒である水の質量が 200［g］（＝0.200［kg］）だから，

$$m = \frac{\frac{7.72}{M}}{0.200} = \frac{38.6}{M}$$

$$M = \frac{38.6}{0.1133} = 340.7$$

答　340.7

問題 5-5

エンジン冷却水の不凍液に，1, 2-エタンジオール（分子量 62）の 50 ［%］水溶液を用いた場合，凝固点はおよそ何 ［℃］になるか．ただし，水のモル凝固点降下は 1.853 ［K·kg/mol］とする．

ヒント：質量パーセント濃度を質量モル濃度 m に換算することができると，容易に解ける．

問題 5-6

酢酸 200 ［g］に 3.92 ［g］のジクロロベンゼン（分子量 147）を溶解させた溶液の凝固点は，純粋な酢酸の凝固点よりも 0.52 ［℃］低かった．酢酸のモル凝固点降下（K_f）はいくらか．

ヒント：質量モル濃度 m を求めれば，容易に解ける．

問題 5-7

ある溶媒 D の 100 ［g］にショウノウ（$C_{10}H_{16}O$, 分子量 152）7.6 ［g］を溶かした溶液の凝固点は 2.97 ［℃］であった．この溶液に，さらに 100 ［g］の溶媒 D を加え，凝固点を測定したところ 4.25 ［℃］であった．他方，同じ溶媒 D の 100 ［g］に，ある物質 E を 4.50 ［g］を溶かした溶液の凝固点は 1.69 ［℃］であった．以下の問いに答えよ．

(1990 年山口大学出題)

(1) 溶媒 D の凝固点はいくらか．
(2) 溶媒 D のモル凝固点降下はいくらか．
(3) 物質 E の分子量はいくらか．

ヒント：ショウノウの分子量から，それぞれの場合の m を求める．また求める溶媒 D の凝固点を t_f^0 とすると，$\Delta t_f = t_f - t_f^0$ となるので，異なる m について立てた式を連立して t_f^0 を求めることができる．

問題 5-8

水 100 ［g］にある糖を 4.0 ［g］溶解させた水溶液の沸点は 100.13 ［℃］であった．水のモル沸点上昇を 0.52 ［K·kg/mol］として，この糖の分子量を求めよ．

ヒント：水の沸点は 100 ［℃］だから，沸点上昇度は 0.13 ［K］である．

問題 5-9

ナフタレン 50 ［g］にイオウ分子（イオウの原子量は 32）1.2 ［g］を溶解させた溶液の凝固点降下度は 0.65 ［K］であった．ナフタレンのモル凝固点降下を 6.93 ［K·kg/mol］として，以下の問に答えよ．

(1986 年北見工業大学出題)

(1) ナフタレン中のイオウ分子の分子量はいくらか．
(2) ナフタレン中のイオウ分子の分子式を記せ．

ヒント：分子量を求めれば，原子量と比較してイオウ原子が何個結合した分子かを知ることができる．

問題 5-10

溶媒中において分子が2個以上，集って一体化してふるまうことがある．この分子が集まって一体化することを**会合**という．束一性は溶液中における粒子の数に対して現れる性質であるから，会合した場合は会合したもの全体の分子量が反映されることになる．いま，酢酸（分子量60）5.91 [g] をベンゼン 200 [g] に溶解させた溶液は凝固点降下度が 1.26 [K] であった．ベンゼンのモル凝固点降下を 5.12 [K·kg/mol] とするとき，ベンゼン中で酢酸は何分子ずつ会合しているか．

(1991 年愛知工業大学出題)

ヒント：凝固点降下度から求めた分子量と，酢酸の分子量と比較すればよい．

5.3　浸　透　圧

浸透と浸透圧　　**半透膜**（溶媒分子は自由に通すが，溶質粒子は通しにくい膜）をはさんで水と溶液を接触させると，**浸透**によって液面が上昇する分だけ溶液の方に圧力が加わる．浸透がさらに続くとやがて溶液側に加わった圧力と浸透しようとする力がつり合い，浸透が止まったような平衡状態となる．この平衡状態に達するまでに必要な溶液への圧力のことを**浸透圧**という．

ファントホッフの式　　溶液 V [L] の中に溶質が n [mol] 溶けているモル濃度 c [mol/L] の溶液が，温度 T [K] で溶媒と接しているときの溶液の浸透圧 Π は次の式で表される．これを**ファントホッフの式**という．式中の R は気体定数である．

$$\Pi V = nRT \qquad \Pi = cRT$$

なお，Π の単位が [Pa] のときは，$R=8.31\times10^3$ [Pa·L/K·mol] であり，Π の単位が気圧 [atm] のときは，$R=0.0821$ [L·atm/K·mol] である．

例題と解き方

【例題 5-5】浸透圧と分子量

あるタンパク質 10.0 [g] を水に溶かして 1.00 [L] にした水溶液の 25 [℃] における浸透圧が 825 [Pa] であった．このタンパク質の分子量を求めよ．ただし，気体定数は 8.31×10^3 [Pa·L/K·mol] とする．

➡ $V=1.00$ [L]，$T=25+273=298$ [K]，$R=8.31\times10^3$ [Pa·L/K·mol]，$\Pi=825$ [Pa] だから，これらをファントホッフの式に代入することによって，物質量 n [mol] が求められ分子量が知れる．

ファントホッフの式を変形して，物質量 n [mol] を求めると，

$$n = \frac{\Pi V}{RT} = \frac{(825)(1.00)}{(8.31\times10^3)(298)} = 3.33\times10^{-4}$$

よって分子量は，

$$\frac{10.0}{3.33 \times 10^{-4}} = 30{,}000$$

答 30,000

問題 5-11

ある人の血液の浸透圧を測定したところ，37 [℃] で 7.51 [atm] であった．次の各問に答えよ．

(1) この血液のモル濃度は何 [mol/L] か．

(2) この人の血液と同じ浸透圧を持つブドウ糖（$C_6H_{12}O_6$）水溶液を調製したい．ブドウ糖を何 [g] 溶解させて 1 [L] にすればよいか．

ヒント：浸透圧の単位が [atm] なので気体定数は 0.0821 [L·atm/K·mol] を用いること．

問題 5-12

ラクトース（$C_{12}H_{22}O_{11}$）10 [g] を水 800 [g] に溶解させた水溶液（これを A 液とする）とある非電解質（これを D とする）10 [g] を水 800 [g] に溶解させた水溶液（これを B 液とする）の浸透圧を比較したところ，B 液の浸透圧は A 液の浸透圧の 3 倍であった．この結果より D の分子量を求めよ．なお，A 液と B 液の体積は等しいとしてよい．

ヒント：R，T，V は同じであるから，Π は c に比例する（Π は分子量に反比例する）．

問題 5-13

20 [℃] において尿素（CH_4N_2O）の飽和水溶液を調製し，その飽和水溶液 10.0 [g] をメスフラスコに入れ，水で希釈して正確に 1.00 [L] とした．この希釈水溶液の 20 [℃] における浸透圧は 2.11×10^5 [Pa] であった．以下の各問に答えよ．

(1) 希釈水溶液の尿素のモル濃度は何 [mol/L] か．

(2) 尿素の溶解度（水 100 [g] に対して溶解する最大量 [g]）はいくらか．

ヒント：希釈水溶液の尿素のモル濃度は，ファントホッフの式から求められる．そのモル濃度から飽和水溶液 10.0 [g] 中の尿素の量 [g] が知れる．10.0−尿素の量 [g] が水の量 [g] になるから，水の量と尿素の量から溶解度が求められる．

問題 5-14

分子量が 75.0 のある非電解質を溶解させた水溶液を冷却していったところ，−0.557 [℃] で凝固した．この水溶液の 30.0 [℃] における浸透圧は何 [atm] か．ただし，水のモル凝固点降下は 1.86 [K·kg/mol]，水溶液の密度は 1.00 [g/cm³]，気体定数は 0.0821 [L·atm/K·mol] として計算せよ．

ヒント：凝固点降下度に関する式より質量モル濃度（m）を求める．分子量（M）と水溶液の密度（d）がわかっているので，水 1,000 [g] として，モル濃度（c）に変換できる．または以下の式でも求められる．

$$c = \frac{1{,}000dm}{1{,}000 + mM}$$

5.4 電離（解離）や会合などをともなう場合

束 一 性 束一的性質（蒸気圧降下，沸点上昇，凝固点降下，浸透圧など）は粒子の数（＝物質量 [mol]）にのみ依存し，物質の種類にはよらない．よって，溶解すると解離（電離）したり会合したりする場合は注意しなければならない．例えば，NaCl は強電解質であり（電離度 α が 1）水に溶解するとほぼ 100％電離する．すなわち，NaCl が水に 1 個（1 [mol]）溶解した場合，NaCl → Na$^+$+Cl$^-$ と電離し，粒子は Na$^+$ と Cl$^-$ の 2 個（2 [mol]）になる．したがって，粒子の物質量は NaCl の場合には 2 倍しなければならない．

　強電解質の場合は 100 ％電離するが，弱電解質は電離度（α）が 1 以下であるからさらに注意が必要である．以下に AB$_2$ 型の塩（たとえば CaCl$_2$ や Fe(NO$_3$)$_2$ など）について説明する．AB$_2$ 型の塩を 5 [mol]（5 個と考えてもよい）を水に溶解させたとしよう．もし非電解質（水に解けても電離しない物質で α=0）ならば溶解させた物質量（n_0）と溶液中の粒子全体の物質量（n）は等しい（$n=n_0$）．この場合は

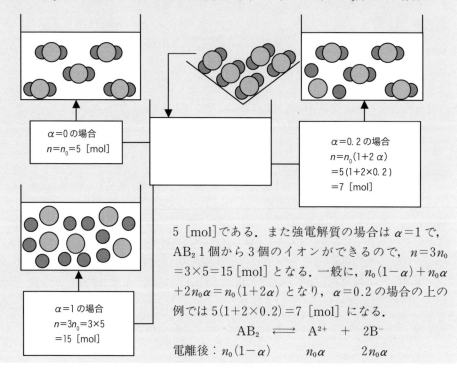

α=0 の場合
$n=n_0=5$ [mol]

α=0.2 の場合
$n=n_0(1+2\alpha)$
$=5(1+2×0.2)$
$=7$ [mol]

α=1 の場合
$n=3n_0=3×5$
$=15$ [mol]

5 [mol]である．また強電解質の場合は α=1 で，AB$_2$ 1 個から 3 個のイオンができるので，$n=3n_0$ $=3×5=15$ [mol] となる．一般に，$n_0(1-\alpha)+n_0\alpha$ $+2n_0\alpha=n_0(1+2\alpha)$ となり，α=0.2 の場合の上の例では $5(1+2×0.2)=7$ [mol] になる．

$$AB_2 \rightleftharpoons A^{2+} + 2B^-$$

電離後：$n_0(1-\alpha)$ 　　　$n_0\alpha$ 　　　$2n_0\alpha$

例題と解き方

【例題 5-6】 塩の水溶液の沸点上昇と凝固点降下

硫酸アルミニウム（$Al_2(SO_4)_3$）はほぼ完全に以下のように電離する（電離度 α は 1 としてよい）.

$$Al_2(SO_4)_3 \longrightarrow 2Al^{3+} + 3SO_4^{2-}$$

いま 1.71 [g] の硫酸アルミニウムを 400 [g] の水に溶解させた水溶液の沸点と凝固点は何 [℃] か. ただし, 硫酸アルミニウムのモル質量は 342 [g/mol], 水のモル沸点上昇 K_b は 0.515 [K·kg/mol], モル凝固点降下 K_f は 1.86 [K·kg/mol] とする.

> ➡電離式（$Al_2(SO_4)_3 \to 2Al^{3+}+3SO_4^{2-}$）からわかるように, 1 [mol] の $Al_2(SO_4)_3$ が電離すると, Al^{3+} が 2 [mol] と SO_4^{2-} が 3 [mol], 合計 5 [mol] の粒子が生成する. よって凝固点降下度（Δt_f）や沸点上昇度（Δt_b）を計算するときは, $Al_2(SO_4)_3$ の質量モル濃度 [mol/kg] を 5 倍したものを m に代入しなければならない.

$Al_2(SO_4)_3$ の質量モル濃度 [mol/kg] を m_0 とすると, 水の質量が 400 [g]（=0.400 [kg]）だから m_0 は,

$$m_0 = \frac{\frac{1.71}{342}}{0.400} = 0.0125 \text{ [mol/kg]}$$

よって, $m=5m_0=5\times0.0125=0.0625$ [mol/kg] を沸点上昇度と凝固点降下度の式に代入して,

$$\Delta t_b = K_b m = 0.515 \times 0.0625 = 0.0322 \text{ [K]}$$
$$\Delta t_f = K_f m = 1.86 \times 0.0625 = 0.116 \text{ [K]}$$

水の沸点は 100 [℃], 凝固点は 0 [℃] であるから, 沸点と凝固点は,

$$100 + 0.0322 = 100.0322 \text{ [℃]}, \quad 0 - 0.116 = -0.116 \text{ [℃]}$$

答　100.0322 [℃], −0.116 [℃]

【例題 5-7】 弱電解質の浸透圧（＊電離平衡を学んだ後に解くようにする）

酢酸（CH_3COOH）は弱電解質であり, 以下の式のように解離する.

$$CH_3COOH \rightleftharpoons H^+ + CH_3COO^-$$

いま, 0.050 [mol/L] の酢酸水溶液が 1.0 [L] ある. この水溶液の 27 [℃] における浸透圧は何 [Pa] か. ただし, CH_3COOH, H^+, CH_3COO^- の相互作用は一切ないものとする. また解離はわずかで, 解離後の H^+ と CH_3COO^- のモル濃度は 0.05 に比べて無視できるものとする. なお酢酸の解離定数 K_H は 1.80×10^{-5} [mol/L], 気体定数（R）は 8.31×10^3 [Pa·L/K·mol] として計算せよ.

> ➡電離後の CH_3COOH, H^+, CH_3COO^- のモル濃度をそれぞれ [CH_3COOH], [H^+], [CH_3COO^-] とし, CH_3COOH が x [mol] 解離したとすると, 溶液の体積は 1.00 [L] だから, [CH_3COOH]=0.05−x=0.05 [mol/L]（題意より）, [H^+]=x [mol/L], [CH_3COO^-]=x [mol/L] となる. これを質量作用の法則を用いて各濃度を求め合計したものをファントホッフの式に代入すればよい.

$K_H = 1.80 \times 10^{-5}$, $[\mathrm{CH_3COOH}] = 0.05$, $[\mathrm{H^+}] = x$, $[\mathrm{CH_3COO^-}] = x$ を質量作用の法則に代入すれば,

$$K_H = \frac{[\mathrm{H^+}][\mathrm{CH_3COO^-}]}{[\mathrm{CH_3COOH}]} = \frac{x^2}{0.05} = 1.80 \times 10^{-5}$$

したがって,

$$x = \sqrt{0.05 \times 1.80 \times 10^{-5}} = 9.5 \times 10^{-4} \ [\mathrm{mol/L}]$$

よって, 粒子の合計のモル濃度 (c) は,

$$c = [\mathrm{CH_3COOH}] + [\mathrm{H^+}] + [\mathrm{CH_3COO^-}]$$
$$= 0.05 + 9.5 \times 10^{-4} + 9.5 \times 10^{-4} = 0.0519 \ [\mathrm{mol/L}]$$

$R = 8.31 \times 10^3 \ [\mathrm{Pa \cdot L/K \cdot mol}]$, $T = 27 + 273 = 300 \ [\mathrm{K}]$, $c = 0.0519 \ [\mathrm{mol/L}]$ をファントホッフの式に代入して,

$$\Pi = cRT = (0.0519)(8.31 \times 10^3)(300) = 1.29 \times 10^5 \ [\mathrm{Pa}]$$

答 $1.29 \times 10^5 \ [\mathrm{Pa}]$

問題 5-15

ある海水の水 1 [kg] に対する各種イオンの含有量は下表のとおりであった.

イオン	Na$^+$	K$^+$	Mg^{2+}	Ca^{2+}	Cl$^-$	SO$_4{}^{2-}$
含有量 [mol]	0.45	0.013	0.052	0.011	0.53	0.030

この海水の沸点と凝固点はそれぞれ何 [℃] か. ただし, 水のモル沸点上昇 K_b は 0.515 [K·kg/mol], モル凝固点降下 K_f は 1.86 [K·kg/mol] とする.

ヒント: 束一性は粒子の数 (物質量) に依存するから, 含まれるすべてのイオンの合計の物質量 [mol] を用いた質量モル濃度で計算しなければならない.

問題 5-16

温度が T [K] において, モル濃度が c_0 [mol/L] である以下の (1)～(5) の各塩の水溶液が 1.00 [L] ある. 各水溶液の浸透圧 Π [Pa] を表す式を導け. なお, 気体定数は R [Pa·L/K·mol], 電離度は α とせよ.

(1) AB 型の塩 (例えば AgNO$_3$ など).　　　　電離式: AB $\rightleftharpoons$ A$^+$ + B$^-$

(2) A$_2$B 型の塩 ((NH$_4$)$_2$SO$_4$ など).　　　電離式: A$_2$B $\rightleftharpoons$ 2A$^+$ + B^{2-}

(3) AB$_2$ 型の塩 (例えば MgCl$_2$ など).　　　電離式: AB$_2$ $\rightleftharpoons$ A^{2+} + 2B$^-$

(4) AB$_3$ 型の塩 (例えば AlBr$_3$ など).　　　電離式: AB$_3$ $\rightleftharpoons$ A^{3+} + 3B$^-$

(5) A$_3$B$_2$ 型の塩 (例えば Ca$_3$(PO$_4$)$_2$ など).　電離式: A$_3$B$_2$ $\rightleftharpoons$ 3A^{2+} + 2B^{3-}

ヒント: 5. 4 の冒頭の説明の箇所を参考にして, 溶液中にあるすべての粒子 (この場合はイオン) の合計の物質量を考えるようにする.

問題 5-17

酢酸（CH_3COOH）はベンゼン中で，次のように会合することが知られている．

$$2CH_3COOH \rightleftharpoons (CH_3COOH)_2$$

いま，50.0 [g] のベンゼンに 0.780 [g] の酢酸を溶解させた．この溶液の凝固点を測定したところ，純粋なベンゼンの凝固点に比べ 1.00 [K] の凝固点降下があった．この場合の酢酸の会合度（会合する割合）はいくらになるか．ただし，酢酸分子量は 60，ベンゼンのモル凝固点降下は 5.13 [K·kg/mol] とする．また酢酸の会合にともなう水溶液の体積変化はないものとする．

ヒント：酢酸の質量モル濃度を m_0，会合度を α，凝固点降下度の式から求められる質量モル濃度を m とすると，会合している状態で CH_3COOH の質量モル濃度は $m_0(1-\alpha)$，$(CH_3COOH)_2$ の質量モル濃度は $1/2 \times m_0\alpha$ になる．したがって，m と m_0 は以下のような関係になる．

$$m = m_0\left(1 - \frac{1}{2}\alpha\right)$$

演 習 問 題

【1】　ラクトース（$C_{12}H_{22}O_{11}$）とガラクトース（$C_6H_{12}O_6$）の混合物 1.044 [g] を水に溶解させ 200 [mL] の水溶液とした．27 [℃] において，この水溶液の浸透圧を測定したところ 0.492 [atm] であった．また，この水溶液の密度は 1.05 [g/cm³] であった．この結果から以下の各問に答えよ．なお，水のモル凝固点降下は 1.86 [K·kg/mol]，気体定数は 0.0820 [L·atm/K·mol] とし，原子量はそれぞれ C=12，H=1，O=16 とする．
　　(1) ファントホッフの式を用いて，この水溶液のラクトースとガラクトースを合計したモル濃度 [mol/L] を求めよ．
　　(2) 混合物中のラクトースの質量は何 [g] か．
　　(3) この水溶液の凝固点は何 [℃] か．

ヒント：ファントホッフの式から求めたモル濃度をもとに，ラクトースかガラクトースの質量を x [g] とおいて解くとよい．また，溶液の密度が分っているので水の質量が求められ，質量モル濃度を計算することができる．

【2】　エチレングリコールの縮合重合反応を行ったところ，何種類かのオリゴマー（エチレングリコールから水がはずれて何個かつながったもの）が得られた．それらをそれぞれ分離・精製した．その一種類を正確に 3.000 [g] はかり取り，水 54.00 [g] に溶解させた．この水溶液の蒸気圧降下は 0.127 [mmHg] であった．なお，測定を行った温度における純粋な水の蒸気圧は 19.20 [mmHg] であった．この水溶液の蒸気圧がラウールの法則に従うとして以下の各問に答えよ．炭素，水素，酸素の原子量はそれぞれ 12，1，16 とする．
　　(1) このオリゴマーの分子量はいくらか．
　　(2) このオリゴマーは，$[HO-(CH_2CH_2O)_n-H]$ のように表すことができるが，このオリゴマーの重合度 (n) はいくらか．
　　(3) この水溶液の質量モル濃度は何 [mol/kg] か．

ヒント：ラウールの法則において圧力の項は分母と分子にあるので，単位さえ同じであればどの圧力の単位を用いてもよい．また，オリゴマーの分子量は，44n+18 と表される．

【3】　ある 2 価の弱塩基（$M(OH)_2$）水溶液で質量モル濃度が 0.100 [mol/kg] のときの凝固点は −0.259 [℃] であった．各イオン間の相互作用がなく質量モル濃度はモル濃度に近似できるものとして，この弱塩基の解離定数を推定せよ．ただし，水のモル凝固点降下は 1.85 [K·kg/mol] とする．

ヒント：解離した弱塩基の物質量を x [mol] とすれば，凝固点降下度の式から求められる質量モル濃度は 0.100+2x となる．

問 題 解 答

問題 5-1　9.209 × 10⁴ [Pa]
問題 5-2　(1) 3.00 × 10³ [Pa], (2) 2.05 × 10³ [Pa], (3) 0.594, (4) 0.406,
　　　　　(5) 5.94 × 10³ [Pa], (6) 1.19 × 10³ [Pa], (7) 0.833, (8) 0.167
問題 5-3　165
問題 5-4　2.39 × 10³ [Pa]
問題 5-5　−30 [℃]
問題 5-6　3.9 [K·kg/mol]
問題 5-7　(1) 5.53 [℃], (2) 5.12 [K·kg/mol], (3) 60.0
問題 5-8　160
問題 5-9　(1) 256, (2) S_8
問題 5-10　2分子ずつ会合している.
問題 5-11　(1) 0.295 [mol/L], (2) 53.1 [g]
問題 5-12　114
問題 5-13　(1) 0.0867 [mol/L], (2) 108 [g/100 g H_2O]
問題 5-14　7.29 [atm]
問題 5-15　沸点：100.56 [℃], 凝固点：−2.02 [℃]
問題 5-16　(1) $\Pi = (1 + \alpha)c_0RT$
　　　　　 (2) $\Pi = (1 + 2\alpha)c_0RT$
　　　　　 (3) $\Pi = (1 + 2\alpha)c_0RT$
　　　　　 (4) $\Pi = (1 + 3\alpha)c_0RT$
　　　　　 (5) $\Pi = (1 + 4\alpha)c_0RT$
問題 5-17　会合度：0.500 (50.0 [%])

演 習 問 題

【1】　(1) 0.0200 [mol/L], (2) 0.684 [g], (3) −0.036 [℃]
【2】　(1) 150, (2) n = 3, (3) 0.370 [mol/kg]
【3】　4.00 × 10⁻⁴ [mol²/L²]

6 化学変化と反応熱

6.1 化学反応式

化学反応式　化学式を用いて化学変化を表した式.

化学反応式の作り方

① 反応物を左辺, 生成物を右辺にそれぞれ化学式で書き→で結ぶ.

② 左辺と右辺の各原子の数が等しくなるように係数をつける.

・係数は最も簡単な整数比にし, 1は省略する.

・触媒や溶媒など, 化学変化を起こさない物質は化学反応式には書かない.

イオン反応式　イオンの反応を表した式. 両辺のイオンの電荷の総和が等しくなるようにする.

例題と解き方

【例題 6-1】化学反応式

エタンの完全燃焼の化学反応式を書け.

➡完全燃焼では酸素と反応して, 水と二酸化炭素が生成する.

反応物を左辺, 生成物を右辺に化学式で書き→で結ぶ.

① $C_2H_6 + O_2 \longrightarrow H_2O + CO_2$

② 左辺と右辺で各原子の数が合うように係数をつける.

・仮にある物質の係数を1とする.（燃焼する物質を1にすると求めやすい）

$1C_2H_6 + O_2 \longrightarrow H_2O + CO_2$（左辺原子の数は C：2個, H：6個）

・左辺右辺の各元素の数を分数を用いてもよいので, 等しくする.

$1C_2H_6 + O_2 \longrightarrow 3H_2O + 2CO_2$（右辺原子の数を C：2個, H：6個にする）

$1C_2H_6 + \dfrac{7}{2}O_2 \longrightarrow 3H_2O + 2CO_2$（最後に O の数（7個）を合わせる）

・式全体を数倍して, 整数だけの式にする. また1は省略する.

$$2C_2H_6 + 7O_2 \longrightarrow 6H_2O + 4CO_2$$

答　$2C_2H_6 + 7O_2 \longrightarrow 6H_2O + 4CO_2$

問題 6-1

次の (1)〜(15) の各化学反応式の（　）に係数を入れ完成させよ．ただし，1 のときも 1 と答えよ．

(1) （　）H_2 + （　）N_2 $\longrightarrow$ （　）NH_3

(2) （　）Al + （　）O_2 $\longrightarrow$ （　）Al_2O_3

(3) （　）NH_3 + （　）O_2 $\longrightarrow$ （　）NO + （　）H_2O

(4) （　）Ca + （　）H_2O $\longrightarrow$ （　）$Ca(OH)_2$ + （　）H_2

(5) （　）Zn + （　）HCl $\longrightarrow$ （　）$ZnCl_2$ + （　）H_2

(6) （　）H_3PO_4 + （　）$Ca(OH)_2$ $\longrightarrow$ （　）H_2O + （　）$Ca_3(PO_4)_2$

(7) （　）Fe_2O_3 + （　）HCl $\longrightarrow$ （　）$FeCl_3$ + （　）H_2O

(8) （　）Al + （　）H_2SO_4 $\longrightarrow$ （　）H_2 + （　）$Al_2(SO_4)_3$

(9) （　）NH_4Cl + （　）$Ca(OH)_2$ $\longrightarrow$ （　）$CaCl_2$ + （　）H_2O + （　）NH_3

(10) （　）H_2S + （　）SO_2 $\longrightarrow$ （　）S + （　）H_2O

(11) （　）Al^{3+} + （　）OH^- $\longrightarrow$ （　）$Al(OH)_3$

(12) （　）Ag^+ + （　）Cu $\longrightarrow$ （　）Ag + （　）Cu^{2+}

(13) （　）Cu^{2+} + （　）Al $\longrightarrow$ （　）Cu + （　）Al^{3+}

(14) （　）Cl^- $\longrightarrow$ （　）Cl_2 + （　）e^-

(15) （　）H_2O $\longrightarrow$ （　）O_2 + （　）H^+ + （　）e^-

ヒント：e^- は電子を表す．

問題 6-2

次の (1)〜(9) の各変化を化学反応式で書け．

(1) 水を電気分解すると水素と酸素が生じる．

(2) 過酸化水素水に触媒として酸化マンガンを入れると水と酸素が生じる．

(3) ナトリウムと水が反応すると水酸化ナトリウム（NaOH）と水素が生じる．

(4) 水酸化ナトリウム水溶液に硫酸を加えると，硫酸ナトリウム（Na_2SO_4）と水が生じる．

(5) 一酸化炭素を燃焼させると二酸化炭素が生成する．

(6) 炭酸水素ナトリウム（$NaHCO_3$）を加熱すると，炭酸ナトリウムと水と二酸化炭素が生じる．

(7) ブタン（C_4H_{10}）が完全燃焼した．

(8) エタノール（C_2H_5OH）が完全燃焼した．

ヒント：炭素，一酸化炭素は燃焼しても二酸化炭素しか生成しない．

6.2　化学変化の量的関係

化学反応の量的関係　　化学反応式の係数は分子の個数もしくは物質量［mol］の関係を表している．また気体の場合は，同温・同圧における体積比も表す．

反応式	CH_4	+	$2O_2$	$\longrightarrow$	CO_2	+	$2H_2O$
物質量	1［mol］		2［mol］		1［mol］		2［mol］
分子数	1分子 $\begin{bmatrix}1\times6.0\times10^{23}\\ 個\end{bmatrix}$		2分子 $\begin{bmatrix}2\times6.0\times10^{23}\\ 個\end{bmatrix}$		1分子 $\begin{bmatrix}1\times6.0\times10^{23}\\ 個\end{bmatrix}$		2分子 $\begin{bmatrix}2\times6.0\times10^{23}\\ 個\end{bmatrix}$
質量[1]	1×16［g］		2×32［g］		1×44［g］		2×18［g］
気体の体積[2]	1×22.4［L］		2×22.4［L］		1×22.4［L］		（液体）

[1]　質量保存の法則（左辺の質量の総和＝右辺の質量の総和）が成立
[2]　0［℃］，1.013×10^5［Pa］の時の気体の体積

例題と解き方

【例題 6-2】化学反応の量的関係

プロパンを完全燃焼させたときの化学反応式は次式である．以下の(1)と(2)の各問に答えよ．ただし原子量を，H=1，C=12，O=16 とする．

$$C_3H_8 + 5O_2 \longrightarrow 3CO_2 + 4H_2O$$

(1) 水が36［g］生成したとき，燃焼したプロパンは何［g］か．

(2) 0［℃］，1.013×10^5［Pa］で3.36［L］の酸素が燃焼に使われたとき，生じた水分子は何個であるか．

➡化学反応式の物質量の関係より，質量・分子数・気体の体積の関係を求めることができる．

(1) 最初に物質量［mol］を求め，質量や体積などに変換する．
H_2O の分子量は18である．よって，物質量は $36\div18=2$［mol］
「化学反応式の係数＝物質量の比」なので，C_3H_8 を x［mol］とすると，
$$1:4 = x:2 \qquad x = 0.5\text{［mol］}$$
また C_3H_8 の分子量は44なので，質量は，$0.5\times44 = 22$［g］

(2) O_2 の3.36［L］は $3.36\div22.4=0.15$［mol］，H_2O を x［mol］とすると，
$$5:4 = 0.15:x \qquad x = 0.12\text{［mol］}$$
よって水分子の個数は，$0.12\times6.0\times10^{23} = 7.2\times10^{22}$ 個

答　(1) 22［g］，(2) 7.2×10^{22} 個

問題 6-3

アンモニアが生成する反応において，アンモニアが 10.2 [g] 生成したとき，次の空欄に当てはまる数値を答えよ．ただし，原子量を N=14，H=1，気体の条件を 1.013×10⁵ [Pa] とする．

	N_2	+	$3H_2$	$\longrightarrow$	$2NH_3$
物質量	（1）[mol]		（2）[mol]		（3）[mol]
質量	（4）[g]		（5）[g]		10.2 [g]
体積※標準状態	（6）[L]		（7）[L]		（8）[L]

ヒント：最初にアンモニアの物質量を求めよう．

問題 6-4

エタン（C_2H_6）の完全燃焼について以下の(1)～(3)の各問に答えよ．ただし，原子量を C=12，H=1，O=16，アボガドロ定数を 6.0×10²³ [1/mol]，気体の条件を標準状態（0 [℃]，1.013×10⁵ [Pa]）とする．

$$2C_2H_6 + 7O_2 \longrightarrow 6H_2O + 4CO_2$$

(1) エタンを 9.0 [g] 燃焼させたとき，水と二酸化炭素はそれぞれ何 [g] 生成したか．

(2) 二酸化炭素が 1.12 [L] 生成したとき，燃焼に要した酸素は何 [L] であったか．

(3) 水分子が 2.4×10²³ [個] 生成したとき，何 [mol] のエタンが燃焼したか．

ヒント：それぞれ最初に物質量を求めよう．

問題 6-5

次の各問題について答えよ．ただし，原子量を C=12，H=1，O=16 とする．

(1) 水を 1.8 [g] を電気分解したときに生じる水素と酸素は，それぞれ 0 [℃]，1.013×10⁵ [Pa] で何 [L] か．

(2) メタン分子 30 [個] を完全燃焼すると，何 [個] の水分子が生成するか．

(3) 一酸化炭素 2 [L] を完全燃焼させるのに，必要な酸素は同温・同圧で何 [L] か．

ヒント：それぞれ化学反応式を書いて考えてみよう．

問題 6-6

不純物を含む鉄 8 [g] を塩酸と反応させたところ，鉄だけが完全に反応し水素が 0.1 [mol] 発生した．

$$Fe + 2HCl \longrightarrow H_2 + FeCl_2$$

この鉄の純度は何 [%] か．ただし，鉄の原子量を 56 とする．

ヒント：純度とは，不純物を含む全物質中の純物質の割合である．

問題 6-7

ある量の炭素を燃焼させると，全て反応して一酸化炭素と二酸化炭素が体積組成比 1：3 で 22.4 [L] 生じた．

(1) 反応した炭素は何 [g] か．

(2) 燃焼に使われた酸素は，0 [℃]，1.013×10⁵ [Pa] で何 [L] あるか．

ヒント：一酸化炭素と二酸化炭素はどれぞれ何 [mol] 反応するか考える．

【例題 6-3】過不足のある反応

1.2 [g] の水素と 7.0 [g] の窒素を反応させて，アンモニアを生成させた．次の (1) と (2) の問題に答えよ．

ただし反応は，どちらか一方が無くなるまで続くものとし，原子量を $N=14$，$H=1$ とする．

(1) 反応せずに，残った物質は水素と窒素のどちらで，何 [g] であるか．

(2) 生成したアンモニアは 0 [℃]，1.013×10^5 [Pa] で何 [L] あるか．

➡過不足がある場合は，どちらの物質が全部反応するか考える．

(1) 水素と窒素の物質量はそれぞれ，

$$\frac{1.2}{2} = 0.60 \text{ [mol]}, \quad \frac{7.0}{28} = 0.25 \text{ [mol]}.$$

また，この化学反応式は，$N_2 + 3H_2 \longrightarrow 2NH_3$ である．

すなわち，窒素と水素は 1：3 の物質量比で反応する．

・水素 0.60 [mol] がすべて反応 $\Longrightarrow$ 窒素 0.20 [mol] が必要　可能
・窒素 0.25 [mol] がすべて反応 $\Longrightarrow$ 水素 0.75 [mol] が必要　不可

窒素が $0.25-0.2=0.05$ [mol] 反応せずに残るのが分かる．

よって，$0.05\times28=1.4$ [g] 反応する．

(2) 水素とアンモニアの物質量比は 3：2 である．

また，(1)より水素が 0.6 [mol] 反応するので，アンモニアは 0.4 [mol] 生成する．

よって，0 [℃]，1.013×10^5 [Pa] では $22.4\times0.4=8.96$ [L] 生成する．

答　(1) 1.4 [g]，(2) 8.96 [L]

問題 6-8

密閉した容器にプロパン（C_3H_8）1.5 [g] と 0 [℃]，1.013×10^5 [Pa] で 2.8 [L] の酸素を混合し完全燃焼させたところ，プロパンのみが未反応のまま残った．このとき未反応のプロパンは何 [g] か．ただし，プロパンの分子量を 44 とする．

ヒント：プロパンが何 [mol] 反応するか考えてみよう．

問題 6-9

0 [℃]，1.013×10^5 [Pa] で 4.2 [L] の水素と 3.0 [L] の酸素を密閉容器に入れて点火したところ，生じた水はすべて液体となり，どちらかの気体の一部が未反応のまま残った．

(1) 反応後の気体の体積は，0 [℃]，1.013×10^5 [Pa] で何 [L] か．

(2) 生じた水の質量は何 [g] であるか．

ヒント：どちらが全て反応するか，また何 [mol] 反応するか考えてみよう．

問題 6-10

ある質量が異なるアルミニウムを測って，それぞれで 50 [mL] の希硫酸と反応させて，発生した水素の量を測定した．反応させたアルミニウムと発生した水素の関係をグラフにした

結果を図に示す．また，アルミニウムの原子量を 27 とする．

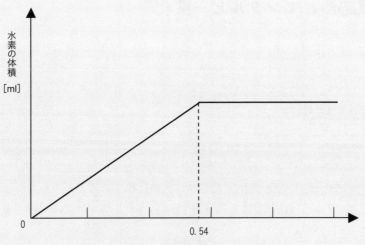

アルミニウムの質量 [g]

(1) グラフより硫酸とちょうど反応した時，水素は 0 [℃]，1.013×10^5 [Pa] で何 [L] 発生したか．

(2) この硫酸のモル濃度は何 [mol/L] であるか．

ヒント：この反応の化学反応式は $2Al + 3H_2SO_4 \longrightarrow 3H_2 + Al_2(SO_4)_3$ である．

問題 6-11

メタン CH_4 とアセチレン C_2H_2 の混合気体を完全燃焼させたところ，0 [℃]，1.013×10^5 [Pa] で 3.36 [L] の二酸化炭素と 3.24 [g] の水が生成した．

(1) メタンとアセチレンはそれぞれ何 [mol] 反応したか．

(2) この混合気体を完全燃焼させるために消費した酸素は，0 [℃]，1.013×10^5 [Pa] で何 [L] か．

ヒント：燃焼するメタンを x [mol]，アセチレンを y [mol] とし，生成した水と二酸化炭素の物質量で方程式を作ってみよう．

問題 6-12

ある金属 w_1 [g] を酸化させると，酸化物 MO が w_2 [g] 生成した．この金属の原子量を w_1，w_2 を用いて表せ．ただし，酸素の原子量を 16 とし，金属は全て酸化されていることとする．

ヒント：この反応の反応式は $2M + O_2 \longrightarrow 2MO$ である．

6.3   反応熱とエンタルピー変化

反 応 熱　　化学変化や状態変化によって出入りする熱量．単位は［kJ］を用いる．

$$1 [kJ] = 1000 [J],\ 1 [cal] = 4.18 [J] \text{※水の場合}$$

反応熱の測定（計算）

　　熱量［J］＝ 比熱［J/(g·℃)］× 質量［g］× 温度差［℃］

反応エンタルピー　　全ての物質には化学エネルギーを持っており，反応物と生成物のエネルギー差が熱として現れる．このエネルギーはエンタルピー（H）で表すことができ，エンタルピー変化（ΔH）で発熱・吸熱に伴うエネルギーを表すことができる．反応エンタルピーは注目する物質 1［mol］当たりのエンタルピーの変化量で表す（単位は kJ/mol）．

$$\Delta H = H_{生成物}（生成物のエンタルピー）- H_{反応物}（反応物のエンタルピー）$$

発熱反応：熱を発生する反応 = 熱くなる反応　 = $\Delta H < 0$
吸熱反応：熱を吸収する反応 = 冷たくなる反応 = $\Delta H > 0$
反応熱 = $-\Delta H$

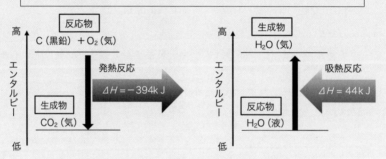

黒鉛の燃焼反応（左）と水から水蒸気への状態変化（右）のエンタルピー図

例題と解き方

【例題 6-4】反応エンタルピーの計算

水素 0.5［g］を燃焼させたら，71.5［kJ］の熱を生成した．水素 1［mol］を燃焼したときの反応エンタルピーを求めよ．

➡ 1［mol］の質量［g］と熱量［kJ］を考える．

　水素 1［mol］は 2［g］である．水素 1［mol］燃焼時の熱量を x［kJ/mol］とすると，
　$0.5 [g] : 71.5 [kJ] = 2 [g] : x [kJ]$　　⇒　$x = 286$
また，発熱なので符号は－になる．

答　$\Delta H = -286$ [kJ/mol]

問題 6-13

次の反応エンタルピー，熱量に関する問題について答えよ．ただし原子量を H＝1，C＝12，Na＝23，Cl＝35.5 とする．

(1) 4 [g] の炭素を燃焼したら，131.2 [kJ] の熱を発生した．炭素を燃焼したときの反応エンタルピーを求めよ．

(2) 塩化ナトリウム NaCl 11.7 [g] を水に溶かしたら 0.78 [kJ] の熱を吸収した．この溶解における反応エンタルピーを求めよ．

(3) メタン CH_4 を燃焼したときの反応エンタルピーは -892 [kJ/mol] である．メタン 2 [g] を燃焼したときのエンタルピーの変化量は何 [kJ] か．

(4) 20 [℃] の水 3 [kg] を 70 [℃] にしたとき，水が得た熱量は何 [kJ] か．ただし，水の比熱を 4.2 [J/g・℃] とする．

ヒント：(4)は公式（熱量＝比熱×質量×温度差）を用いる．

6.4　反応エンタルピーの表し方

反応エンタルピーを用いた反応式の作り方

　（例）水素 1 [mol] 燃焼した時，水が生じ 286 [kJ] の熱を発生

① 反応物を左辺，生成物を右辺にそれぞれ化学式で書く．（係数は後から決めたほうが作りやすい）

$$H_2 + O_2 \longrightarrow H_2O$$

② 化学式の右側にそれぞれの物質の状態を書く．通常（気），（液），（固）で表す．炭素など同素体がある元素は（黒鉛）と物質の状態を書く場合もある．

$$H_2(気) + O_2(気) \longrightarrow H_2O(液)$$

③ 着目する物質の係数を 1 にする．このとき他の物質が分数になっても構わない．

$$H_2(気) + \frac{1}{2}O_2(気) \longrightarrow H_2O(液)$$

④ 化学反応式の右辺の後に反応エンタルピーを書く．この時，発熱反応は−，吸熱反応は＋，単位は [kJ] にする．

$$H_2(気) + \frac{1}{2}O_2(気) \longrightarrow H_2O(液) \qquad \Delta H = -286\,kJ$$

いろいろな反応エンタルピー　　主な反応エンタルピーは次のように分類され，着目する物質，反応式の形が決まっている．

	定義（反応エンタルピーの表し方）
燃焼エンタルピー	1 [mol] の物質が完全燃焼（O_2（気）と反応して，H_2O（液）と CO_2（気）が生成する反応）するときのエンタルピー変化．注1) CH_4（気）$+ 2O_2$（気）$\longrightarrow CO_2$（気）$+ 2H_2O$（液）　　　$\Delta H = -890.3\,kJ$ └→燃焼する物質を係数1にする
生成エンタルピー	1 [mol] の化合物がその成分元素の単体から生成するときのエンタルピー変化 $\dfrac{1}{2}N_2$（気）$+ \dfrac{3}{2}H_2$（気）$\longrightarrow NH_3$（気）　　　$\Delta H = -45.9\,kJ$ 単体にする　　　　　　　　　└→生成する物質を係数1にする
溶解エンタルピー	1 [mol] の物質が水に溶けたときのエンタルピー変化注2) $NaCl$（固）$+ aq \longrightarrow NaClaq$　　　$\Delta H = -3.9\,kJ$ └→溶解する物質の係数1にする
中和エンタルピー	酸と塩基の中和反応の際，1 [mol] の水が生成するときのエンタルピー変化注3) $NaOHaq + HClaq \longrightarrow H_2O$（液）$+ NaClaq$　　　$\Delta H = -56.5\,kJ$ └→生成する水を係数1にする

注1：1 [mol] の物質が燃焼して，酸化物を作るときの反応エンタルピーを表すときもある．
注2：aq は多量の水を表している．○○aq と化学式につけた場合，希薄水溶液を表す．
注3：希薄溶液中は強酸・強塩基は完全に電離しているので，次のように表すこともできる．
　　$H^+aq + OH^-aq \longrightarrow H_2O$（液）　　　$\Delta H = -56.5\,kJ$

例題と解き方

【例題 6-5】エンタルピー変化の表し方

次の変化の反応エンタルピーを化学反応式と ΔH の値で表せ．

(1) エタン（気）15 [g] を完全燃焼すると，780 [kJ] の熱を発熱した．
(2) 水から水蒸気になるとき，45 [kJ] の熱を吸収する．

➡係数を1にする物質を考え，1 [mol] あたりの熱量を考える．

(1) エタン C_2H_6 の分子量は30である．エタン1 [mol] が燃焼するときの熱量を x とすると，

　　15 [g] : 780 [kJ] = 30 [g] : x [kJ]　　　$x = 1560$ [kJ/mol]

反応物を左辺，生成物を右辺に書き，物質の状態を書く．

　　C_2H_6（気）$+ O_2$（気）$= CO_2$（気）$+ H_2O$（液）

この反応では，エタンの係数を1として，他の係数を決める．

　　C_2H_6（気）$+ \dfrac{7}{2}O_2$（気）$= 2CO_2$（気）$+ 3H_2O$（液）

(2) 状態変化の場合，物質の状態と反応エンタルピーを書くだけでよい．

　　H_2O（液）$\longrightarrow H_2O$（気）　　　$\Delta H = 45\,kJ$

答　(1) C_2H_6（気）$+ \dfrac{7}{2}O_2$（気）$\longrightarrow 2CO_2$（気）$+ 3H_2O$（液）　　　$\Delta H = -1560\,kJ$

　　(2) H_2O（液）$\longrightarrow H_2O$（気）　　　$\Delta H = 45\,kJ$

【例題 6-6】いろいろな反応エンタルピー

次の反応エンタルピーを化学反応式とΔHの値で表せ.

(1) アンモニア NH_3 の生成エンタルピーは -45.9 [kJ/mol] である.

(2) NH_4Cl（固）の溶解エンタルピーは 14.8 [kJ/mol] である.

➡生成エンタルピーは化合物を構成している元素の単体を考える.

(1) NH_3 は N 原子, H 原子から構成されるので, その単体は N_2 と H_2 である. よって, NH_3 の係数を1にして反応エンタルピーを表すと,

$$\frac{1}{2}N_2(気) + \frac{3}{2}H_2(気) \longrightarrow NH_3(気) \qquad \Delta H = -45.9\,kJ$$

➡溶解エンタルピーの形は『○○＋aq⟶○○ aq』である.

(2) 上記にしたがって,

$$NH_4Cl(固) + aq \longrightarrow NH_4Claq \qquad \Delta H = 14.8\,kJ$$

答　(1) $\frac{1}{2}N_2(気) + \frac{3}{2}H_2(気) \longrightarrow NH_3(気) \qquad \Delta H = -45.9\,kJ$,

　　(2) $NH_4Cl(固) + aq \longrightarrow NH_4Claq \qquad \Delta H = 14.8\,kJ$

問題 6-14

次の反応エンタルピーを化学反応式とΔHの値で表せ. ただし, 原子量を Ca＝40, O＝16, C＝12, H＝1, N＝14, Na＝23 とする.

(1) 炭素（黒鉛）1 [mol] と水蒸気を反応させると, 水素と一酸化炭素が生成して, 131 [kJ] の熱を吸収した.

(2) 1 [mol] のアルミニウムを酸化させたら酸化アルミニウム Al_2O_3（固）が生成し, 810 [kJ] の熱を発生した.

(3) 7 [g] の酸化カルシウム CaO（固）と塩酸を反応させると, 塩化カルシウムと水が生成し, 24.3 [kJ] の熱を発生した.

(4) 0 [℃], 1.013×10^5 [Pa] で 1.12 [L] の水素を燃焼したら, 水を生成し, 14.3 [kJ] の熱を発生した.

(5) アセチレン C_2H_2 の燃焼エンタルピーは -1307 [kJ/mol] である.

(6) メタノール 4 [g] を完全燃焼すると, 90.8 [kJ] の熱を発生した.

(7) メタン CH_4 の生成エンタルピーは -74.9 [kJ/mol] である.

(8) 塩化ナトリウム $NaCl$（固）の生成エンタルピーは -411.1 [kJ/mol] である.

(9) 窒素と酸素を反応させ, 一酸化窒素 NO 10 [g] を生成したとき, 30 [kJ] の熱を吸収した.

(10) 塩化カリウム KCl（固）の溶解エンタルピーは 17.2 [kJ/mol] である.

(11) 水酸化ナトリウム $NaOH$（固）8 [g] を水に溶かすと, 8.9 [kJ] の熱を発生した.

(12) 硝酸と水酸化ナトリウム水溶液の中和エンタルピーは -57.2 [kJ/mol] である.

(13) 硫酸と水酸化ナトリウム水溶液の中和エンタルピーは -66.5 [kJ/mol] である.

(14) ドライアイスが気体になったとき, 25.2 [kJ/mol] の熱を吸収した.

> ヒント：反応エンタルピーが書いていない場合は，1 [mol] あたりの熱量を考えてみよう.

問題 6-15

プロパンの燃焼熱に関する (1) と (2) の各問に答えよ. ただし, プロパンの分子量を 44 とする.

$$C_3H_8(気) + 5O_2(気) = 3CO_2(気) + 4H_2O(液) \qquad \Delta H = -2{,}219\,kJ$$

(1) プロパン 11 [g] を燃焼したときの反応熱は何 [kJ] か.

(2) いま 119.5 [kJ] の熱量を発熱したとき, 生じた CO_2 は 0 [℃], 1.013×10^5 [Pa] で何 [L] か.

> ヒント：(2) 2,219 [kJ] 発熱したとき, 3 [mol] の二酸化炭素が生成する.

問題 6-16

メタンとエタンが体積比 1：2 で混ざっている混合気体が 11.2 [L] ある. メタンとエタンの燃焼熱をそれぞれ -890 [kJ/mol], -1560 [kJ/mol] としたとき, 次の問題に答えよ.

(1) この混合気体を燃焼したとき, 何 [kJ] の熱量が発熱したか.

(2) この混合気体を燃焼するのに必要な酸素は何 [L] か.

> ヒント：反応エンタルピーを表した式をそれぞれ考えてみよう.

問題 6-17

純水 100 [mL] の入った断熱容器に固体の水酸化ナトリウムを 2 [g] 加え, 時間と温度を測定した結果を図に示す. 液体の密度を 1.0 [g/cm³], 比熱を 4.2 [J/g·℃], NaOH の式量を 40 として, 次の問題に答えよ.

(1) 全 NaOH の溶解により上昇した温度は (a)〜(c) のうちどれか.

(2) (a)＝33.0 [℃], (b)＝32.5 [℃], (c)＝32.0 [℃] の時, この反応で発生した熱量は何 [J] であるか.

(3) この反応の反応エンタルピーを用いて書け.

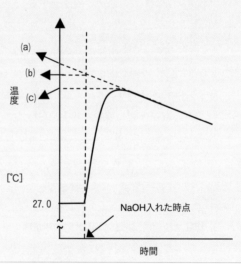

> ヒント：(3) 水酸化ナトリウム 1 [mol] の熱量はいくらであるか考えてみよう.

6.5 ヘスの法則

ヘスの法則 物質が反応するときの反応熱や反応エンタルピーの総量は，その反応経路は関係なく，反応の最初の状態（反応物）と最後の状態（生成物）だけで決まる．

ヘスの法則を利用することで，すでにわかっている反応エンタルピーから，未知の反応エンタルピーを計算で求めることができる．

結合エネルギー 原子間の共有結合を切るのに必要なエネルギー．結合1 [mol] あたりのエネルギーで表し，その値が大きいほど，強い結合を意味する．

（例） H_2（気） $\longrightarrow$ 2H（気） $\Delta H = 436$ kJ，

CH_4（気） $\longrightarrow$ C（気） + 4H（気） $\Delta H = (416 \times 4)$ kJ

結合エネルギーの値から反応エンタルピーを求めることができる．

結合エネルギー [kJ/mol] 25 [℃], 1.013×10⁵ [Pa]							
H–H	436	N–H（NH_3）	391	O=O		498	
C–H（CH_4）	416	H–Cl	432	C=O		804	
O–H（H_2O）	391	Cl–Cl	243	C=C（C_2H_4）		589	

> **反応エンタルピー ＝**
> **（反応物の結合エネルギーの総和）ー（生成物の結合エネルギーの総和）**

例題と解き方

【例題 6–7】ヘスの法則の利用

下の化学反応式を用いて，次の未知の反応エンタルピー Q を求めよ．

CH_4（気） + H_2O（気） $\longrightarrow$ CO（気） + 3H_2（気） $\Delta H = Q$ kJ

H_2（気） + $\dfrac{1}{2}$ O_2（気） $\longrightarrow$ H_2O（気） $\Delta H = -242$ kJ ……①

CO（気） + $\dfrac{1}{2}$ O_2（気） $\longrightarrow$ CO_2（気） $\Delta H = -283$ kJ ……②

CH_4（気） + 2O_2（気） $\longrightarrow$ CO_2（気） + 2H_2O（気） $\Delta H = -802$ kJ ……③

> ➡数学の方程式のように式と式の加減や式全体を数倍することで，求めたい反応式にない物質を除去し，目的の式を作る．

『③－②』でCO_2を消去し，さらに『①×3』を引くことでO_2を消去すると，『CH_4－CO－3H_2＝－H_2O』．

各物質を移行すると，目的の式ができる．

以上をまとめると，『③－②－①×3』で目的の式になる．①，②，③に反応エンタルピー

を代入する ⇒ $-802 + 283 + 242 \times 2 = -35$

答 $\Delta H = -35\,[\text{kJ}]$

問題 6-18

下の熱化学方程式を用いて，次の未知の反応エンタルピー Q を求めよ．

$$4C(黒鉛) + 5H_2(気) \longrightarrow 4CO_2 + C_4H_{10}(気) \qquad \Delta H = Q\,\text{kJ}$$

$$H_2(気) + \frac{1}{2}O_2(気) \longrightarrow H_2O(液) \qquad \Delta H = -286\,\text{kJ} \qquad \cdots\cdots①$$

$$C(黒鉛) + O_2(気) \longrightarrow CO_2(気) \qquad \Delta H = -394\,\text{kJ} \qquad \cdots\cdots②$$

$$C_4H_{10}(気) + \frac{13}{2}O_2(気) \longrightarrow 4CO_2(気) + 5H_2O(液) \qquad \Delta H = -2876\,\text{kJ} \qquad \cdots\cdots③$$

> **ヒント**：反応エンタルピーの計算は最後に行うことで計算ミスが少なくなる．

問題 6-19

次の化学反応式 ① ～ ③ を用いて，一酸化炭素と水素からメタンと水を生成する反応の反応エンタルピーを求めよ．

$$CO(気) + 3H_2(気) \longrightarrow CH_4(気) + H_2O(液) \qquad \Delta H = Q\,\text{kJ}$$

$$CH_4(気) + 2O_2(気) \longrightarrow CO_2(気) + 2H_2O(液) \qquad \Delta H = -890\,\text{kJ} \qquad \cdots\cdots①$$

$$CO(気) + \frac{1}{2}O_2(気) \longrightarrow CO_2(気) \qquad \Delta H = -283\,\text{kJ} \qquad \cdots\cdots②$$

$$H_2(気) + \frac{1}{2}O_2(気) \longrightarrow H_2O(液) \qquad \Delta H = -286\,\text{kJ} \qquad \cdots\cdots③$$

> **ヒント**：CO_2 を最初に消去する．

問題 6-20

バリウム 1 [mol] を酸化させると，酸化バリウム 1 [mol] が生成し，554 [kJ] の発熱が起こった．また，生成した酸化バリウム 1 [mol] を水と反応させたところ，水酸化バリウムが生成し，105 [kJ] の熱を発生した．水の生成エンタルピーを 286 [kJ] としたとき，水酸化バリウムの生成エンタルピーはいくらになるか．

> **ヒント**：$Ba(固) + H_2(気) + O_2(気) \longrightarrow Ba(OH)_2(固) \qquad \Delta H = Q\,\text{kJ}$

問題 6-21

炭素（黒鉛）の燃焼エンタルピーを 394 [kJ/mol]，水素の燃焼エンタルピーを 286 [kJ/mol]，エタノールの燃焼エンタルピーを 1368 [kJ/mol] としたとき，エタノールの生成エンタルピーを求めよ．

> **ヒント**：各反応エンタルピーを表した反応式を書き，ヘスの法則を使う．

【例題 6-8】結合エネルギー

メタン分子中の C-H の結合エネルギーを 416 [kJ/mol]，水素の結合エネルギーを 436 [kJ/mol]，黒鉛の昇華エネルギーを 721 [kJ/mol] としたとき，メタンの生成エンタルピーを求めよ．

> ➡結合エネルギーおよび反応エンタルピーをそれぞれ考え，前項同様ヘスの法則を利用して求める.

メタンの生成エンタルピーの反応式は

$$C(黒鉛) + 2H_2(気) \longrightarrow CH_4(気) \qquad \Delta H = Q \, kJ である.$$

メタン（生成物）の結合エネルギーは

$$CH_4(気) \longrightarrow C(気) + 4H(気) \qquad \Delta H = (416 \times 4) \, kJ \qquad \cdots\cdots①$$

反応物の各結合エネルギーおよび反応エンタルピーは

$$C(黒鉛) \longrightarrow C(気) \qquad \Delta H = 721 \, kJ \qquad \cdots\cdots②$$

$$H_2(気) \longrightarrow 2H(気) \qquad \Delta H = 436 \, kJ$$

$$\Longrightarrow \quad 2H_2(気) \longrightarrow 4H(気) \qquad \Delta H = 864 \, kJ \qquad \cdots\cdots③$$

『②＋③－①』でメタンの生成エンタルピーの反応式ができる.

よって反応エンタルピーは，

$$(721) + (864) - (416 \times 4) = -85 \, [kJ]$$

※この式は『$(416 \times 4) - (721 + 864)$』となり，

（反応物の結合エネルギーの総和）－（生成物の結合エネルギーの総和）なので，理論式と同じであることがわかる.

※　例題6-8およびヘスの法則はエネルギー図を用いて解くこともできる.

ヒント：-85 [kJ]

問題 6-22
水素の結合エネルギーを 432 [kJ/mol]，塩素の結合エネルギーを 239 [kJ/mol]，H-Cl の結合エネルギーを 428 [kJ/mol] としたとき，塩化水素の生成エンタルピーを求めよ.

ヒント：$\frac{1}{2}H_2(気) + \frac{1}{2}Cl_2(気) = HCl(気) + Q \, kJ$

問題 6-23
水素の結合エネルギーを 432 [kJ/mol]，窒素の結合エネルギーを 942 [kJ/mol]，N-H の結合エネルギーを 391 [kJ/mol] としたとき，アンモニアの生成エンタルピーを求めよ.

ヒント：$\frac{3}{2}H_2(気) + \frac{1}{2}N_2(気) = NH_3(気) + Q \, kJ$，NH₃ には，N-H が3箇所ある.

問題 6-24
エチレンの水素の付加反応は以下のとおりである.

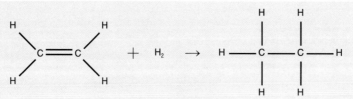

結合エネルギーを C–H＝413 [kJ/mol]，H–H＝432 [kJ/mol]，C–C＝331 [kJ/mol]，C＝C＝719 [kJ/mol] としたとき，上式の反応エンタルピーは何 [kJ] か．

ヒント：反応物，生成物の結合エネルギーの総和を考えよう．

問題 6-25

右のエネルギー図について答えよ．

(1) Q は何を表しているか．

(2) 炭素（黒鉛）の燃焼エンタルピーを -394 [kJ/mol]，水素の燃焼エンタルピーを -286 [kJ/mol]，メタンの生成エンタルピーを 75 [kJ/mol] としたとき，Q を求めよ．

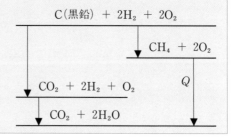

ヒント：エネルギー図の各反応が何を表しているか考えよう．

6.6　化学変化と光・エントロピー

化学発光　化学変化に伴って，光が放出される現象．

（例）ケミカルライト，炎色反応，ルミノール反応

生物発光　生物体内の化学発光．ホタルはルシフェリンがルシフェラーゼ（酵素）によって酸化された際に発光する．

光化学反応　光を吸収して起こる反応

（例）光合成，光化学スモッグ

エントロピー　粒子の乱雑さを示す値．変化量をエントロピー変化 ΔS といい，エンタルピー変化 ΔH とエントロピー ΔS で変化の進みやすさや進む向きが決まる．

（応用）変化の進む向き（自発的な進み）はギブスエネルギー変化 ΔG を考えるとわかりやすい．ΔG は次式で表され，$\Delta G < 0$ の時，自発的な変化が起こる．

$$\Delta G = \Delta H - T\Delta S \qquad T：絶対温度$$

ΔH	ΔS	反応の自発性
減少（$\Delta H<0$）	増加（$\Delta S>0$）	自発的に進む
減少（$\Delta H<0$）	減少（$\Delta S<0$）	温度によって進む方向が決まる
増加（$\Delta H<0$）	増加（$\Delta S>0$）	温度によって進む方向が決まる
増加（$\Delta H<0$）	減少（$\Delta S<0$）	自発的に進まない

例題と解き方

【例題 6-9】 反応の進む向き

反応の進みやすさについて，以下文章から正しい記述を選べ．
① 吸熱反応は自発的に反応が起こりやすい傾向である
② 発熱反応の時，低温であれば自発的に反応が進みやすい
③ 発熱反応かつエントロピー変化が増加するとき，温度に関係なく反応は自発的に進まない
④ 吸熱反応の時，低温であれば自発的に反応が進みやすい

➡ 上記表やギブスエネルギー $\Delta G=\Delta H-T\Delta S$ を考える．また発熱反応は $\Delta H<0$，吸熱反応は $\Delta H>0$ である．$\Delta G<0$ の時，反応は自発的に起こる

① ④吸熱反応（$\Delta H>0$）時，$\Delta S<0$ の時は自発的に進まず，$\Delta S>0$ のとき高温であれば $\Delta G=\Delta H-T\Delta S<0$ になり，自発的反応が進むので誤り．
② ③発熱反応（$\Delta H<0$）の時，$\Delta S>0$ なら自発的に反応し，$\Delta S<0$ のとき低温であれば $\Delta G=\Delta H-T\Delta S<0$ になり，自発的反応が進む．よって②は正しく，③は誤り

答　②

問題 6-26

下記文章について，正しければ○，誤っていれば×で答えよ．
(1) 大きい発熱を伴う反応は，自発的に進行しやすい
(2) 光化学反応とは，エネルギーの一部が光となり発光する反応である．
(3) 吸熱反応で，エントロピーが低い時その反応は，自発的に反応しない．
(4) ウミホタルは反応エンタルピーの一部を光として吸収するため発光する．
(5) ルミノール反応はルミノールが血液中のヘモグロビンと反応する発光反応である．
(6) 光合成とは，光エネルギーを吸収する吸熱反応である．
(7) 「O_3（気）$\longrightarrow \frac{3}{2}O_2$（気）$\Delta H=-143$ kJ」の反応は，吸熱反応で分子数は減っているので，自発的に反応しない．

6.7　反応速度と活性化エネルギー

反応速度　　反応速度は，単位時間あたり，どれだけ反応物の濃度が減少するか，もしくは生成物の濃度が増加するかを表す．

$$反応速度\,[mol/L \cdot s] = \frac{反応物の減少量\,[mol/L]}{反応時間\,[s]} = \frac{生成物の増加量\,[mol/L]}{反応時間\,[s]}$$

反応速度式　　反応速度を反応物の濃度で表した式

$aA + bB \longrightarrow cC$　　a, b, c：係数　A, B, C：物質（化学式）のとき

$$v = k\,[A]^a[B]^b$$

k：反応速度定数（**温度によって変化**）

$a + b$ **の値**：反応の次数

※実際は実験値で決まり，反応式の係数と一致しない場合があるので注意する．

活性化エネルギー　　化学反応において，反応物の粒子が衝突するために，ある一定以上のエネルギーを持った状態．

活性化エネルギー　　活性化状態になるために必要なエネルギー．

触　媒　　反応の前後で自身は変化しないが，反応速度を速くする物質．

反応速度を変える条件　　反応速度は，反応物の濃度，温度，触媒，表面積，圧力（気体の場合）で変化する．

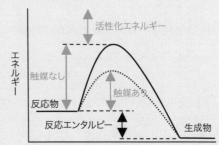

条件	反応速度の変化
濃度	反応物の濃度が大きくなると速くなる．
温度	温度が高くなると反応速度定数が大きくなり，速くなる．
触媒	触媒を使うと，活性化エネルギーが低い経路で反応するため，速くなる．
表面積	表面積が広くなると，衝突回数が増えるため，速くなる．
圧力	圧力が倍になると濃度も倍になるため，速くなる．（気体）

例題と解き方

【例題 6-10】反応速度の求め方

水素とヨウ素が反応してヨウ化水素が生成する反応について，以下の問題に答えなさい．ただし，反応による体積の変化はないものとする．

(1) 30秒間で水素が 5.0 [mol/L] から 2.3 [mol/L] に減少した時の H_2，I_2，HI から見た反応速度を求めよ．

(2) 温度一定のもと，水素の濃度を2倍にしたとき，反応速度は2倍になった．また同様に，ヨウ素の濃度を2倍にしたとき，反応速度は2倍になった．この反応の反応速度式を書きなさい．

(3) この反応は何次反応であるか．

(4) 圧力を2倍にしたとき，反応速度は何倍になるか．

➡反応式を書いて，各物質の係数から量的関係（物質量比）を求め反応速度を求める．

この反応の化学反応式は，

$$H_2 + I_2 \longrightarrow 2HI$$

(1) H_2 の濃度の減少量すなわち反応した H_2 の濃度は，

$$5.0 - 2.3 = 2.7 \text{ [mol/L]}$$

体積に変化がない場合，係数の比はモル濃度の比でもあるので

反応した I_2 の濃度 $\Longrightarrow$ $\qquad\qquad\qquad 1:1 = 2.7:x,\ x = 2.7$ [mol/L]

生成した HI の濃度 $\Longrightarrow$ $\qquad\qquad\qquad 1:2 = 2.7:y,\ y = 5.4$ [mol/L]

反応速度は（濃度変化／反応時間）なので，各反応速度は

$$v_{H_2} = \frac{2.7}{30} = 0.09 \text{ [mol/L]}, \quad v_{I_2} = \frac{2.7}{30} = 0.09 \text{ [mol/L]}$$

$$v_{HI} = \frac{5.4}{30} = 0.18 \text{ [mol/L]}$$

(2) 反応速度式は $v = k[H_2]^a[I_2]^b$ で表される．$[H_2]$ が2倍のとき速度が2倍なので $a=1$，同様に $[I_2]$ が2倍のとき速度2倍なので $b=1$．よって $v = k[H_2][I_2]$ になる．

(3) 次数は $a+b$ より，2次反応

(4) 圧力を2倍 $\Longrightarrow [H_2]$，$[I_2]$ それぞれ2倍になるので，$2 \times 2 = 4$ 倍

答 (1) $H_2：0.09$ [mol/L]，$I_2：0.09$ [mol/L]，$HI：0.18$ [mol/L]，(2) $v = k[H_2][I_2]$，(3) 2次反応式，
(4) 4 [倍]

問題 6-27

2 [L] の密閉容器で水素とヨウ素を反応させたら 25 [秒] でヨウ化水素 10 [mol] が生成した．

(1) この反応において，水素とヨウ化水素はそれぞれ何 [mol/L] 変化したか．

(2) この反応において，水素とヨウ化水素からみた反応速度を求めよ．

ヒント：体積が 2 [L] であるのに注意しよう．

問題 6-28

右図は A＋B → C の反応について，触媒があるときとないときのエネルギー変化を表したものである．次の問いに答えよ．

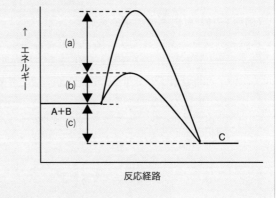

反応経路

(1) 触媒を用いたときの活性化エネルギーを(a)〜(c)を用いて表しなさい．

(2) 触媒を用いていないときの活性化エネルギーを(a)〜(c)を用いて表しなさい．

(3) この反応は発熱反応と吸熱反応のどちらであるか答えよ．

(4) この反応における反応エンタルピーを(a)〜(c)を用いて表しなさい．

(5) 逆反応（C → A＋B）において，触媒を用いていないときの活性化エネルギーを(a)〜(c)を用いて表しなさい．

ヒント：触媒を用いると活性化エネルギーは低い．

問題 6-29

A＋B → C＋D の反応において，A の濃度を 2 倍にすると反応速度は 2 倍になり，B の濃度を 2 倍にしたら反応速度は 4 倍になった．次の問題に答えよ．

(1) この反応の反応速度式を書け．

(2) A と B が気体のとき，圧力を 2 倍にすると反応速度は何倍になるか．

(3) この反応において，温度を 10 [K] にあげると反応速度が 2 倍になった．20 [℃] の反応速度が 0.2 [mol/L・s] のとき，50 [℃] での反応速度は何 [mol/L・s] であるか．

(4) この反応は何次反応であるか．

ヒント：(3) 30 [K] 上昇すると反応速度は 8 倍になる．

問題 6-30

A＋B → C の反応において，A と B の濃度を変えて反応速度を求めた結果は次のとおりである．

A の濃度 [mol/L]	0.2	0.2	0.2	0.4	0.6	0.6
B の濃度 [mol/L]	0.1	0.2	0.3	0.1	0.1	0.3
反応速度 [mol/L・s]	0.12	0.24	0.36	0.48	1.08	x

(1) この反応の反応速度式を書きなさい．

(2) この反応の反応速度定数 k はいくらか．

(3) 上表の反応速度 x [mol/L・s] を求めよ．

ヒント：A，B の濃度が 2 倍，3 倍になると反応速度は何倍になるか考える．

問題 6-31

次の反応速度と関係のある事項について，最も関係のあるものを下の語群より選びなさい．

(1) 鉄くぎより，スチールウールの方が塩酸とよく反応する．

(2) 過酸化水素水に酸化マンガンを加えて酸素と水に分解する．

(3) 線香を酸素の中に入れると，激しく燃える．

(4) 硝酸を保存するときは褐色のビンに入れる．

(5) 酵素は冷却して保存しなければならない．

【語句】触媒，光，濃度，温度，圧力，表面積

ヒント：スチールウールは，鉄製のやわらかい金属繊維．

問題 6-32

3.0 [mol/L] の五酸化二窒素を 45 [℃] で二酸化窒素と酸素に分解させた．この実験の経過時間と生成した酸素の濃度の関係を表に示す．酸素はすべて，五酸化二窒素が分解して生成したものとして，以下の問に答えよ．

時間 [秒]	0	50	100	200	400
N_2O_5 [mol/L]	3.0	2.94	2.88	2.73	(b)
O_2 [mol/L]	0	0.03	(a)	0.115	0.23

(1) この反応の化学反応式を書きなさい．

(2) 表の (a), (b) を埋めなさい．

(3) この反応の反応速度式は $v=k[N_2O_5]$ で表される．50 秒〜100 秒における分解反応速度および反応速度定数を求めよ．

ヒント：速度定数は反応速度を濃度平均で割る．

6.8　化学平衡

可逆反応　　正方向と逆方向のどちらにも進む反応.

平衡状態　　可逆反応において，正反応と逆反応の反応速度が同じになったとき，みかけ上，反応が止まった状態

（例）

$$正反応：v_1$$
$$H_2 + I_2 \rightleftharpoons 2HI$$
$$逆反応：v_2$$

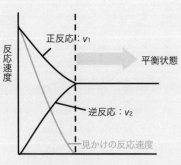

平衡定数　　反応が平衡状態のとき，反応物と生成物の濃度には次のような関係がある.

$$a\mathrm{A} + b\mathrm{B} \rightleftharpoons c\mathrm{C} + d\mathrm{D} \quad a, b, c, d：係数 \quad \mathrm{A, B, C, D}：物質（化学式）$$

$$K = \frac{[\mathrm{C}]^c[\mathrm{D}]^d}{[\mathrm{A}]^a[\mathrm{B}]^b} \quad ※温度一定$$

K を平衡定数といい，〔　〕は平衡時の各物質のモル濃度を表す.

ルシャトリエの原理　　平衡状態にあるとき，温度・濃度・圧力（気体の場合）などを変化させると，新しい平衡状態になる．このとき，平衡の移動は外部から与えられた条件を打ち消す方向に移動する.

条件	移動の方向	例）$N_2 + 3H_2 \rightleftharpoons 2NH_3 + 92.2\,\mathrm{kJ}$	
濃度	濃度を増やすとその濃度を減らす方向．濃度を減らすとその濃度を増やす方向.	N_2, H_2 を加える NH_3 を減らす NH_3 を加える N_2, H_2 を減らす	⇒ 右に移動 ⇒ 左に移動
温度	温度を上げると吸熱の方向，温度を下げると発熱の方向.	温度を上げる 温度を下げる	⇒ 右に移動 ⇒ 左に移動
圧力	圧力を上げると気体の物質量を減らす方向，圧力を下げると気体の物質量を増やす方向	圧力を上げる 圧力を下げる	⇒ 右に移動 ⇒ 左に移動

例題と解き方

【例題 6-11】平衡定数の求め方

1 [L] の密閉容器を一定温度に保って，水素 0.6 [mol] とヨウ素 0.2 [mol] を入れたら，ヨウ化水素が 0.3 [mol] でき，平衡に達した．次の問いに答えよ．

$$H_2 + I_2 \rightleftarrows 2HI$$

(1) この平衡状態のとき，水素とヨウ素は何 [mol/L] であるか．

(2) 平衡定数 K を求めよ．

(3) ヨウ素をさらに 0.4 [mol] 加えると新しい平衡状態になった．このときのヨウ化水素の濃度を求めよ．

➡各濃度を求め，平衡定数の公式にあてはめる．

(1) ヨウ化水素が 0.3 [mol] 生成しているので，反応した水素とヨウ素は化学反応式の係数比より，それぞれ 0.15 [mol]

よって，水素は 0.6−0.15＝0.45 [mol]

ヨウ素は 0.2−0.15＝0.05 [mol]

体積は 1 [L] なので，水素は 0.45 [mol/L]，ヨウ素は 0.05 [mol/L]

(2) 平衡定数は公式より次のようになる．

$$K = \frac{[HI]^2}{[H_2][I_2]} \xrightarrow[\text{代入}]{\text{各濃度}} \frac{(0.3)^2}{(0.45) \times (0.05)} = 4$$

➡温度一定のとき，平衡定数は変化しない．生成（反応）した物質量より新しい平衡状態での各濃度を考える．

(3) 新しい平衡状態で反応した水素を x [mol/L] とすると，反応したヨウ素も x [mol/L]，生成したヨウ化水素は $2x$ [mol/L] になる．

よって平衡状態での各濃度は

水素：$0.6-x$ [mol/L]，ヨウ素：$(0.2+0.4)-x$ [mol/L]，

ヨウ化水素：$2x$ [mol/L]

$$K = \frac{[HI]^2}{[H_2][I_2]} \xrightarrow[\text{代入}]{\text{各濃度}} \frac{(2x)^2}{(0.6 - x) \times (0.6 - x)} = 4$$

これを解くと，

$x=0.3$　よって，生成したヨウ化水素は 0.3×2＝0.6 [mol/L]

答 (1) H_2：0.45 [mol/L]，I_2：0.05 [mol/L]，(2) $K = 4$，(3) 0.6 [mol/L]

【例題 6-12】ルシャトリエの原理

次の可逆反応が平衡状態のとき，(1)～(3) の条件を与えると平衡はどの向きに進むか．

$$2SO_3(気) \longrightarrow 2SO_2(気) + O_2(気) \qquad \Delta H = 188 \text{ kJ}$$

(1) 圧力を上げる　(2) 温度を上げる　(3) O_2 を抜き取る

> ➡正反応に移動することを右に移動，逆反応に移動することを左に移動という．あとは
> 前述の理論にしたがって考える．

(1) 圧力を上げると気体の物質量を減らす方向に移動する．
　　反応式よりの係数より気体の物質量は『左辺＜右辺』であることが分かるので，圧力
　　を上げると物質量が少ない左に移動する．
(2) 温度を上げると吸熱の方向に移動するので，右に移動
(3) O_2 を増やす方向に移動するので，右に移動

答　(1) 左に移動，(2) 右に移動，(3) 右に移動

問題 6-33

酢酸 CH_3COOH 3 [mol] とエタノール C_2H_5OH 2 [mol] の混合物を 1 [L] の容器で反
応させ，ある一定の温度で平衡状態に達したとき，酢酸エチル $CH_3COOC_2H_5$ が 1.2 [mol]
生成した．次の問いに答えなさい．

$$CH_3COOH + C_2H_5OH \rightleftharpoons CH_3COOC_2H_5 + H_2O$$

(1) 酢酸およびエタノールはそれぞれ何 [mol/L] か．
(2) このときの平衡定数 K を求めよ．
(3) さらにエタノールを 5 [mol] を加えて，新しい平衡状態になった時，酢酸エチルは何
　　[mol] 生成するか．

ヒント：【例題 6-11】にならって解いてみよう．

問題 6-34

0.6 [mol] の窒素と 1.4 [mol] 水素を 2 [L] の密閉容器に入れて反応させると 0.4 [mol]
のアンモニアを生成し平衡状態になった．

$$N_2 + 3H_2 \rightleftharpoons 2NH_3$$

(1) 平衡状態のときの各濃度を求めよ．
(2) このときの平衡定数 K を求めよ．

ヒント：体積は 2 [L] であるので，濃度に注意する．

問題 6-35

2 [L] の密閉容器にある物質量の水素と 4.0 [mol] のヨウ素を反応させたら，ヨウ化水素
が 7.0 [mol] 生成し，平衡状態になった．この反応の平衡定数が 49 のとき，反応前の水素
の物質量を求めよ．

ヒント：反応前の水素を x [mol] とすると，平衡状態の水素の濃度は $(x-3.5)\div2$ [mol/L] である．

問題 6-36

次の可逆反応が平衡状態のとき，(1)～(3) の条件を与えると平衡はどの向きに進むか．

$$2NO_2(気) \longrightarrow N_2O_4(気) \qquad \Delta H = -57.3\,kJ$$

(1) 圧力を上げる　　(2) 温度を上げる　　(3) N_2O_4 を抜き取る．

ヒント：【例題 6-12】にならって解いてみよう．

問題 6-37

次の反応が平衡状態のとき，平衡を右に移動させるには，どのような条件を与えるとよいか．温度，圧力，濃度について答えよ．

(1) $3O_2(気) = 2O_3(気)$ $\Delta H = 180$ kJ

(2) $CO(気) + H_2O(気) = CO_2(気) + H_2(気)$ $\Delta H = -57$ kJ

(3) $C(黒鉛) + H_2O(気) = CO(気) + H_2(気)$ $\Delta H = 130$ kJ

ヒント：(3) 圧力を考えるのは気体のみである．

問題 6-38

気体反応では，各気体の濃度の代わりに分圧を用いて，平衡定数を表すことができる．この定数を圧平衡定数といい，次式で表される．

$$aA + bB \rightleftharpoons cC + dD \qquad a,\ b,\ c,\ d：係数$$

$$K_p = \frac{p_C^c p_D^d}{p_A^a p_B^b} \qquad p_A,\ p_B,\ p_C,\ p_D：各分圧$$

(1) 二酸化硫黄と酸素から三酸化硫黄が生成する反応ついて，圧平衡定数はどのように表されるか．各分圧を p_{SO_2}，p_{O_2}，p_{SO_3} とする．

(2) 水素とヨウ素からヨウ化水素が生成する反応において，水素とヨウ素の分圧が 0.1 [atm]，ヨウ化水素の分圧が 0.7 [atm] で平衡状態になったときの圧平衡定数を求めよ．

(3) 平衡定数 K と圧平衡定数 K_p には，『$K = K_p \times (RT)^{(a+b)-(c+d)}$』が成り立つことを証明しなさい．ただし，$R$ は気体定数，T は絶対温度である．

ヒント：(3) 各物質において気体の状態方程式が成り立つ．

演習問題

【1】 ある量の(a)硫黄を酸素中で完全燃焼させた．燃焼後の気体の体積は標準状態に換算して 50.4 [L] で二酸化硫黄と酸素の体積比が $2：1$ であった．次に(b)この気体に触媒を入れると三酸化硫黄が 0.5 [mol] 生成した．さらに生じた(c)三酸化硫黄を水に溶かすと硫酸が生じた．

原子量を $H＝1.0$，$O＝16.0$，$S＝32.0$ として次の問いに答えよ．

(1) 下線 (a)，(b)，(c) の反応の化学反応式を書け．

(2) 燃焼した硫黄は何 [g] であるか．

(3) (b) の反応後，酸素は 0 [℃]，$1.013×10^5$ [Pa] で何 [L] 残っているか．

(4) この実験で生じた三酸化硫黄 0.5 [mol] がすべて水に溶けて硫酸になると考えると，質量パーセント濃度 20 [％] の硫酸を何 [g] 作ることができるか．

(5) この実験の反応を参考にして，一酸化窒素が酸性雨になる過程を化学反応式で書きなさい．

（東北工業大　改）

> **ヒント**：(2) SO_2 は 33.6 [L] 生成．

【2】 水素の燃焼エンタルピーを -286 [kJ/mol]，黒鉛の燃焼エンタルピーを -394 [kJ/mol] としたとき次の問いに答えよ．

(1) アセチレンの燃焼エンタルピーが -1302 [kJ/mol] のとき，アセチレンの生成エンタルピーを表した反応式を書け．

(2) グルコースの生成エンタルピーが -1260 [kJ/mol] のとき，グルコースの燃焼エンタルピーを表した反応式を書け．

(3) ダイヤモンドの燃焼エンタルピーが -396 [kJ/mol] のとき，黒鉛からダイヤモンドの反応エンタルピーを化学反応式と ΔH の値で表せ．

> **ヒント**：各反応の反応エンタルピーを表した反応式を作り，ヘスの法則を利用する．

【3】 窒素 6 [mol] と水素 9 [mol] を 1 [L] の密閉容器で反応させると，50 秒後にアンモニアが 4 [mol] 生じて平衡に達した．

(1) 水素，窒素から見た反応速度を求めよ．

(2) このときの平衡定数を求めよ（小数第 2 位まで）．

(3) この反応とは別に，同じ密閉容器 1 [L] に NH_3 を a [mol] 入れ，同じ温度で反応させると N_2 が x [mol] 生じて平衡になった．この時，a と x との正しい関係式を次から選びなさい．

(ア) $\dfrac{(a-2x)^2}{x^4}=6$　　(イ) $\dfrac{a-2x}{x^2}=4$　　(ウ) $\dfrac{a-2x}{x^2}=2$

> **ヒント**：この反応の平衡定数 K は $\dfrac{[NH_3]^2}{[H_2][N_2]^3}$ であり，(3)においても同値を用いる．

問 題 解 答

問題 6-1 (1) 3, 1, 2, (2) 2, 3, 4, (3) 4, 5, 4, 6, (4) 1, 2, 1, 1, (5) 1, 2, 1, 1, (6) 2, 3, 6, 1,
(7) 1, 6, 2, 3, (8) 2, 3, 3, 1, (9) 2, 1, 1, 2, 2, (10) 2, 1, 3, 2, (11) 1, 3, 1, (12) 2, 1, 2, 1,
(13) 3, 2, 3, 2, (14) 2, 1, 2, (15) 2, 1, 4, 4

問題 6-2 (1) $2H_2O \longrightarrow O_2 + 2H_2$

(2) $2H_2O_2 \longrightarrow O_2 + 2H_2O$

(3) $2Na + 2H_2O \longrightarrow 2NaOH + H_2$

(4) $2NaOH + H_2SO_4 \longrightarrow 2H_2O + Na_2SO_4$

(5) $2CO + O_2 \longrightarrow 2CO_2$

(6) $2NaHCO_3 \longrightarrow Na_2CO_3 + H_2O + CO_2$

(7) $2C_4H_{10} + 13O_2 \longrightarrow 10H_2O + 8CO_2$

(8) $C_2H_5OH + 3O_2 \longrightarrow 3H_2O + 2CO_2$

問題 6-3 (1) 0.3, (2) 0.9, (3) 0.6, (4) 8.4, (5) 1.8, (6) 6.72, (7) 20.16, (8) 13.44

問題 6-4 (1) 水：16.2 [g]，二酸化炭素：26.4 [g]，(2) 1.96 [L]，(3) 0.1 [mol]

問題 6-5 (1) 水素：2.24 [L]，酸素：1.12 [L]，(2) 60 [個]，(3) 1 [L]

問題 6-6 70 [%]

問題 6-7 (1) 9.0 [g]，(2) 19.6 [L]

問題 6-8 0.4 [g]

問題 6-9 (1) 0.9 [L]，(2) 3.4 [g]

問題 6-10 (1) 0.672 [L]，(2) 0.6 [mol/L]

問題 6-11 (1) アセチレン：0.07 [mol]，メタン：0.04 [mol]，(2) 5.71 [L]

問題 6-12 $\dfrac{8w_1}{w_2 - w_1}$

問題 6-13 (1) -393.6 [kJ/mol]，(2) 3.9 [kJ/mol]，(3) -111.5 [kJ]，(4) 630 [kJ]

問題 6-14 (1) $C(黒鉛) + H_2O(気) \longrightarrow CO(気) + H_2(気)$　　$\Delta H = 131\,kJ$

(2) $Al(固) + \dfrac{3}{4}O_2(気) \longrightarrow \dfrac{1}{2}Al_2O_3(固)$　　$\Delta H = -810\,kJ$

(3) $CaO(固) + 2HCl(液) \longrightarrow CaCl_2(固) + H_2O(液)$　　$\Delta H = -194.4\,kJ$

(4) $H_2(気) + \dfrac{1}{2}O_2(気) \longrightarrow H_2O(液)$　　$\Delta H = -286\,kJ$

(5) $C_2H_2(気) + \dfrac{5}{2}O_2(気) \longrightarrow 2CO_2(気) + H_2O(液)$　　$\Delta H = -1307\,kJ$

(6) $CH_3OH(液) + \dfrac{3}{2}O_2(気) \longrightarrow CO_2(気) + 2H_2O(液)$　　$\Delta H = -726.4\,kJ$

(7) $C(黒鉛) + 2H_2(気) \longrightarrow CH_4(気)$　　$\Delta H = -79.4\,kJ$

(8) $Na(固) + \dfrac{1}{2}Cl_2(気) \longrightarrow NaCl(固)$　　$\Delta H = -411.1\,kJ$

(9) $\dfrac{1}{2}N_2(気) + \dfrac{1}{2}O_2(気) \longrightarrow NO(気)$　　$\Delta H = 90\,kJ$

(10) $KCl(固) + aq \longrightarrow KClaq$　　$\Delta H = 17.2\,kJ$

(11) $NaOH(固) + aq \longrightarrow NaOHaq$　　$\Delta H = -44.5\,kJ$

(12) $HNO_3aq + NaOHaq \longrightarrow H_2O(液) + NaNO_3aq$　　$\Delta H = -57.2\,kJ$

(13) $\dfrac{1}{2}H_2SO_4aq + NaOHaq \longrightarrow H_2O(液) + \dfrac{1}{2}Na_2SO_4aq$　　$\Delta H = -66.5\,kJ$

(14) $CO_2(固) = CO_2(気)$　　$\Delta H = 25.2\,kJ$

問題 6-15 (1) -555 [kJ]，(2) 3.62 [L]

問題 6-16 (1) 668 [kJ]，(2) 33.6 [L]

問題 6-17 (1) (b)，(2) 2310 [J]，(3) $NaOH(固) + aq \longrightarrow NaOHaq$　　$\Delta H = -46.2\,kJ$

問題 6-18 $5×① - ③ + 4×② = -130$ [kJ]

問題 6-19　②−①+3×③ ＝ −251 [kJ]

問題 6-20　−945 [kJ]

問題 6-21　−278 [kJ]

問題 6-22　−92.5 [kJ]

問題 6-23　−54 [kJ]

問題 6-24　−6 [kJ]

問題 6-25　(1) メタンの燃焼エンタルピー，(2) 891 [kJ]

問題 6-26　(1) ○，(2) ×，(3) ○，(4) ×，(5) ○，(6) ○，(7) ×

問題 6-27　(1) 変化した水素のモル濃度：2.5 [mol/L]，変化したヨウ化水素のモル濃度：5.0 [mol/L]，
　　　　　　(2) 水素からみた反応速度：0.1 [mol/L·s]，ヨウ化水素からみた反応速度：0.2 [mol/L·s]

問題 6-28　(1) (b)，(2) (a)+(b)，(3) 発熱反応，(4) (c)，(5) (a)+(b)+(c)，(6) (b)+(c)

問題 6-29　(1) $v = k[A][B]^2$，(2) 8 倍，(3) 1.6 [mol/L·s]，(4) 3 次

問題 6-30　(1) $v = k[A]^2[B]$，(2) 30，(3) 3.24 [mol/(l·s)]

問題 6-31　(1) 表面積，(2) 触媒，(3) 濃度，(4) 光，(5) 温度

問題 6-32　(1) $2N_2O_5 \longrightarrow 4NO_2 + O_2$，(2) (a) 0.06 [mol/L]，(b) 2.54，
　　　　　　(3) 分解反応速度1.2 × 10⁻³ [mol/L·s]，速度定数 4.12 × 10⁻⁴ [1/s]

問題 6-33　(1) $[CH_3COOH] = 1.8$ [mol/L]，$[C_2H_5OH] = 0.8$ [mol/L]，(2) $K = 1.0$，(3) 1.5 [mol/L]

問題 6-34　(1) $[N_2] = 0.2$ [mol/L]，$[H_2] = 0.4$ [mol/L]，$[NH_3] = 0.2$ [mol/L]，(2) $K = 3.125$ [L²/mol²]

問題 6-35　5.5 [mol]

問題 6-36　(1) 右向き，(2) 左向き，(3) 右向き

問題 6-37　(1) 温度を上げる，圧力を上げる，O_2 を加える，O_3 を抜き取る
　　　　　　(2) 温度を下げる，$CO \cdot H_2O$ を加える，$CO_2 \cdot H_2$ を抜き取る
　　　　　　(3) 温度を上げる，圧力を下げる，H_2O を加える，$CO \cdot H_2$ を抜き取る

問題 6-38　(1) $K_p = \dfrac{p_{SO_3}^{\ 3}}{p_{SO_2}^{\ 2} \cdot p_{O_2}}$，(2) 49，

　　　　　　(3) 平衡時の各濃度を c_A，c_B，c_C，c_D，とすると平衡定数 K は

$$K = \frac{c_C{}^c \cdot c_D{}^d}{c_A{}^a \cdot c_B{}^b} \qquad \text{また気体の状態方程式 } c = \frac{p}{RT} \text{ より}$$

$$K = \frac{\left[\dfrac{p_C}{RT}\right]^c \cdot \left[\dfrac{p_D}{RT}\right]^d}{\left[\dfrac{p_A}{RT}\right]^a \cdot \left[\dfrac{p_B}{RT}\right]^b} = \frac{p_C{}^c p_D{}^d}{p_A{}^a p_B{}^b} \times RT^{(a+b)-(c+d)}$$

　　　　　　よって，$K = K_p \times (RT)^{(a+b)-(c+d)}$

演 習 問 題

【 1 】　(1) (a) $S + O_2 \longrightarrow SO_2$，(b) $2SO_2 + O_2 \longrightarrow 2SO_3$，(c) $SO_3 + H_2O \longrightarrow H_2SO_4$，(2) 48.0 [g]，
　　　　(3) 11.2 [L]，(4) 245 [g]，(5) $2NO + O_2 \longrightarrow 2NO_2$，$NO_2 + H_2O \longrightarrow HNO_3 + NO$

【 2 】　(1) $2C(黒鉛) + H_2(気) \longrightarrow C_2H_2(気)$　　　$\Delta H = 228\,kJ$
　　　　(2) $C_6H_{12}O_6(固) + 6O_2(気) \longrightarrow 6CO_2(気) + 6H_2O(液)$　　　$\Delta H = -2820\,kJ$
　　　　(3) $C(黒鉛) \longrightarrow C(ダイヤモンド)$　　　$\Delta H = 2\,kJ$

【 3 】　(1) 水素：0.12 [mol/L·s]，窒素：0.040 [mol/L·s]，
　　　　(2) 0.15 [L²/mol²]，(3) $a = 2x \pm x^2$（ただし，$a > x$）

7 酸と塩基

7.1 酸・塩基の定義

アレニウスの定義
酸：水溶液中で**水素イオン H⁺（オキソニウムイオン H₃O⁺）**を電離する物質
塩　基：水溶液中で**水酸化物イオン OH⁻** を電離する物質
ブレンステッドの定義
酸：水素イオンを放出する物質，塩基：水素イオンを受け取る物質

例題と解き方

【例題 7-1】アレニウスの定義
以下の反応において，下線を引いた物質は，酸か塩基か.

(1) $\underline{HCl} \longrightarrow H^+ + Cl^-$ (2) $\underline{HNO_3} \longrightarrow H^+ + NO_3^-$

(3) $\underline{H_2S} \longrightarrow 2H^+ + S^{2-}$ (4) $\underline{NH_3} + H_2O \longrightarrow NH_4^+ + OH^-$

(5) $\underline{KOH} \longrightarrow K^+ + OH^-$ (6) $\underline{Cu(OH)_2} \longrightarrow Cu^{2+} + 2OH^-$

➡電離後（右辺）の陽イオンが，H⁺(H₃O⁺)である物質は酸，電離後（右辺）の陰イオンが OH⁻ である物質は塩基である.

答 (1) 酸, (2) 酸, (3) 酸, (4) 塩基, (5) 塩基, (6) 塩基

【例題 7-2】ブレンステッドの定義
以下の反応において，水 H_2O は，酸か塩基か.

(1) $HCl + H_2O \longrightarrow H_3O^+ + Cl^-$ (2) $NH_3 + H_2O \longrightarrow NH_4^+ + OH^-$

➡ブレンステッドの定義で考えてみる.

(1) $HCl + H_2O \longrightarrow H_3O^+ + Cl^-$ (2) $NH_3 + H_2O \longrightarrow NH_4^+ + OH^-$

H^+ H^+

(1) H_2O は HCl から H^+ を受け取って H_3O^+ になっている.

(2) H_2O は NH_3 に H^+ を与えて OH^- になっている.

答　(1) 塩基, (2) 酸

問題 7-1

次の(1)〜(12)の各物質の1 [mol] が水中で完全に電離したときの様子をイオン反応式で表せ (オキソニウムイオン H_3O^+ は水素イオン H^+ として表してよい).

(1) 硝酸　　　　　　　　　　HNO_3

(2) 酢酸　　　　　　　　　　CH_3COOH

(3) 硫酸　　　　　　　　　　H_2SO_4

(4) 硫化水素　　　　　　　　H_2S

(5) シュウ酸　　　　　　　　$H_2C_2O_4$

(6) リン酸　　　　　　　　　H_3PO_4

(7) アンモニア　　　　　　　NH_3

(8) 水酸化ナトリウム　　　　$NaOH$

(9) 水酸化カルシウム　　　　$Ca(OH)_2$

(10) 水酸化マグネシウム　　　$Mg(OH)_2$

(11) 水酸化銅(II)　　　　　　$Cu(OH)_2$

(12) 水酸化鉄(III)　　　　　　$Fe(OH)_3$

ヒント：(1)〜(6)は酸, (7)〜(12)は塩基である.

問題 7-2

次の反応において, 下線をつけた物質またはイオンは酸・塩基のいずれとして働いているか. ブレンステッドの定義から考えて答えよ.

(1) CH_3COOH + $\underline{OH^-}$ ⟶ CH_3COO^- + H_2O

(2) $\underline{HSO_4^-}$ + H_2O ⟶ SO_4^{2-} + H_3O^+

(3) HNO_3 + $\underline{H_2O}$ ⟶ NO_3^- + H_3O^+

(4) KOH + $\underline{HCl}$ ⟶ KCl + H_2O

(5) $\underline{CO_3^{2-}}$ + H_2O ⟶ HCO_3^- + OH^-

(6) $2\underline{NH_3}$ + H_2SO_4 ⟶ $(NH_4)_2SO_4$

(7) CN^- + $\underline{H_2O}$ ⟶ HCN + OH^-

ヒント：H^+ の移動する方向を考える. ブレンステッドの定義では, H^+ を放出する物質が酸, H^+ を受け取る物質が塩基である.

7.2 酸・塩基の価数と強さ

酸・塩基の価数 酸（塩基）が水溶液中で完全に電離すると仮定したとき，酸（塩基）1 [mol] から放出される H^+（OH^-）の物質量の数値を，酸（塩基）の**価数**という．すなわち，酸または塩基の完全電離を表したイオン反応式で，酸の係数1に対して電離によって生じる H^+ の係数が酸の価数であり，塩基の係数1に対して電離によって生じる OH^- の係数が塩基の価数である．

2価以上の酸（塩基）は段階的に電離する．例えば，リン酸は次の式①〜③の3段階で電離するが，完全に電離した場合を1つの式にまとめる（①＋②＋③）と式④となる．式④より，リン酸は3価の酸である．

$$H_3PO_4 \longrightarrow H^+ + H_2PO_4^- \quad\quad \cdots\cdots①$$
$$H_2PO_4^- \longrightarrow H^+ + HPO_4^{2-} \quad\quad \cdots\cdots②$$
$$+\ )\ HPO_4^{2-} \longrightarrow H^+ + PO_4^{3-} \quad\quad \cdots\cdots③$$
$$H_3PO_4 \longrightarrow 3H^+ + PO_4^{3-} \quad\quad \cdots\cdots④$$

電離度と酸・塩基の強さ 同じモル濃度で異なる酸の水溶液を比較したとき，その中に H^+ イオンをより多く含むほうがより強い酸である．同様に OH^- イオンをより多く含むほうがより強い塩基である．酸や塩基の強さは，その電離の割合（電離度）によって決まる．1価の酸（塩基）の電離度（α）は次式で表される．

$$\alpha = \frac{電離した酸（塩基）の物質量}{溶かした酸（塩基）の物質量} \quad 0 \leq \alpha \leq 1$$

電離度（α）が1に近い酸（塩基）は強酸（強塩基）である．代表的な酸（塩基）の強弱については覚えておくとよい．

強酸（塩基）$\alpha \fallingdotseq 1$　　弱酸（塩基）$\alpha \ll 1$

	1価	2価	3価
強酸	HCl, HNO$_3$	H$_2$SO$_4$	
弱酸	CH$_3$COOH	H$_2$C$_2$O$_4$, H$_2$S	H$_3$PO$_4$
強塩基	NaOH, KOH	Ca(OH)$_2$, Ba(OH)$_2$	
弱塩基	NH$_3$	Cu(OH)$_2$	Fe(OH)$_3$

例題と解き方

【例題 7-3】酸・塩基の価数
次の酸または塩基の価数を答えよ．
(1) 亜硝酸（HNO$_2$）　　　(2) アンモニア（NH$_3$）

➡電離式を書いてみて，1個（mol）の酸あるいは塩基から何個（mol）の H^+ あるいは OH^- が生じているかを調べるとわかる．

(1) $HNO_2 \longrightarrow H^+ + NO_2^-$
　　1 [mol] の HNO_2 から 1 [mol] の H^+ を生じている.

(2) $NH_3 + H_2O \longrightarrow NH_4^+ + OH^-$
　　1 [mol] の NH_3 から 1 [mol] の OH^- を生じている.

答　(1) 1 価の酸, (2) 1 価の塩基

【例題 7-4】 酸の電離度と水素イオンの関係

0.10 [mol/L] の酢酸水溶液における酢酸 (CH_3COOH) の電離度 (α) は 0.013 である. この水溶液 1.0 [L] 中に酢酸, 酢酸イオン (CH_3COO^-), 水素イオン (H^+) はそれぞれ何 [mol] 存在するか.

> ➡溶かした酢酸の物質量と電離度 (α) の関係から考える.

濃度が 0.10 [mol/L] で, 体積が 1.0 [L] であるから, 溶かした CH_3COOH の物質量は 0.10 [mol] である. いま, 電離した CH_3COOH の物質量を x [mol] とすると,

$$\alpha = \frac{x}{0.10} = 0.013$$

よって電離した酢酸の物質量 x は,

$$x = 0.1 \times 0.013 = 1.3 \times 10^{-3} \text{ [mol]}$$

よって, 酢酸の電離式 ($CH_3COOH \rightarrow H^+ + CH_3COO^-$) からわかるように電離した酢酸と同じ物質量の水素イオンと酢酸イオンが生じる.
電離しないで残っている酢酸は, 0.10 [mol] -1.3×10^{-3} [mol]

答　酢酸 : 9.9×10^{-2} [mol], 水素イオン : 1.3×10^{-3} [mol], 酢酸イオン : 1.3×10^{-3} [mol]

【例題 7-5】 多価の酸と水素イオンの関係

1.0×10^{-3} [mol/L] の硫酸水溶液における水素イオン濃度を求めよ. この濃度における硫酸の電離度 (α) は 1 とする.

> ➡硫酸の電離式, $H_2SO_4 \rightarrow 2H^+ + SO_4^{2-}$ ($\alpha=1$) から硫酸水溶液の濃度の 2 倍の水素イオン濃度となることがわかる.

この考え方が適用されるのは硫酸の濃度がおよそ 1.0×10^{-3} [mol/L] 以下のときである. 2 価の酸である硫酸が電離するとき, 1 段目の電離はほぼ完全に進むが, 2 段目は硫酸濃度が大きい領域ではごく一部しか電離しないためである

　　$H_2SO_4 \longrightarrow H^+ + HSO_4^-$ ……①　　　$HSO_4^- \longrightarrow H^+ + SO_4^{2-}$ ……②

しかしこのような問題では完全に電離するとして差し支えない.

答　2.0×10^{-3} [mol/L]

問題 7-3

0.010 [mol/L] の酢酸水溶液中の水素イオン濃度は 4.1×10^{-4} [mol/L] であり, 同じ濃度の塩酸中の水素イオン濃度は 1.0×10^{-2} [mol/L] であった. 0.010 [mol/L] における CH_3COOH と HCl の電離度を求めよ.

> ：CH_3COOH と HCl は, ともに 1 価の酸である.

問題 7-4

電離度は同じ電解質でも濃度によって異なる．右表にいくつかの濃度における NH_3 の電離度を示す（25 [℃]）．いま，1 [mol/L] NH_3 水溶液を水で 1000 倍に希釈すると，OH^- の濃度は 1 [mol/L] NH_3 水溶液のおよそ何分の 1 になるか．

濃度 [mol/L]	電離度
1	0.004
0.1	0.013
0.01	0.043
0.001	0.136

ヒント：NH_3 は 1 価の塩基である

問題 7-5

酢酸の水中での電離は，$CH_3COOH \rightleftarrows H^+ + CH_3COO^-$ と左右双方向の矢印を用いて表すことが多い．弱電解質（弱酸や弱塩基など）の電離は，しばしばこのような双方向の矢印を用いて表される．以下の物質から弱酸または弱塩基を選び，その電離を可逆反応の矢印を用いて表せ．

$$NaOH, \quad H_2C_2O_4, \quad H_3PO_4, \quad H_2SO_4, \quad Ba(OH)_2, \quad Fe(OH)_3$$

ヒント：強電解質（強酸や強塩基など）はほぼ完全に左から右に向かって電離するので→で結ぶ．

7.3 水のイオン積

水のイオン積 水溶液中には，常に水素イオン（H^+）と水酸化物イオン（OH^-）が共存しており，水素イオン濃度（$[H^+]$）と水酸化物イオン濃度（$[OH^-]$）の積は 25 [℃] のもとでは，常に 1.0×10^{-14} [mol²/L²] となっている．この関係は**水のイオン積**（K_w）とよばれ，すべての水溶液で成り立つ．

$$K_w = [H^+] \cdot [OH^-] = 1.0 \times 10^{-14} \, [\text{mol}^2/\text{L}^2] \, (25℃)$$

純水はごくわずかに電離（$H_2O \rightleftarrows H^+ + OH^-$）しており，$[H^+]$ と $[OH^-]$ は互いに等しいから，$[H^+] = [OH^-] = 1.0 \times 10^{-7}$ [mol/L]（25 [℃]）である．水溶液の性質と $[H^+]$ や $[OH^-]$ の関係は次のように説明できる．

酸性：$[H^+] > 1.0 \times 10^{-7}$ [mol/L] $> [OH^-]$

中性：$[H^+] = 1.0 \times 10^{-7}$ [mol/L] $= [OH^-]$

塩基性：$[H^+] < 1.0 \times 10^{-7}$ [mol/L] $< [OH^-]$

*記号 [ ] はモル濃度 [mol/L] を表す．$[H^+]$ は「水素イオン濃度」，$[OH^-]$ は「水酸化物イオン濃度」と読む．

例題と解き方

【例題 7-6】水のイオン積

25〔℃〕で，水素イオン濃度（[H$^+$]）が $2.5×10^{-3}$〔mol/L〕の溶液は酸性か，塩基性か．また，水酸化物イオン濃度（[OH$^-$]）は何〔mol/L〕か．

➡ 中性のときの水素イオン濃度（$1.0×10^{-7}$〔mol/L〕）と比較すればよい．

$$2.5×10^{-3}\text{〔mol/L〕}>1.0×10^{-7}\text{〔mol/L〕}$$

➡ $K_w=$[H$^+$]·[OH$^-$]$=1.0×10^{-14}$〔mol^2/L^2〕を用いる．

[H$^+$]·[OH$^-$]$=1.0×10^{-14}$〔mol^2/L^2〕より，

$$[\text{OH}^-]=\frac{1.0×10^{-14}}{[\text{H}^+]}=\frac{1.0×10^{-14}}{2.5×10^{-3}}$$

答　酸性，[OH$^-$]$=4.0×10^{-12}$〔mol/L〕

【例題 7-7】酸と塩基の水溶液の [H$^+$]

次の水溶液の [H$^+$]〔mol/L〕を答えよ．ただし温度は 25〔℃〕とする．

(1) 0.10〔mol/L〕の 1 価の強酸（$\alpha=1.0$）水溶液
(2) 0.10〔mol/L〕の 1 価の弱酸（$\alpha=0.013$）水溶液
(3) 0.10〔mol/L〕の 2 価の強酸（$\alpha=1.0$）水溶液
(4) 0.10〔mol/L〕の 1 価の弱塩基（$\alpha=0.013$）水溶液

➡ 酸の水溶液中の [H$^+$]〔mol/L〕は，（酸の濃度）×（酸の価数）×（電離度）で求められる．

(1) [H$^+$]$=0.10×1×1.0=0.10$〔mol/L〕
(2) [H$^+$]$=0.10×1×0.013=1.3×10^{-3}$〔mol/L〕

➡ 2 価以上の多価の酸の場合は，多段階で電離するので複雑であるが，強酸の場合は (1) (2) と同様に求めればよい．

(3) [H$^+$]$=0.10×2×1.0=0.20$〔mol/L〕

➡ 塩基の水溶液の場合は，まず [OH$^-$] を求め，その後，水のイオン積の関係を用いて [H$^+$] を求める．

(4) [OH$^-$]$=0.10×1×0.013=1.3×10^{-3}$〔mol/L〕
　　[H$^+$]·[OH$^-$]$=1.0×10^{-14}$〔mol^2/L^2〕より，

$$[\text{H}^+]=\frac{1.0×10^{-14}}{[\text{OH}^-]}=\frac{1.0×10^{-14}}{1.3×10^{-3}}=7.7×10^{-12}$$

答　(1) 0.10〔mol/L〕，(2) $1.3×10^{-3}$〔mol/L〕，(3) 0.20〔mol/L〕，(4) $7.7×10^{-12}$〔mol/L〕

問題 7-6

次の問いに答えよ. ただし, 希釈によっても電離度は変わらないものとする.

(1) 0.10 [mol/L] の HCl 水溶液を 10 倍に希釈すると [H$^+$] は何倍になるか. ただし HCl の電離は次のとおりである：HCl $\longrightarrow$ H$^+$ + Cl$^-$.

(2) 0.10 [mol/L] の NaOH 水溶液を 10 倍に希釈すると [H$^+$] は何倍になるか. ただし, NaOH の電離は次のとおりである：NaOH $\longrightarrow$ Na$^+$ + OH$^-$.

(3) 0.10 [mol/L] の Ca(OH)$_2$ 水溶液を 10 倍に希釈すると [H$^+$] は何倍になるか. ただし Ca(OH)$_2$ の電離は次のとおりである：Ca(OH)$_2$ $\longrightarrow$ Ca^{2+} + 2OH$^-$.

ヒント：酸の溶液と塩基の溶液の違いに注意する.

7.4 水素イオン濃度と pH

水素イオン指数 (pH) と酸・塩基　　水溶液中の酸性の強さは水素イオン濃度 ([H$^+$]) によって決まる. しかし, [H$^+$] は十数桁の非常に広い濃度範囲で変わるため, 直接, [H$^+$] で表すのは不便である. そこで, 簡単な数値で表すために pH の考え方が導入された. pH は, **水素イオン指数**とも呼ばれる. pH の定義を次式に示す.

$$[H^+] = a \, [mol/L] \text{ のとき, } pH = \log\left(\frac{1}{a}\right) = -\log a$$

[H$^+$] が 1.0×10^{-n} [mol/L] ならば, pH は n となる. つまり, [H$^+$] が $1.0 \sim 1.0 \times 10^{-14}$ [mol/L] の濃度範囲を, pH では $0 \sim 14$ の数値で表せる.

	[H$^+$] [mol/L]	[OH$^-$] [mol/L]	pH
酸性溶液	$>10^{-7}$	$<10^{-7}$	<7
中性溶液	10^{-7}	10^{-7}	7
塩基性溶液	$<10^{-7}$	$>10^{-7}$	>7

例題と解き方

【例題 7-8】[H$^+$] と [OH$^-$] と pH の関係

(1) [H$^+$] $= 1.0 \times 10^{-3}$ [mol/L] の水溶液の pH を求めよ.

(2) [OH$^-$] $= 1.0 \times 10^{-3}$ [mol/L] の水溶液の pH を求めよ.

➡ [H$^+$] がわかっている場合は, 直接 pH の定義の式に代入すればよい. また [OH$^-$] が分っている場合は, 水のイオン積 (K_w) を用いて [H$^+$] を求め, pH の定義の式に代入すればよい.

(1) pH $= -\log (1.0 \times 10^{-3})$

(2) $K_w = [H^+]\cdot[OH^-] = 1.0 \times 10^{-14}$ [mol^2/L^2] に [OH$^-$] $= 1.0 \times 10^{-3}$ mol/L を代入し, 求めた [H$^+$] から pH にする.

【別解】pH の考え方を K_w と $[OH^-]$ に適用してみると，

$pK_w = -\log([H^+] \cdot [OH^-]) = -\log[H^+] - \log[OH^-] = pH + pOH$

よって，$pK_w = 14$，$pOH = 3$ となるから，$pH = 14 - 3 = 11$.

答　(1) pH3，(2) pH11

【例題 7-9】弱酸の電離度

0.050 $[mol/L]$ の酢酸（CH_3COOH）水溶液の pH は 3.0 であった．この濃度における酢酸の電離度 α を求めよ．

➡pH が 3.0 のとき，$[H^+] = 1.0 \times 10^{-3}$ $[mol/L]$ である．酢酸は電離式でわかるように 1 価の酸であるから，$[H^+]$ は電離した酢酸の濃度と等しい．

$$CH_3COOH \rightleftharpoons CH_3COO^- + H^+$$

したがって電離度（α）は，

$$\alpha = \frac{1.0 \times 10^{-3}}{0.050}$$

答　0.020

問題 7-7

次の(1)～(5)の各水溶液の pH を答えよ．ただし，温度は 25 $[℃]$ とする．

(1) 0.010 $[mol/L]$ の塩酸

(2) 0.0050 $[mol/L]$ の硫酸水溶液

(3) 0.010 $[mol/L]$ の水酸化ナトリウム水溶液

(4) 0.10 $[mol/L]$ の酢酸水溶液（$\alpha = 0.010$）

(5) 0.10 $[mol/L]$ のアンモニア水（$\alpha = 0.010$）

ヒント：酸の水溶液の $[H^+]$ は，（酸の濃度）×（価数）×（電離度）で求められる．

問題 7-8

酸性または塩基性の(1)と(2)の各水溶液を次のように希釈したときの pH を答えよ．

(1) pH 3 の水溶液を純水で 100 倍に希釈したとき

(2) pH 11 の水溶液を純水で 100 倍に希釈したとき

ヒント：$[H^+]$ はどのように変化するだろうか．

考えてみよう：pH 5 の水溶液を 1,000 倍に希釈しても pH は 7 を超えることはない．なぜか．

問題 7-9

0.050 $[mol]$ のアンモニアを水に溶かして 1.0 $[L]$ にした溶液がある．この溶液中の $[H^+]$ および pH を求めよ．ただし，この濃度におけるアンモニアの α は 0.020 とする．

ヒント：求める手順は，アンモニアのモル濃度 → $[OH^-]$ → $[H^+]$ → pH である．

問題 7-10

$[H^+] = 2.0 \times 10^{-2}$ $[mol/L]$ の水溶液の pH を求めよ．

ヒント：$\log(a \times 10^n) = \log a + \log 10^n = \log a + n$ であり，$\log 2 = 0.30$ である．

7.5 中和反応と塩

中和と塩　酸と塩基の反応を**中和**（反応）という．中和するとき，酸から放出された水素イオン（H^+）と塩基から放出された水酸化物イオン（OH^-）により水が生じ，同時に酸の陰イオンは塩基の陽イオンと結合し**塩**をつくる．例えば，塩酸と水酸化ナトリウム水溶液を混ぜると，中和は次のように進む．

$$HCl + NaOH \longrightarrow NaCl + H_2O$$
　　　　（酸）　　（塩基）　　　（塩）　　（水）

H^+ と OH^- は1：1の物質量比で H_2O になるので，中和は酸が出す H^+ と塩基が出す OH^- が等しくなった時点で終わる．酸（塩基）が出す H^+（OH^-）はその価数によって異なるので，中和するときの酸・塩基の量的関係はその価数によって変わる．

例題と解き方

【例題 7-10】中和反応式

硫酸水溶液と水酸化ナトリウム水溶液が過不足なく中和するときの化学反応式を書け．

➡ 硫酸は2価の酸，水酸化ナトリウムは1価の塩基であることに注意し，水素イオン（H^+）と水酸化物イオン（OH^-）が同じ数になるようにする．

硫酸，水酸化ナトリウムは水中で次のように電離する．

$$H_2SO_4 \longrightarrow 2H^+ + SO_4^{2-} \cdots\cdots ① \qquad NaOH \longrightarrow Na^+ + OH^- \cdots\cdots ②$$

ちょうど水ができるためには，H_2SO_4 の1 [mol] に対し，NaOH は2 [mol] 必要であるから，①式＋②式×2によって，右辺の H^+ と OH^- から H_2O をつくり，残った陽イオンと陰イオンを結合させる．

$$
\begin{aligned}
H_2SO_4 &\longrightarrow SO_4^{2-} + 2H^+ &\cdots\cdots① \\
+\ )\quad 2NaOH &\longrightarrow 2Na^+ + 2OH^- &\cdots\cdots②\times2 \\
\hline
H_2SO_4 + 2NaOH &\longrightarrow Na_2SO_4 + 2H_2O
\end{aligned}
$$

答　$H_2SO_4 + 2NaOH \longrightarrow Na_2SO_4 + 2H_2O$

問題 7-11

次の(1)～(8)の各酸と塩基の水溶液が完全に中和したときの化学反応式を書け．

(1) 硝酸と水酸化カリウム　　　　(2) 酢酸と水酸化ナトリウム
(3) 硫酸とアンモニア　　　　　　(4) 塩化水素と水酸化カルシウム
(5) 硝酸と水酸化鉄(III)　　　　　(6) シュウ酸と水酸化バリウム
(7) リン酸と水酸化ナトリウム　　(8) 硫化水素とアンモニア

ヒント：(2) 酢酸やギ酸の場合は陰イオンのイオン式を先に書く．(3)(8) アンモニアが酸と中和するときは，NH_3 が H^+ を受け取って NH_4^+ となる．

【例題 7-11】塩を構成する中和反応

硫酸水素ナトリウム（$NaHSO_4$）が，酸と塩基の中和によってできるときの化学反応式を書け.

➡硫酸水素ナトリウムのナトリウムイオンは，塩基 $NaOH$ の電離によって生じる陽イオンである. 他方，硫酸水素イオンは，2価の酸 H_2SO_4 の1段階目の電離によって生じる陰イオンである.

$NaOH$ の電離と H_2SO_4 の1段階目の電離は式①と式②のとおりである.

$$NaOH \longrightarrow Na^+ + OH^- \cdots\cdots①\qquad H_2SO_4 \longrightarrow H^+ + HSO_4^- \cdots\cdots②$$

したがって，このときの中和反応式は，①式＋②式となる.

この例のように，多価（2価以上）の酸または塩基は多段階で電離するので，完全に中和するまでに多段階の塩の生成過程がある.

答　$H_2SO_4 + NaOH \longrightarrow NaHSO_4 + H_2O$

参考　このとき生じた HSO_4^- は $HSO_4^- \rightarrow H^+ + SO_4^{2-}$ のように電離して H^+ を生じるから，さらに同じ物質量の $NaOH$ と反応することができる.

$$NaHSO_4 + NaOH \longrightarrow Na_2SO_4 + H_2O$$

問題 7-12

次の塩が酸と塩基の中和によってできるときの化学反応式を書け.

(1) 炭酸水素ナトリウム　　　　　　　$NaHCO_3$
(2) 炭酸ナトリウム　　　　　　　　　Na_2CO_3
(3) リン酸二水素カリウム　　　　　　KH_2PO_4
(4) リン酸水素二カリウム　　　　　　K_2HPO_4
(5) リン酸水素カリウム　　　　　　　K_3PO_4

ヒント：炭酸とリン酸の多段階の電離を考えよう.

塩の加水分解　　シアン化カリウム（KCN）の水溶液は塩基性を示すが，この理由を考えてみよう. この塩は強電解質で，水中ではほぼ完全に電離する.

$$KCN水溶液の場合：KCN \longrightarrow K^+ + CN^-$$

生じた K^+ は強塩基である KOH の陽イオンであるが，CN^- は弱酸である HCN の陰イオンであるため水から電離したわずかな H^+ と結合して HCN に戻る.

$$H_2O \rightleftharpoons H^+ + OH^-$$
$$\downarrow$$
$$H^+ + CN^- \rightleftharpoons HCN$$

この結果 H^+ は消費されるが，同時に生じた OH^- は K^+ と結合しないまま水中に残るため水溶液は塩基性を示すことになる. 以上は，弱酸と強塩基による塩の例であるが，塩化アンモニウム（NH_4Cl）のような強酸と弱塩基の場合も同様に考えられる. 塩の一部が水と反応してもとの弱酸や弱塩基に戻ることを**塩の加水分解**という. 強酸と強塩基による塩の水溶液は加水分解をしないためほぼ中性を示す. 強酸と弱塩基による塩の水溶液は酸性，弱酸と強塩基による塩の水溶液は塩基性を示す.

【例題 7−12】加水分解による溶液の液性

次の塩の水溶液は水溶液中で酸性，中性，塩基性のいずれを示すか．

(1) 酢酸ナトリウム　　　　　　　(2) 硝酸銅(II)

➡塩を構成するもとの酸および塩基の強弱から，強い方の液性になる．

(1) CH_3COOH（弱酸）と $NaOH$（強塩基）による塩

(2) HNO_3（硝酸）と $Cu(OH)_2$（弱塩基）による塩

答　(1) 塩基性，(2) 酸性

問題 7−13

次の(1)〜(6)の各塩の水溶液は酸性，中性，塩基性のいずれを示すか．

(1) 硫酸ナトリウム　　　　　　(2) 塩化鉄(III)

(3) 硝酸カルシウム　　　　　　(4) 炭酸水素ナトリウム

(5) 塩化アンモニウム　　　　　(6) 酢酸バリウム

【例題 7−13】加水分解の反応

シアン化カリウム水溶液が塩基性になる理由を反応式を書いて説明せよ．

➡弱酸を形成する陰イオンは，水から電離してくる H^+ と反応し，もとの弱酸に戻る．

$H_2O \rightleftarrows H^+ + OH^-$ により生成した H^+ が CN^- と反応して，もとの弱酸である HCN にもどる（$H^+ + CN^- \rightleftarrows HCN$）．この2つの反応式を考えればよい．

答　$CN^- + H_2O \rightleftarrows HCN + OH^-$，となり OH^- が生成するので塩基性になる．

問題 7−14

酢酸ナトリウム水溶液が塩基性を示す理由を反応式を書いて説明せよ．

ヒント：酢酸ナトリウムは弱酸である CH_3COOH と $NaOH$ による塩である．

7.6　中和反応の量的関係（中和滴定）

中和の公式　中和といえども化学反応であるから，量的な考え方は通常の化学反応式と基本的には同じである．酸と塩基は，その中和を化学反応式で表したときの酸・塩基の係数比と同じ物質量比で過不足なく中和する（酸が出した H^+ と塩基が出した OH^- の物質量が等しくなったところで過不足なく中和する）．

いま，n 価の酸の濃度を C [mol/L]，体積を V [L] とすると，酸が放出する H^+ の物質量は，

$$nCV \ [\text{mol}]$$

同様に，n' 価の塩基の濃度 C' [mol/L]，体積を V' [L] とすると，塩基が放出する OH⁻ の物質量は，

$$n'C'V' \ [\text{mol}]$$

である．これらの溶液がちょうど中和するためには次式の関係が成立しているはずである．

$$\boxed{nCV = n'C'V'}$$

これを，**中和の公式**ということがある．これは，中和反応において酸と塩基の価数，濃度，滴定量や被滴定量の関係を結ぶ関係式である．

例題と解き方

【例題 7-14】酢酸と水酸化ナトリウムの中和

(1) 0.50 [mol] の酢酸（CH_3COOH）と中和する水酸化ナトリウム（NaOH）は何 [mol] か．

(2) 1.2 [mol/L] の酢酸水溶液 50 [mL] と中和する水酸化ナトリウムは何 [mol] か．

(3) 1.2 [mol/L] の酢酸水溶液 50 [mL] と中和する水酸化ナトリウムは何 [g] か．

(4) 1.2 [mol/L] の酢酸水溶液 50 [mL] を中和するために 1.5 [mol/L] の水酸化ナトリウム水溶液は何 [mL] 必要か．

➡中和反応式を書いて，各物質の係数から量的関係（物質量比）を知る．

CH_3COOH と NaOH の中和反応式は次式のとおりである．

$$CH_3COOH + NaOH \longrightarrow CH_3COONa + H_2O$$

(1) CH_3COOH と NaOH の係数はない（ともに 1 ということ）ので酢酸の物質量と水酸化ナトリウムの物質量をそれぞれ CH_3COOH(mol) と NaOH(mol) とすると，CH_3COOH(mol)＝0.50 [mol] より，

$$CH_3COOH(\text{mol}) : NaOH(\text{mol}) = 1 : 1 = 0.50 \ [\text{mol}] : NaOH(\text{mol})$$

(2) 1.2 [mol/L] 酢酸水溶液 50 [ml] 中の CH_3COOH(mol) は，50 [mL] が 0.050 [L] ということを考慮すると，

$$CH_3COOH(\text{mol}) = 1.2 \times 0.050 = NaOH(\text{mol})$$

(3) NaOH の質量は，NaOH のモル質量が 40 [g/mol] であるので，

$$NaOH(\text{mol}) \times 40$$

(4) 中和の公式において，酢酸も水酸化ナトリウムも価数は 1 であるので，$CV = C'V'$ である．この場合，C=1.2，V=50，C'=1.5 であるから，

$$V' = \frac{CV}{C'} = \frac{1.2 \times 50}{1.5}$$

答　(1) 0.50 [mol]，(2) 6.0 × 10⁻² [mol]，(3) 2.4 [g]，(4) 40 [mL]

【例題 7-15】中和滴定（弱酸の強塩基による滴定）

未知濃度の水酸化ナトリウム水溶液の濃度を知るために次の実験を行った.

1) シュウ酸標準溶液の調製：シュウ酸二水和物（$(COOH)_2 \cdot 2H_2O$）4.095 [g] をはかり取り，250 [mL] のメスフラスコに移して水で定容とした.

2) このシュウ酸標準溶液の 25 [mL] をホールピペットで取り，コニカルビーカーに移して，未知濃度の水酸化ナトリウム水溶液で滴定したところ中和までに 27.9 [mL] を要した.

この中和滴定の実験について，以下の問いに答えよ.

(1) 調製したシュウ酸標準溶液のモル濃度 [mol/L] を求めよ.

(2) 水酸化ナトリウム水溶液のモル濃度 [mol/L] を求めよ.

(3) この滴定で用いる中和指示薬として適しているのは次のうちどれか.

　　フェノールフタレイン指示薬，メチルオレンジ指示薬，BTB 指示薬

ただし，**変色域**（色調が変化する pH の範囲）は下表のとおりである.

pH 指示薬	変色域
フェノールフタレイン指示薬	8.0〜9.8
メチルオレンジ指示薬	3.1〜4.4
BTB 指示薬	6.0〜7.6

➡中和の公式を用いて解けばよい. なお，弱酸と強塩基の中和であるから，中和点は塩基性側にある.

(1) $(COOH)_2 \cdot 2H_2O$ のモル質量は，126.0 [g/mol]，250 [mL] は 0.250 [L] だから，調製したシュウ酸標準溶液のモル濃度 C [mol/L] は，

$$C = \frac{\frac{4.095}{126.0}}{0.250} = 0.130$$

(2) $(COOH)_2$ は 2 価の酸，NaOH は 1 価の塩基，1 [L] ＝1000 [mL] に注意して，$n=2$，$C=0.130$，$V=25$，$n'=1$，$V'=27.9$ を中和の公式に代入して求めればよい.

$$C' = \frac{nCV}{n'V'} = \frac{2 \times 0.130 \times 25}{1 \times 27.9} = 0.233$$

(3) 塩基性側で変色するのはフェノールフタレイン指示薬である

答　(1) 0.130 [mol/L], (2) 0.233 [mol/L], (3) フェノールフタレイン指示薬

【例題 7-16】中和滴定（逆滴定）

ある乾燥空気中の二酸化炭素を分析するため，次の実験を行った.

(1) 標準状態で 10.0 [L] の乾燥空気を，0.0040 [mol/L] の水酸化バリウム（$Ba(OH)_2$）水溶液 100 [mL] 中に通し二酸化炭素を完全に吸収させた.

(2) 二酸化炭素吸収後の溶液をろ過し，過剰の水酸化バリウムを含むろ液 25 [mL] をホールピペットでコニカルビーカーに取って，0.0085 [mol/L] の塩酸で滴定したところ 18.5 [mL] を要した.

　　この結果から，この空気中に含まれる二酸化炭素の体積百分率を求めよ．ただし，CO_2 は $Ba(OH)_2$ と反応して水にほとんど溶解しない炭酸バリウム（$BaCO_3$）になる（次式）.

$$CO_2 + Ba(OH)_2 \longrightarrow BaCO_3 + H_2O$$

> ➡ CO_2 と $Ba(OH)_2$ の反応から，消費された $Ba(OH)_2$ の物質量 [mol] がわかれば，それは CO_2 の物質量 [mol] と等しい．消費された $Ba(OH)_2$ の物質量 [mol] は中和の公式から求めることができる.

HCl と $Ba(OH)_2$ の反応は次式のとおりである.

$$2HCl + Ba(OH)_2 \longrightarrow BaCl_2 + 2H_2O$$

$Ba(OH)_2$ は2価の塩基であり，HCl は1価の酸だから，$n=1$，$C=0.0085$，$V=18.5$，$n'=2$，$V'=25$ を中和の公式に代入すると，(2)のろ液中の $Ba(OH)_2$ の濃度 C' は，

$$C' = \frac{1 \times 0.0085 \times 18.0}{2 \times 25} = 0.00315$$

CO_2 を吸収させる前に 0.0040 [mol/L] であった $Ba(OH)_2$ の濃度が CO_2 吸収後 0.00315 [mol/L] になったことがわかる．最初の溶液が 100 [mL]＝0.1 [L] から，$(0.00400-0.00315) \times 0.100$ [mol] の $Ba(OH)_2$ が CO_2 と反応したことになる．CO_2 と $Ba(OH)_2$ は同じ物質量 [mol] で中和するので，10.0 [L] の乾燥空気中に含まれていた CO_2 の物質量 [mol] は，$(0.00400-0.00315) \times 0.100$ であるから，乾燥空気中に含まれていた CO_2 の体積百分率は，

$$\frac{(0.00400 - 0.00315) \times 0.100 \times 22.4}{10.0} \times 100 = 1.90 \times 10^{-2}$$

答　1.90×10^{-2} [%]

問題 7–15

次の中和に関する問いに答えよ.

(1) 0.50 [mol] の硫酸を完全に中和するとき水酸化カリウム（KOH）は何 [mol] が必要か.

(2) 1.2 [mol/L] の希硫酸 50 [mL] を完全に中和するとき必要な水酸化カリウムは何 [mol] か.

(3) 1.2 [mol/L] の酢酸水溶液 50 [mL] を完全に中和するとき 1.5 [mol/L] の水酸化カリウム水溶液は何 [mL] 必要か.

ヒント：硫酸は2価で，その他の酸と塩基はすべて1価である.

問題 7–16

食酢中の酢酸含有率を調べるため，次の実験を行った.

(1) 市販の食酢 10 [mL] をホールピペットでとり，100 [mL] のメスフラスコを用いて純水で正確に 10 倍に希釈した.

(2) この液 10 [mL] をホールピペットでとり，フェノールフタレイン指示薬を加えて，ビュレットから 0.100 [mol/L] の水酸化ナトリウム水溶液で滴定したところ，中和までに 7.30 [mL] を要した.

以上の結果から，食酢中の酢酸のモル濃度 [mol/L] と質量パーセント濃度 [%] を求めよ．ただし，食酢の密度は 1.00 [g/cm³] とする．

> ヒント：質量パーセント濃度の計算には，密度を用いて 10 [mL] の食酢の質量を求める．

問題 7-17

重油ボイラーからの排ガスに含まれる二酸化硫黄（SO_2）の濃度を調べるため以下の実験を行った．

1) 排ガス 50 [L] を過酸化水素（H_2O_2）水 100 [mL] に通じ，SO_2 を完全に硫酸にさせた（$SO_2 + H_2O_2 \rightarrow H_2SO_4$）．

2) この液にメチルレッド-メチレンブルー混合指示薬を加えて，ビュレットから 0.100 [mol/L] の水酸化ナトリウム水溶液で滴定したところ，中和までに 6.80 [mL] を要した．

以上の結果から次の問いに答えよ．

(1) 排ガス 50 [L] 中に含まれていた SO_2 の質量を求めよ．ただし，排ガス中には SO_2 以外に酸の濃度に影響する成分は含まれていないものとする．

(2) 排ガス中の SO_2 の濃度を体積百分率 [%] で表せ．ただし，1 [mol] の SO_2 の体積は 22.4 [L] として計算せよ．

> ヒント：中和滴定の反応式は次のとおりである：$H_2SO_4 + 2NaOH \rightarrow Na_2SO_4 + 2H_2O$.

7.7 電離平衡

電離平衡 電解質水溶液では，電解質と電離によって生じるイオンの間に存在する化学平衡を**電離平衡**という．例えば弱酸（HA）の水溶液中では，大部分が HA の分子のままで存在し，ごく一部が電離している（①式）．このとき，HA，H^+，A^- の量（濃度）がある一定の関係を保って共存した状態になっている．この釣り合いのとれた状態を電離平衡の状態という．電離平衡にあるとき，[HA] と [H^+]，[A^-] の間には②式の関係が成り立っている．このときの K は**電離定数**とよばれ，酸の種類と温度によって決まる定数である．弱塩基についてもまったく同じ様に考えることができる．

$$HA \rightleftharpoons H^+ + A^- \qquad \cdots\cdots ①$$

$$K = \frac{[H^+][A^-]}{[HA]} \qquad \cdots\cdots ②$$

例題と解き方

【例題 7-17】電離定数と電離度

酢酸の電離定数 2.8×10^{-5} [mol/L] を用いて 0.10 [mol/L] の酢酸水溶液の電離度（α）を求めよ．なお α は 1 に比べ無視できるほど小さいとする．

➡ 平衡時に電離していない電解質の割合は $1 - \alpha$ となる．また，酢酸濃度は 0.10 [mol/L] で 1 [L] を考える．

	CH₃COOH	⇌	H⁺	+	CH₃COO⁻
電離前	0.1 [mol/L]		0 [mol/L]		0 [mol/L]
電離平衡時	$0.1(1-\alpha)$ [mol/L]		0.1α [mol/L]		0.1α [mol/L]

平衡時の各成分の濃度を②式に代入すると，

$$K = \frac{[\text{H}^+][\text{CH}_3\text{COO}^-]}{[\text{CH}_3\text{COOH}]} = \frac{0.10\alpha \times 0.10\alpha}{0.10(1-\alpha)} = \frac{0.10\alpha^2}{1-\alpha} = 2.8 \times 10^{-5}$$

α は 1 に対して非常に小さいと予想されるので，$1 - \alpha \fallingdotseq 1$ と近似すると，

$$\alpha = \sqrt{\frac{2.8 \times 10^{-5}}{0.10}} = \sqrt{2.8 \times 10^{-4}} = 0.017$$

答　0.017

【例題 7-18】弱塩基の電離度・電離定数と水酸化物イオン濃度

濃度 C [mol/L] のアンモニア水におけるアンモニアの電離度 α を，電離定数 K および濃度 C を用いて表せ．また，この水溶液中の $[\text{OH}^-]$ を，K および C を用いて表せ．なお α は 1 に比べて無視できるほど小さいとする．

➡ 【例題 7-17】とまったく同じ考え方で導出すればよい．

	NH₃ + H₂O	⇌	NH₄⁺	+	OH⁻
電離前	C [mol/L]		0 [mol/L]		0 [mol/L]
電離平衡時	$C(1-\alpha)$ [mol/L]		$C\alpha$ [mol/L]		$C\alpha$ [mol/L]

平衡時の各成分の濃度から，②式と同様に塩基の場合も，

$$K = \frac{[\text{NH}_4^+][\text{OH}^-]}{[\text{NH}_3]} = \frac{C\alpha \times C\alpha}{C(1-\alpha)} = \frac{C\alpha^2}{1-\alpha}$$

電離度は 1 に対して非常に小さいと予想されるので，$1 - \alpha \fallingdotseq 1$ として，

$$\alpha = \sqrt{\frac{K}{C}}$$

これを $[\text{OH}^-] = C\alpha$ の α に代入して，

$$[\text{OH}^-] = \sqrt{CK}$$

答　$\alpha = \sqrt{\dfrac{K}{C}}$, $[\text{OH}^-] = \sqrt{CK}$

問題 7-18

酢酸の電離定数を 2.8×10^{-5} [mol/L] として，0.10 および 0.20 [mol/L] の酢酸水溶液中の水素イオン濃度（$[H^+]$ [mol/L]）を求めよ．

ヒント：【例題 7-18】の $[OH^-]$ を $[H^+]$ に代えて考え，$[H^+] = \sqrt{CK}$ を用いる．

問題 7-19

アンモニアの電離定数を 1.8×10^{-5} [mol/L] として，2.0×10^{-2} [mol/L] のアンモニア水の pH を求めよ．

ヒント：$[OH^-] = \sqrt{CK}$，$pOH = -\log\sqrt{CK}$，$pH = 14 - pOH$ の各関係を用いるとよい．

問題 7-20

ある 1 価の弱酸の水溶液が，濃度 1.0×10^{-2} [mol/L] のとき pH が 4.0 であった．この弱酸の電離定数を求めよ．

ヒント：pH4.0 は，$[H^+] = 1.0 \times 10^{-4}$ [mol/L] のことである．また $[H^+] = \sqrt{CK}$ である．

7.8 緩 衝 液

緩衝作用と緩衝液　弱酸（弱塩基）とその塩の混合溶液は，少しぐらい濃度が変化しても，また少量の酸や塩基を加えても $[H^+]$ はほとんど変化しない．これを**緩衝作用**といい，緩衝作用をもつ溶液を**緩衝液**という．

　例えば，酢酸と酢酸ナトリウムによる緩衝液について考えてみよう．酢酸水溶液中での平衡は次のように表される（K は酢酸の電離定数）．

$$CH_3COOH \rightleftharpoons H^+ + CH_3COO^- \qquad \cdots\cdots ①$$

$$K = \frac{[H^+][CH_3COO^-]}{[CH_3COOH]} \Longleftrightarrow [H^+] = \frac{[CH_3COOH]}{[CH_3COO^-]}K \qquad \cdots\cdots ②$$

これに酢酸ナトリウム水溶液を加えると，酢酸ナトリウムは，水中で③式のように完全に電離する．

$$CH_3COONa \longrightarrow Na^+ + CH_3COO^- \qquad \cdots\cdots ③$$

両者の混合水溶液中でも②式は成り立っているが，③式で生じた多量の酢酸イオンのため①式に示した酢酸の電離が抑えられることになる．その結果，混合溶液中の $[CH_3COOH]$ は酢酸のモル濃度 C_a にほぼ等しくなり，$[CH_3COO^-]$ は酢酸ナトリウムのモル濃度 C_s とほぼ等しくなる．

$$\boxed{[H^+] = \frac{C_a}{C_s}K} \qquad \cdots\cdots ④$$

混合液の，$[H^+]$ は酢酸と酢酸ナトリウムの濃度の比で決まる．この混合液に少量の酸を加えても，次式によって酸からの H^+ が消費されるため $[H^+]$ はほぼ一定に保たれる．

$$CH_3COO^- + H^+ \longrightarrow CH_3COOH$$

また少量の塩基を加えても，次式によって塩基からの OH^- が消費されるため $[H^+]$ はほぼ一定に保たれる．

$$CH_3COOH + OH^- \longrightarrow CH_3COO^- + H_2O$$

弱塩基（その濃度を C_b）とその混合溶液についても，同様に $[OH^-]$ に関して，

$$[OH^-] = \frac{C_b}{C_s}K \qquad\qquad \cdots\cdots ⑤$$

例題と解き方

【例題7-19】緩衝液中における水素イオン濃度

3つの酢酸と酢酸ナトリウムの混合溶液①，②，③がある．それぞれが下表のような濃度であるときの $[H^+]$ $[mol/L]$ を求めよ．酢酸の電離定数は 2.8×10^{-5} $[mol/L]$ とする．

	酢酸 [mol/L]	酢酸ナトリウム [mol/L]
①	1.0×10^{-2}	1.0×10^{-3}
②	1.0×10^{-2}	1.0×10^{-2}
③	1.0×10^{-3}	1.0×10^{-1}

➡弱酸である酢酸とその塩である酢酸ナトリウムの混合溶液は緩衝液となっているから，④式を用いて解けばよい．

答　① $[H^+] = 2.8 \times 10^{-4}$ $[mol/L]$，② $[H^+] = 2.8 \times 10^{-5}$ $[mol/L]$，③：$[H^+] = 2.8 \times 10^{-7}$ $[mol/L]$

問題7-21

下表の①，②，③の3つのアンモニアと塩化アンモニウムの混合溶液がある．それぞれの $[OH^-]$ を求めよ．アンモニアの電離定数は 1.8×10^{-5} $[mol/L]$ とする．

	アンモニア [mol/L]	塩化アンモニウム [mol/L]
①	1.0×10^{-2}	1.0×10^{-3}
②	1.0×10^{-2}	1.0×10^{-2}
③	1.0×10^{-3}	1.0×10^{-1}

ヒント：⑤式を用いて，【例題7-19】と同じようにして解けばよい．

【例題 7-20】緩衝液の pH

0.10 [mol/L] の酢酸水溶液 150 [mL] に，0.10 [mol/L] の水酸化ナトリウム水溶液 50 [mL] を加えた混合液の [H^+] および pH を求めよ．なお，酢酸の電離定数は 2.8×10^{-5} [mol/L] とする．

> ➡混合溶液中では CH_3COOH–CH_3COONa の緩衝液となっている．CH_3COOH と $NaOH$ はともに 1 価なので物質量比は 1：1 で反応する．
>
> $$CH_3COOH \ + \ NaOH \ \longrightarrow \ CH_3COONa \ + \ H_2O$$

0.10 [mol/L] の酢酸水溶液 150 [ml]（＝0.150 [L]）に存在する CH_3COOH の物質量は 0.10×0.150 [mol] である．加えられた 0.10 [mol/L] の水酸化ナトリウム水溶液 50 [ml]（＝0.050 [L]）に存在する $NaOH$ の物質量は 0.10×0.050 [mol] である．また溶液全体は $0.150+0.050$ [L] になっているから，混合液中に残っている酢酸の濃度は，

$$\frac{0.10 \ \times \ 0.15 \ - \ 0.10 \ \times \ 0.050}{0.15 \ + \ 0.05} = 0.05$$

中和によって生じた酢酸ナトリウムの濃度は，

$$\frac{0.10 \ \times \ 0.050}{0.15 \ + \ 0.05} = 0.025$$

[H^+] を x [mol/L] とすると，混合溶液中での平衡時の関係は，

	CH_3COOH	$\rightleftharpoons$	H^+	$+$	CH_3COO^-
電離平衡時	$0.050-x$ [mol/L]		x [mol/L]		$0.025+x$ [mol/L]

x は 0.050 や 0.025 に比べると無視できるほど小さいので，[CH_3COOH]＝0.050 [mol/L]，[CH_3COO^-]＝0.025 [mol/L] と近似できる．したがって②式を変形して [H^+] を求めると，

$$[H^+] = \frac{[CH_3COOH]}{[CH_3COO^-]} K = \frac{0.050}{0.025} \times 2.8 \times 10^{-5} = 5.6 \times 10^{-5}$$

$$pH = -\log[H^+] = -\log(5.6 \times 10^{-5}) = 4.3$$

答　[H^+] ＝ 5.6×10^{-5} [mol/L]，pH4.3

問題 7-22

0.050 [mol] の酢酸と 0.050 [mol] の酢酸ナトリウムを含む 500 [mL] の混合水溶液について，以下の各問いに答えよ．なお，酢酸の電離定数は 2.8×10^{-5} [mol/L] とする．

(1) この混合水溶液の pH を求めよ．

(2) この混合水溶液に 1.0 [mol/L] の塩酸を 10 [mL] 加えたときの pH を求めよ．

ヒント：(2) HCl から電離した H^+ は緩衝液中の CH_3COO^- と反応し CH_3COOH となる．そのため，平衡時の [CH_3COO^-] が減少し [CH_3COOH] が増加するが，[H^+] や pH に大きな変化はない．

演 習 問 題

【1】　以下の問いに答えよ.
(1) CH_3COO^-（酢酸イオン）は CH_3COOH（酢酸）と対（共役）の関係にある塩基で次式のように水と反応する.
$$CH_3COO^- + H_2O \rightleftharpoons CH_3COOH + OH^-$$
CH_3COO^- の**加水分解定数**（平衡定数×$[H_2O]$）を K_h としたとき，K_h と CH_3COOH の電離定数 K_a の積が水のイオン積 K_w となることを示せ.
(2) CH_3COOH の電離定数 K_a を $2.8×10^{-5}$ $[mol/L]$ として，0.10 $[mol/L]$ CH_3COONa 水溶液の $[OH^-]$ および pH を求めよ.

	CH_3COO^-	$+ H_2O \rightleftharpoons$	CH_3COOH	$+ OH^-$
電離前 $[mol/L]$	0.10		0	0
電離後 $[mol/L]$	$0.10-x≒0.10$		x	x

【2】　0.04 $[mol/L]$ の水酸化ナトリウム水溶液 200 $[mL]$ に 0.03 $[mol/L]$ の塩酸を加えたところ，溶液の pH が 12 になった. 加えた塩酸の体積を求めよ. なお，水のイオン積は $1.0×10^{-14}$ $[(mol/L)^2]$ とする.

（2009 年度九州大学工学部編入試験問題）

ヒント：塩酸も水酸化ナトリウムも完全に電離しているとしてよい.

【3】　pH 5.0 の CH_3COOH–CH_3COONa 緩衝液を作るためには CH_3COOH と CH_3COONa の濃度の比をいくらにすればよいか. CH_3COOH の電離定数は $2.8×10^{-5}$ $[mol/L]$ とする.

ヒント：7-8 緩衝液の式②を変形する.

【4】　強酸である塩酸と弱塩基であるアンモニアから構成される塩化アンモニウム（NH_4Cl）の水溶液は，加水分解によってその水溶液は酸性となる. これは NH_4^+ が水と反応することにより $H_3O^+(H^+)$ を生成させるからである.
$$NH_4^+ + H_2O \rightleftharpoons NH_3 + H_3O^+$$
いま NH_4Cl のモル濃度を C $[mol/L]$，NH_3 の電離定数を K_b，水のイオン積を K_w と，$[H^+]$ はこれらを用いてどう表されるか. ただし，水は密度が 1 $[g/cm^3]$ で 1 $[L]$ は 1000 $[g]$ になるので，水の濃度 $[H_2O]$ は $1000÷18=55.5$ $[mol/L]$ となる. これは他の濃度に比べて大きいので一定とみなしてよい. また $[NH_3]=[H^+]$，加水分解する NH_4^+ はわずかなので，$[NH_4^+]≒C$ としてよい.

問 題 解 答

問題 7-1 (1) $HNO_3 \longrightarrow H^+ + NO_3^-$　(2) $CH_3COOH \longrightarrow H^+ + CH_3COO^-$

(3) $H_2SO_4 \longrightarrow 2H^+ + SO_4^{2-}$　(4) $H_2S \longrightarrow 2H^+ + S^{2-}$

(5) $H_2C_2O_4 \longrightarrow 2H^+ + C_2O_4^{2-}$　(6) $H_3PO_4 \longrightarrow 3H^+ + PO_4^{3-}$

(7) $NH_3+H_2O \longrightarrow NH_4^+ + OH^-$　(8) $NaOH \longrightarrow Na^+ + OH^-$

(9) $Ca(OH)_2 \longrightarrow Ca^{2+} + 2OH^-$　(10) $Mg(OH)_2 \longrightarrow Mg^{2+} + 2OH^-$

(11) $Cu(OH)_2 \longrightarrow Cu^{2+} + 2OH^-$　(12) $Fe(OH)_3 \longrightarrow Fe^{3+} + 3OH^-$

問題 7-2 (1) 塩基, (2) 酸, (3) 塩基, (4) 酸, (5) 塩基, (6) 塩基, (7) 酸

問題 7-3 CH_3COOH の電離度：0.041, HCl の電離度：1.0

問題 7-4 $\dfrac{1}{29}$

問題 7-5 (1) $H_2C_2O_4 \rightleftharpoons 2H^+ + C_2O_4^{2-}$, (2) $H_3PO_4 \rightleftharpoons 3H^+ + PO_4^{3-}$

(3) $Fe(OH)_3 \rightleftharpoons Fe^{3+} + 3OH^-$

問題 7-6 (1) $\dfrac{1}{10}$ 倍, (2) 10 倍, (3) 10 倍

問題 7-7 (1) pH2, (2) pH2, (3) pH12, (4) pH3, (5) pH11

問題 7-8 (1) pH5, (2) pH9

問題 7-9 $[H^+] = 1.0 \times 10^{-11}$ [mol/L], pH11

問題 7-10 pH1.7

問題 7-11 (1) $HNO_3 + KOH \longrightarrow KNO_3 + H_2O$

(2) $CH_3COOH + NaOH \longrightarrow CH_3COONa + H_2O$

(3) $H_2SO_4 + 2NH_3 \longrightarrow (NH_4)_2SO_4$

(4) $2HCl + Ca(OH)_2 \longrightarrow CaCl_2 + 2H_2O$

(5) $3HNO_3 + Fe(OH)_3 \longrightarrow Fe(NO_3)_3 + 3H_2O$

(6) $H_2C_2O_4 + Ba(OH)_2 \longrightarrow BaC_2O_4 + 2H_2O$

(7) $H_3PO_4 + 3NaOH \longrightarrow Na_3PO_4 + 3H_2O$

(8) $H_2S + 2NH_3 \longrightarrow (NH_4)_2S$

問題 7-12 (1) $H_2CO_3 + NaOH \longrightarrow NaHCO_3 + H_2O$

(2) $H_2CO_3 + 2NaOH \longrightarrow Na_2CO_3 + 2H_2O$

(3) $H_3PO_4 + KOH \longrightarrow KH_2PO_4 + H_2O$

(4) $H_3PO_4 + 2KOH \longrightarrow K_2HPO_4 + 2H_2O$

(5) $H_3PO_4 + 3KOH \longrightarrow K_3PO_4 + 3H_2O$

問題 7-13 (1) 中性, (2) 酸性, (3) 中性, (4) 塩基性, (5) 酸性, (6) 塩基性

問題 7-14 $CH_3COO^- + H_2O \longrightarrow CH_3COOH + OH^-$, により OH^- が生成するため, 塩基性になる.

問題 7-15 (1) 1.0 [mol], (2) 0.12 [mol], (3) 40 [mL]

問題 7-16 0.730 [mol/L], 4.38 [%]

問題 7-17 2.18×10^{-2} [g], 0.0152 [%]

問題 7-18 0.10 [mol/L] のとき, $[H^+] = 1.67 \times 10^{-3}$ [mol/L]

0.20 [mol/L] のとき, $[H^+] = 2.37 \times 10^{-3}$ [mol/L]

問題 7-19 pH 10.78

問題 7-20 $K = 1.0 \times 10^{-6}$ [mol/L]

問題 7-21 (1) $[OH^-] = 1.8 \times 10^{-4}$ [mol/L], (2) $[OH^-] = 1.8 \times 10^{-5}$ [mol/L]

(3) $[OH^-] = 1.8 \times 10^{-7}$ [mol/L]

問題 7-22 (1) pH4.6, (2) pH4.4

演 習 問 題

【 1 】 (1) $K_h \cdot K_a = \dfrac{[CH_3COOH] \cdot [OH^-]}{[CH_3COO^-]} \cdot \dfrac{[CH_3COO^-] \cdot [H^+]}{[CH_3COOH]} = [H^+][OH^-] = K_W$

(2) $[OH^-] = 6.0 \times 10^{-6} \ [mol/L]$, pH8.8

【 2 】 150 [mL]

【 3 】 $[CH_3COOH] : [CH_3COONa] = 1 : 2.8$

【 4 】 $[H^+] = \sqrt{\dfrac{K_W \cdot C}{K_b}}$

8 酸化と還元

8.1 酸化と還元

酸化と還元の定義

	酸素（O）	水素（H）	電子（e⁻）	酸化数
酸化（される）	化合する	失う	失う	増加
還元（される）	失う	化合する	得る	減少

酸化還元反応　酸化と還元は同時に起こり，一方が酸化されると，必ず他方は還元される．

例題と解き方

【例題 8-1】酸素（O）あるいは水素（H）から判断する

以下の反応において下線を引いた物質は，酸化されたか還元されたか．

(1) $\underline{CuO} + H_2 \longrightarrow Cu + H_2O$　　　(2) $2\underline{SO_2} + O_2 \longrightarrow 2SO_3$

(3) $\underline{H_2S} + H_2O_2 \longrightarrow S + 2H_2O$　　　(4) $H_2 + \underline{Cl_2} \longrightarrow 2HCl$

(5) $\underline{CH_4} + 2O_2 \longrightarrow CO_2 + 2H_2O$　　　(6) $\underline{C_2H_4} + H_2 \longrightarrow C_2H_6$

➡ 着目する物質が反応後にOやHが増えているか減っているかをみる．

(1) $\underline{CuO} + H_2 \longrightarrow Cu + H_2O$　　Oは減少

(2) $2\underline{SO_2} + O_2 \longrightarrow 2SO_3$　　Oは増加

(3) $\underline{H_2S} + H_2O_2 \longrightarrow S + 2H_2O$　　Hは減少

(4) $H_2 + \underline{Cl_2} \longrightarrow 2HCl$　　Hは増加

(5) $\underline{CH_4} + 2O_2 \longrightarrow CO_2 + 2H_2O$　　Oは増加，Hは減少

(6) $\underline{C_2H_4} + H_2 \longrightarrow C_2H_6$　　Hは増加

答　(1) 還元，(2) 酸化，(3) 酸化，(4) 還元，(5) 酸化，(6) 還元

【例題 8-2】電子（e⁻）の授受から判断する

以下の反応において，元の物質（→の左側）は酸化されたか，還元されたか．

(1) $Cu^{2+} + 2e^- \longrightarrow Cu$

(2) $2H_2O \longrightarrow 4H^+ + O_2 + 4e^-$

(3) $I_2 + 2e^- \longrightarrow 2I^-$

(4) $Fe^{2+} \longrightarrow Fe^{3+} + e^-$

➡反応式に e⁻ があるとき：→の左側に e⁻ があるときは電子を得ているので還元，→の右側に e⁻ があるときは電子を失っているので酸化

(1) $Cu^{2+} + 2e^- \longrightarrow Cu$

(2) $2H_2O \longrightarrow 4H^+ + O_2 + 4e^-$

➡反応式ではなく変化のみが示されているとき：e⁻ は負（−）の電荷なので，電荷が増加していれば酸化，減少していれば還元

(3) $I_2 \longrightarrow I^-$　電荷＝0　電荷＝−1　電荷は減少

(4) $Fe^{2+} \longrightarrow Fe^{3+}$　電荷＝+2　電荷＝+3　電荷は増加

答 (1) 還元, (2) 酸化, (3) 還元, (4) 酸化

問題 8-1

次の各物質の変化のうち，酸化されているものはどれか．また，還元されているものはどれか．

(1) $CH_4 \longrightarrow CH_3OH$

(2) $CH_3CHO \longrightarrow C_2H_5OH$

(3) $CH_3CHO \longrightarrow CH_3COOH$

(4) $C_6H_6 \longrightarrow C_6H_{12}$

(5) $H_2O_2 \longrightarrow H_2O$

(6) $H_3PO_4 \longrightarrow H_3PO_2$

(7) $SO_2 \longrightarrow SO_3$

(8) $Sn^{2+} \longrightarrow Sn^{4+}$

(9) $Fe \longrightarrow Fe^{2+}$

(10) $MnO_4^- \longrightarrow Mn^{2+}$

ヒント：O や H が化合しているときは，電荷に惑わされず O や H の増減をみる．

問題 8-2

次の反応のうち，下線を引いた物質は酸化されているか，還元されているか．

(1) $\underline{C_3H_8} + 5O_2 \longrightarrow 3CO_2 + 4H_2O$

(2) $Fe_2O_3 + 3\underline{CO} \longrightarrow 2Fe + 3CO_2$

(3) $Br_2 + \underline{H_2S} \longrightarrow 2HBr + S$

(4) $\underline{Ag^+} + e^- \longrightarrow Ag$

(5) $2\underline{Cu_2O} + O_2 \longrightarrow 4CuO$

(6) $\underline{PbF_2} + 2e^- \longrightarrow Pb + 2F^-$

(7) $\underline{SiH_4} \longrightarrow Si + 4H^+ + 4e^-$

(8) $\underline{Na_2SO_4} + 2C \longrightarrow Na_2S + 2CO_2$

(9) $2I^- + 2\underline{NO_2^+} + 4H^+ \longrightarrow I_2 + 2NO + 2H_2O$

(10) $2\underline{Cr^{3+}} + 7H_2O \longrightarrow Cr_2O_7^{2-} + 14H^+ + 6e^-$

ヒント：(5)については，Cu 1 個について考えてみる．

8.2 酸化数と酸化・還元

酸化数　酸化数は原子やイオンの酸化の程度を表していて，酸化数が大きいほど酸化されている状態を示す.

酸化数を決める規則は以下のとおりである.

規　則	例
単体中の原子の酸化数は 0	$\underline{H_2}$, $\underline{O_2}$, $\underline{N_2}$ などの気体，$\underline{Cu}$, $\underline{Fe}$ などの金属の下線の原子の酸化数は 0
化合物中の H は +1, O は −2*	H_2O の H の酸化数は +1, O の酸化数は −2
単原子イオンの酸化数は，イオンの電荷数	$\underline{Cu}^{2+}$, $\underline{Ag}^+$, $\underline{Cl}^-$, $\underline{S}^{2-}$ の下線原子の酸化数は 順に，+2, +1, −1, −2
イオンでない化合物の成分原子の酸化数の総和は 0	H_2O：H の酸化数は +1, O の酸化数は −2 なので，$(+1) \times 2 + (-2) = 0$
多原子イオンでは，成分原子の酸化数の総和はイオンの電荷数	OH^-：H の酸化数は +1, O の酸化数は −2 なので，$-2 + (+1) = -1$

＊例外：過酸化物（H_2O_2 など）の O は −1, 水素化物（NaH など）の H は −1

酸化数の求め方　ある元素の酸化数は，規則を理解していれば容易に求められるが，以下のようにして求めてもよい.

❶ まず酸化数を求めたい原子を含む物質が塩であるかどうかをみて，塩であるなら電離した状態（イオンの状態）を考える.

❷ その原子を含む化学式の右肩をみて +，− の表示がないなら（イオンでないなら）酸化数の合計は 0 とする. イオンならその符号も含めてその数値を酸化数の合計とする.

❸ その原子の酸化数を x とおいて，その物質に H がある場合は H を +1 とし，O がある場合は O を −2 とし，その化学式中に含まれる各原子の数にそれぞれの酸化数をかけて足したものが酸化数の合計になる.

❹ （❸で求めた酸化数の合計）＝（❷で知り得た酸化数の合計）より x を求める.

例題と解き方

【例題 8-3】多原子分子における酸化数

リン酸（H_3PO_4）におけるリン（P）の酸化数を求めよ．

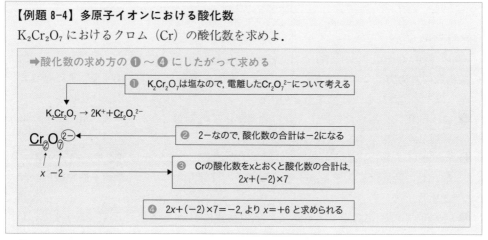

➡酸化数の求め方の ❶ ～ ❹ にしたがって求める

❶ H_3PO_4は塩ではないので，そのものについて考える

❷ イオンではないので，酸化数の合計は 0 になる

H_3PO_4
↑ ↑ ↑
+1 x −2

❸ P の酸化数を x とおくと酸化数の合計は，
$+1×3+x+(−2)×4$

❹ $+1×3+x+(−2)×4=0$, より $x=+5$ と求められる

答　+5

【例題 8-4】多原子イオンにおける酸化数

$K_2Cr_2O_7$ におけるクロム（Cr）の酸化数を求めよ．

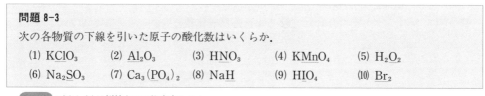

➡酸化数の求め方の ❶ ～ ❹ にしたがって求める

❶ $K_2Cr_2O_7$は塩なので，電離した$Cr_2O_7{}^{2-}$について考える

$K_2Cr_2O_7 → 2K^+ + Cr_2O_7{}^{2-}$

$Cr_2O_7{}^{2-}$
↑ ↑
x −2

❷ 2−なので，酸化数の合計は−2になる

❸ Crの酸化数をxとおくと酸化数の合計は，
$2x+(−2)×7$

❹ $2x+(−2)×7=−2$, より $x=+6$ と求められる

答　+6

問題 8-3

次の各物質の下線を引いた原子の酸化数はいくらか．

(1) $K\underline{Cl}O_3$ 　　 (2) $\underline{Al}_2O_3$ 　　 (3) $H\underline{N}O_3$ 　　 (4) $K\underline{Mn}O_4$ 　　 (5) $H_2\underline{O}_2$

(6) $Na_2\underline{S}O_3$ 　 (7) $Ca_3(\underline{P}O_4)_2$ 　 (8) $Na\underline{H}$ 　　 (9) $H\underline{I}O_4$ 　　 (10) $\underline{Br}_2$

ヒント：(5)と(8)は例外なので注意すること．

問題 8-4

次の，(1) 窒素化合物，(2) リン化合物，(3) イオウ化合物，(4) 塩素化合物，の各化合物の窒素
(N)，リン (P)，イオウ (S)，塩素 (Cl) の酸化数を求めよ．

(1) HNO_3, NO_2, N_2O_3, NO, N_2H_4

(2) H_3PO_2, H_3PO_3, H_3PO_4, HPO_3, $H_4P_2O_7$

(3) H_2S, H_2SO_2, $H_2S_2O_4$, $H_2S_2O_5$, $H_2S_2O_8$

(4) HCl, $HClO$, $HClO_2$, $HClO_3$, $HClO_4$

ヒント：例外はないので，酸化数の求め方にしたがって求めればよい．

問題 8-5

次の各イオンの下線を引いた原子の酸化数はいくらか．

(1) $\underline{C}_2O_4^{2-}$　　(2) $[\underline{Co}(H_2O)_6]^{2+}$　　(3) $Pb\underline{O}_3^{2-}$　　(4) $O\underline{Cl}^-$　　(5) $\underline{V}_2O_7^{4-}$

(6) $H_2\underline{P}O_4^-$　　(7) $[\underline{Cr}(OH)_6]^{3-}$　　(8) $\underline{Ti}O^{2+}$　　(9) $\underline{B}_4O_7^{2-}$　　(10) $H\underline{S}O_4^-$

ヒント：各原子の酸化数の合計がイオンの価数になる．

問題 8-6

次の変化において下線を引いた原子が，(o) 酸化されているもの，(r) 還元されているもの，
(n) 酸化も還元もされていないもの，に分類せよ．

(1) $\underline{Cl}_2 \longrightarrow HClO$ 　　　　　(2) $K\underline{Mn}O_4 \longrightarrow \underline{Mn}SO_4$

(3) $H_2\underline{O}_2 \longrightarrow H_2\underline{O}$ 　　　　　(4) $\underline{N}H_3 \longrightarrow \underline{N}H_4Cl$

(5) $Ag\underline{N}O_3 \longrightarrow AgCl$ 　　　　(6) $K\underline{Br} \longrightarrow \underline{Br}_2$

(7) $\underline{Na} \longrightarrow \underline{Na}OH$ 　　　　　(8) $\underline{I}_2 \longrightarrow K\underline{I}O_3$

(9) $Na_2\underline{S}O_4 \cdot 10H_2O \longrightarrow Na_2\underline{S}O_4$ 　　(10) $\underline{Ba}O \longrightarrow \underline{Ba}(NO_3)_2$

ヒント：(3) の H_2O_2 の O の酸化数は例外的なので注意すること．

問題 8-7

次の各反応において，下線を引いた原子が，(o) 酸化されているもの，(r) 還元されている
もの，(or) 酸化も還元もされているもの，(n) 酸化も還元もされていないもの，に分類せよ．

(1) $(NH_4)_2\underline{Cr}_2O_7 \longrightarrow N_2 + \underline{Cr}_2O_3 + 4H_2O$

(2) $\underline{Mn}O_2 + 4HCl \longrightarrow \underline{Mn}Cl_2 + 2H_2O + Cl_2$

(3) $\underline{Cl}_2 + H_2O \longrightarrow H\underline{Cl} + H\underline{Cl}O$

(4) $2\underline{Na} + 2C_2H_5OH \longrightarrow 2C_2H_5O\underline{Na} + H_2$

(5) $2\underline{N}H_4Cl + Ca(OH)_2 \longrightarrow CaCl_2 + 2H_2O + 2\underline{N}H_3$

ヒント：例外はないので，酸化数の求め方にしたがって求めればよい．

8.3 酸化剤と還元剤

酸化剤・還元剤 　相手の物質を酸化し自身は還元される物質を酸化剤とよび，相手の物質を還元し自身は酸化される物質を還元剤とよぶ．相手の物質と反応すると，酸化剤は酸化数が減少し，還元剤は酸化数が増加する．

酸化剤および還元剤の酸化作用と還元作用の強さは，酸化還元反応によって比較することができる．例えば，$Cu + 2Ag^+ \rightarrow Cu^{2+} + 2Ag$ なる反応が起ることから，Cu は Ag よりも強い還元剤であることがわかる．

例題と解き方

【例題 8–5】酸化剤および還元剤の酸化数の増減

以下の反応において，下線を引いた物質は酸化剤，還元剤のどちらとして働いているか．

(1) $2HgCl_2 + \underline{SnCl_2} \longrightarrow Hg_2Cl_2 + SnCl_4$

(2) $\underline{K_2Cr_2O_7} + 14HCl \longrightarrow 2KCl + 2CrCl_3 + 3Cl_2 + 7H_2O$

> ➡酸化数を求め，その増減をみて判断する

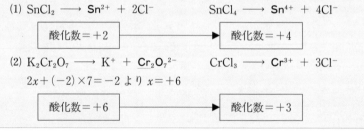

(1) $SnCl_2 \longrightarrow \mathbf{Sn^{2+}} + 2Cl^-$ 　　　　$SnCl_4 \longrightarrow \mathbf{Sn^{4+}} + 4Cl^-$

　　　　　酸化数＝+2 　　　　　　　　　　　　酸化数＝+4

(2) $K_2Cr_2O_7 \longrightarrow K^+ + \mathbf{Cr_2O_7{}^{2-}}$ 　　　$CrCl_3 \longrightarrow \mathbf{Cr^{3+}} + 3Cl^-$

　　$2x + (-2) \times 7 = -2$ より $x = +6$

　　　　　酸化数＝+6 　　　　　　　　　　　　酸化数＝+3

答　(1) 還元剤，(2) 酸化剤

【例題 8–6】酸化作用および還元作用の強さの判定

H_2O_2，SO_2，H_2S は，以下の (1)，(2)，(3) の酸化還元反応を起こす．このことから，H_2O_2，SO_2，H_2S を酸化作用の強い順に並べよ．

(1) $H_2O_2 + SO_2 \longrightarrow H_2SO_4$ 　　　　　(2) $H_2S + H_2O_2 \longrightarrow S + 2H_2O$

(3) $2H_2S + SO_2 \longrightarrow 3S + 2H_2O$

> ➡酸化数の増減を調べ，酸化剤はどれか，そしてその順をみればよい

(1) $H_2\underline{O_2} + \underline{S}O_2 \longrightarrow H_2\underline{S}O_4$ H_2O_2 が SO_2 を酸化している

        $-1 \longrightarrow -2$ 酸化作用の強さ：$H_2O_2 > SO_2$

         $+4 \longrightarrow +6$

(2) $H_2\underline{S} + H_2\underline{O_2} \longrightarrow \underline{S} + 2H_2\underline{O}$ H_2O_2 が H_2S を酸化している

        $-2 \longrightarrow 0$ 酸化作用の強さ：$H_2O_2 > H_2S$

         $-1 \longrightarrow -2$

(3) $2H_2\underline{S} + \underline{S}O_2 \longrightarrow 3\underline{S} + 2H_2O$ SO_2 が H_2S を酸化している

        $-2 \longrightarrow 0$ 酸化作用の強さ：$SO_2 > H_2S$

         $+4 \longrightarrow 0$

答 $H_2O_2 > SO_2 > H_2S$

問題 8-8

次の各反応において，下線を引いた物質が酸化剤である場合は (O)，還元剤である場合は (R) と答えよ．

(1) $I_2 + 2Na_2S_2O_3 \longrightarrow 2NaI + 2Na_2S_4O_6$

(2) $\underline{H_2O_2} + H_2SO_4 + 2KI \longrightarrow 2H_2O + I_2 + K_2SO_4$

(3) $\underline{NaClO} + 2HCl \longrightarrow Cl_2 + NaCl + H_2O$

(4) $2\underline{Na} + 2CH_3OH \longrightarrow 2CH_3ONa + H_2$

(5) $2\underline{F_2} + 2H_2O \longrightarrow 2HF + O_2$

ヒント：(2) の H_2O_2 の O の酸化数は例外なので，注意すること．

問題 8-9

以下の有機化合物の変化が生じた場合，加えられたのは酸化剤か還元剤のどちらであるかを答えよ．

(1) $CH_3CHO \longrightarrow CH_3COOH$ (2) $CO_2 \longrightarrow HCOOH$

(3) $CH_3CH(OH)CH_3 \longrightarrow CH_3COCH_3$ (4) $CH_3C \equiv CH \longrightarrow CH_3CH = CH_2$

(5) $C_6H_{10} \longrightarrow C_6H_{12}$ (6) $CH_3CH_2OH \longrightarrow CH_3CHO$

ヒント：変化前後の各化合物の O と H の増減から酸化されているか還元されているかを判断すれば，加えられたのが酸化剤か，還元剤かがわかる．

問題 8-10

Br_2, O_2, I_2, S の酸化作用の強い順は，$Br_2 > O_2 > I_2 > S$ である．このことを考慮して，以下の各反応が起るか起らないかを予想せよ．

(1) $2HI + Br_2 \longrightarrow I_2 + 2HBr$ (2) $H_2S + Br_2 \longrightarrow 2HBr + S$

(3) $4HI + O_2 \longrightarrow 2I_2 + 2H_2O$ (4) $H_2S + I_2 \longrightarrow 2HI + S$

(5) $4HBr + O_2 \longrightarrow 2Br_2 + 2H_2O$

ヒント：反応式の前後の Br_2, O_2, I_2, S を見れば，判断できる．

問題 8-11

以下の F_2, Cl_2, Br_2, I_2 が関与する反応が起る事実から，F_2，Cl_2，Br_2，I_2 を酸化作用の強い順に並べよ．

(1) $2KI + Br_2 \longrightarrow I_2 + 2KBr$ 　　(2) $2KI + Cl_2 \longrightarrow I_2 + 2KCl$

(3) $2KBr + Cl_2 \longrightarrow Br_2 + 2KCl$ 　(4) $2KBr + F_2 \longrightarrow Br_2 + 2KF$

(5) $2KCl + F_2 \longrightarrow Cl_2 + 2KF$ 　　(6) $2KI + F_2 \longrightarrow I_2 + 2KF$

：相対的に考えれば，判断できる．

問題 8-12

酸化剤としても還元剤としても作用する物質がある．例えば SO_2 などがこれにあたる．以下の各反応において，SO_2 は酸化剤，還元剤のどちらか．

(1) $SO_2 + 2H_2S \longrightarrow 2H_2O + 3S$

(2) $5SO_2 + 2H_2O + 2KMnO_4 \longrightarrow K_2SO_4 + 2MnSO_4 + 2H_2SO_4$

(3) $2SO_2 + O_2 \longrightarrow 2SO_3$

(4) $SO_2 + I_2 + 2H_2O \longrightarrow 2HI + H_2SO_4$

(5) $SO_2 + H_2O_2 \longrightarrow H_2SO_4$

ヒント：(5) の H_2O_2 の O の酸化数は例外なので，注意すること．

問題 8-13

Mg，Zn，Cu，Ag の還元作用の強い順は，Mg＞Zn＞Cu＞Ag である．このことを考慮して，以下の各反応が起るときは○，起らないときは×を記せ．

(1) $Mg^{2+} + Zn \longrightarrow Mg + Zn^{2+}$ 　　(2) $Zn^{2+} + Cu \longrightarrow Zn + Cu^{2+}$

(3) $Cu^{2+} + Mg \longrightarrow Cu + Mg^{2+}$ 　　(4) $2Ag^+ + Zn \longrightarrow 2Ag + Zn^{2+}$

(5) $Cu^{2+} + Zn \longrightarrow Cu + Zn^{2+}$ 　　(6) $Mg^{2+} + Cu \longrightarrow Mg + Cu^{2+}$

(7) $Zn^{2+} + Mg \longrightarrow Zn + Mg^{2+}$ 　　(8) $Cu^{2+} + 2Ag \longrightarrow Cu + 2Ag^+$

(9) $Zn^{2+} + 2Ag \longrightarrow Zn + 2Ag^+$ 　　(10) $Mg^{2+} + 2Ag \longrightarrow Mg + 2Ag^+$

ヒント：還元作用が強いということは，それだけ相手物質に電子を与える作用が強いことを意味している．したがって，反応前後の電子の授受をみれば判断できる．

8.4 酸化還元反応式

酸化剤および還元剤のはたらきを示す反応式 代表的な酸化剤と還元剤とそれらの作用を示す式を下表に示す.

酸化剤	電子（e-）を奪う	還元剤	電子（e-）を与える
Cl_2	$Cl_2 + 2e^- \longrightarrow 2Cl^-$	H_2	$H_2 \longrightarrow 2H^+ + 2e^-$
$KMnO_4$	$MnO_4^- + 8H^+ + 5e^- \longrightarrow Mn^{2+} + 4H_2O$	Na	$Na \longrightarrow Na^+ + e^-$
$K_2Cr_2O_7$	$Cr_2O_7^{2-} + 14H^+ + 6e^- \longrightarrow 2Cr^{3+} + 7H_2O$	$Na_2S_2O_3$	$2S_2O_3^{2-} \longrightarrow S_4O_6^{2-} + 2e^-$
H_2O_2	$H_2O_2 + 2H^+ + 2e^- \longrightarrow 2H_2O$	H_2S	$H_2S \longrightarrow S + 2H^+ + 2e^-$
HNO_3	$HNO_3 + H^+ + e^- \longrightarrow H_2O + NO_2$	$FeSO_4$	$Fe^{2+} \longrightarrow Fe^{3+} + e^-$
H_2SO_4	$H_2SO_4 + 2H^+ + 2e^- \longrightarrow 2H_2O + SO_2$	$(COOH)_2$	$(COOH)_2 \longrightarrow 2CO_2 + 2H^+ + 2e^-$

酸化剤・還元剤のはたらきを示す反応式のつくり方

半反応式の作り方	例：（熱濃硫酸（H_2SO_4））
❶ 酸化剤（還元剤）が反応した結果，何になるかを確認し，右側に書く.	$H_2SO_4 \longrightarrow SO_2$
❷ 右辺と左辺でOの数を等しくするために右辺（あるいは左辺）に H_2O を加える.	$H_2SO_4 \longrightarrow SO_2 + 2H_2O$ O=2個　O=2個 O=4個　O=4個
❸ 右辺と左辺でHの数を等しくするために左辺（あるいは右辺）に H^+ を加える.	$H_2SO_4 + 2H^+ \longrightarrow SO_2 + 2H_2O$ H=2個　H=2個 H=4個　H=4個
❹ 両辺の電荷数（＋と－の数）を等しくするために左辺（あるいは右辺）に e^- を加える.	$H_2SO_4 + 2H^+ + 2e^- \longrightarrow SO_2 + 2H_2O$ 電荷=+2　電荷=−2 電荷=0　電荷=0

酸化還元反応の化学反応式のつくり方 酸化剤と還元剤の働きを示す反応式の e^- の数が合うように，整数倍して組み合わせる.

$$Ox_1 + ne^- \longrightarrow Red_1 \quad \cdots\cdots① \qquad Red_2 \longrightarrow Ox_2 + me^- \quad \cdots\cdots②$$
$$\text{n 個} \qquad\qquad\qquad \text{m 個}$$

①式 × m ＋ ②式 × n：$mOx_1 + mne^- \longrightarrow mRed_1 \quad \cdots\cdots①×m$
$$nRed_2 \longrightarrow nOx_2 + mne^- \quad \cdots\cdots②×n$$

$$mOx_1 + \cancel{mne^-} + nRed_2 \longrightarrow mRed_1 + nOx_2 + \cancel{mne^-}$$
$$mOx_1 + nRed_2 \longrightarrow mRed_1 + nOx_2$$

例題と解き方

【例題 8-7】 酸化剤のはたらきを示す反応式のつくり方

強い酸化剤としてはたらく $Cr_2O_7{}^{2-}$ は相手物質を酸化して Cr^{3+} に変わる．この反応について e^- を含んだ反応式で表せ．

➡ ❶〜❹にしたがって，作っていけばよい．

$Cr_2O_7{}^{2-} \longrightarrow 2Cr^{3+}$ …❶（Cr の原子数を同じにするため $2Cr^{3+}$ にする）

$Cr_2O_7{}^{2-} \longrightarrow 2Cr^{3+} + 7H_2O$ …❷（左側に O が 7 個あるため）

$Cr_2O_7{}^{2-} + 14H^+ \longrightarrow 2Cr^{3+} + 7H_2O$ …❸（$7H_2O$ を加えたことによって，右側に H が 14 個あるため）

$Cr_2O_7{}^{2-} + 14H^+ + 6e^- \longrightarrow 2Cr^{3+} + 7H_2O$ …❹（酸化剤なので→の左側に e^- を加えるが，左側と右側の電荷数が等しくなるだけ e^-（電荷は -1）を加える）

答 $Cr_2O_7{}^{2-} + 14H^+ + 6e^- \longrightarrow 2Cr^{3+} + 7H_2O$

【例題 8-8】 還元剤のはたらきを示す反応式のつくり方

還元剤としてはたらく SO_2 は相手物質を還元して $SO_4{}^{2-}$ に変わる．この反応について e^- を含んだ反応式で表せ．

➡ ❶〜❹にしたがって，作っていけばよい．

$SO_2 \longrightarrow SO_4{}^{2-}$ …❶（SO_2 と $SO_4{}^{2-}$ の S の原子数は同じなので $SO_4{}^{2-}$ の前に係数は要らない）

$SO_2 + 2H_2O \longrightarrow SO_4{}^{2-}$ …❷（右側に O が 4 個，左側には O が 2 個あるため）

$SO_2 + 2H_2O \longrightarrow SO_4{}^{2-} + 4H^+$ …❸（$2H_2O$ を加えたことによって，左側に H が 4 個あるため）

$SO_2 + 2H_2O \longrightarrow SO_4{}^{2-} + 4H^+ + 2e^-$ …❹（還元剤なので→の右側に，左側と右側の電荷数が等しくなるだけ e^- を加える）

答 $SO_2 + 2H_2O \longrightarrow SO_4{}^{2-} + 4H^+ + 2e^-$

【例題 8-9】 酸化還元反応の化学反応式のつくり方

以下の(1)と(2)の反応式を用いて，過マンガン酸イオン（$MnO_4{}^-$）とシュウ酸（$(COOH)_2$）との酸化還元反応式を記せ．

(1) $MnO_4{}^- + 8H^+ + 5e^- \longrightarrow Mn^{2+} + 4H_2O$

(2) $(COOH)_2 \longrightarrow 2CO_2 + 2H^+ + 2e^-$

➡ 酸化および還元の e^- を含む反応式について，電子数（e^-）が同じになるように各反応式を整数倍して，足せばよい

(1)式の電子数は 5（5e$^-$），(2)式の電子数は 2（2e$^-$）である．これを同じ数にするには，両式とも 5×2＝10 個の電子（10e$^-$）にする．したがって，①式×2＋②式×5 を行えばよい．なお，同じ化学式のものは，まとめる．

$$2MnO_4^- + 16H^+ + 10e^- \longrightarrow 2Mn^{2+} + 8H_2O \qquad \cdots\cdots①×2$$

$$5(COOH)_2 \longrightarrow 10CO_2 + 10H^+ + 10e^- \qquad \cdots\cdots②×5$$

$$2MnO_4^- + 16H^+ + \cancel{10e^-} + 5(COOH)_2$$
$$\longrightarrow 2Mn^{2+} + 8H_2O + 10CO_2 + 10H^+ + \cancel{10e^-}$$

答　$2MnO_4^- + 6H^+ + 5(COOH)_2 \longrightarrow 2Mn^{2+} + 8H_2O + 10CO_2$

問題 8-14

次の(1)～(10)の各酸化剤の変化から，各酸化剤のはたらきを示す式について e$^-$ を含んだ反応式で記せ．

(1) $MnO_4^- \longrightarrow Mn^{2+}$ 　　　　　(2) $SO_2 \longrightarrow S$

(3) $H_2O_2 \longrightarrow H_2O$ 　　　　　(4) $O_3 \longrightarrow O_2$

(5) $HNO_3 \longrightarrow NO$ 　　　　　(6) $HNO_3 \longrightarrow NO_2$

(7) $H_2SO_4 \longrightarrow SO_2$ 　　　　　(8) $Cl_2 \longrightarrow Cl^-$

(9) $FeCl_3 \longrightarrow FeCl_2$ 　　　　　(10) $S_2O_8^{2-} \longrightarrow SO_4^{2-}$

ヒント：H_2O や H^+ を加えなくてもよい場合もあるので注意すること．

問題 8-15

次の(1)～(10)の各還元剤の変化から，各還元剤のはたらきを示す式について e$^-$ を含んだ反応式で記せ．

(1) $S_2O_3^{2-} \longrightarrow S_4O_6^{2-}$ 　　　　　(2) $I^- \longrightarrow I_2$

(3) $H_2 \longrightarrow H^+$ 　　　　　(4) $H_2S \longrightarrow S$

(5) $BH_4^- \longrightarrow B(OH)_4^-$（塩基性） 　　　　　(6) $HCOOH \longrightarrow CO_2$

(7) $H_2C_2O_4 \longrightarrow CO_2$ 　　　　　(8) $H_2O_2 \longrightarrow O_2$

(9) $HO-C_6H_4-OH \longrightarrow O=C_6H_4=O$ 　　　(10) $CH_3CHO \longrightarrow CH_3COOH$

ヒント：(5)のように塩基性の場合は H^+ を中和し H_2O にするように両辺に OH^- を加える．

問題 8-16

次の(1)～(4)の還元剤および酸化剤のはたらきを示す式から，ⓐⓑⓒの実験操作を行ったときのそれぞれの酸化還元反応をイオン反応式で示せ．

(1) $MnO_4^- + 8H^+ + 5e^- \longrightarrow Mn^{2+} + 4H_2O$ 　(2) $H_2O_2 + 2H^+ + 2e^- \longrightarrow 2H_2O$

(3) $H_2O_2 \longrightarrow 2H^+ + O_2 + 2e^-$ 　　　　　(4) $Fe^{2+} \longrightarrow Fe^{3+} + e^-$

ⓐ 硫酸鉄（II）（$FeSO_4$）の希硫酸水溶液に，過酸化水素水（H_2O_2）を加えた．

ⓑ 硫酸鉄（II）（$FeSO_4$）の希硫酸水溶液に，過マンガン酸カリウム（$KMnO_4$）水溶液を加えた．

ⓒ 過酸化水素水（H_2O_2）希硫酸水溶液に，過マンガン酸カリウム（$KMnO_4$）水溶液を加えた．

ヒント：$FeSO_4$ と $KMnO_4$ は電離して酸化あるいは還元に関係するイオンだけを考えること.

問題 8-17

銅や銀は酸化性の酸である熱濃硫酸（H_2SO_4），希硝酸（HNO_3），濃硝酸（HNO_3）に酸化されイオンとなって溶解する．熱濃硫酸（(1)式），希硝酸（(2)式），濃硝酸（(3)式））の酸化剤のはたらきを示す反応を用いて，ⓐⓑⓒⓓⓔⓕの酸化還元反応をイオン反応式で示せ.

(1) $H_2SO_4 + 2H^+ + 2e^- \longrightarrow 2H_2O + SO_2$

(2) $HNO_3 + 3H^+ + 3e^- \longrightarrow 2H_2O + NO$

(3) $HNO_3 + H^+ + e^- \longrightarrow H_2O + NO_2$

ⓐ 熱濃硫酸と銅との反応　　　　　ⓑ 熱濃硫酸と銀との反応

ⓒ 希硝酸と銅との反応　　　　　　ⓓ 希硝酸と銀との反応

ⓔ 濃硝酸と銅との反応　　　　　　ⓕ 濃硝酸と銀との反応

ヒント：銅は2価のイオンに，銀は1価のイオンになる.

問題 8-18

ビタミンCは以下のような反応式により還元作用を示す.

他方，溶存酸素は還元されて一部は以下のような反応式により水に変わる.

$$4H^+ + O_2 + 4e^- \longrightarrow 2H_2O$$

これらを踏まえてビタミンCが溶存酸素を水に変える酸化還元反応を記せ.

ヒント：分子構造の式はそのまま記せばよい.

【例題 8-10】化合物の酸化還元反応式の作り方

以下の(1)と(2)の反応式を用いて，過マンガン酸カリウム（$KMnO_4$）と塩酸（HCl）との酸化還元反応式をイオン反応式ではなく化合物の式で記せ.

(1) $MnO_4^- + 8H^+ + 5e^- \longrightarrow Mn^{2+} + 4H_2O$　　　(2) $2Cl^- \longrightarrow Cl_2 + 2e^-$

> ⇒まずイオン式を作り，存在する陽イオンと陰イオンの電荷数が同じになるように化合物を考えていく.

まず(1)式×2＋(2)式×5を行えば，以下のイオン反応式が得られる.

$$2MnO_4^- + 16H^+ + 10Cl^- \longrightarrow 2Mn^{2+} + 8H_2O + 5Cl_2$$

MnO_4^- はもともと $KMnO_4$ だったから，2個の K^+ を両辺に加え $KMnO_4$ にすると，

$$2KMnO_4 + 16H^+ + 10Cl^- \longrightarrow 2Mn^{2+} + 8H_2O + 5Cl_2 + 2K^+$$

H^+ と Cl^- はもともと HCl だったので，両辺に6個の Cl^- を加えて，

$$2KMnO_4 + 16HCl \longrightarrow 2Mn^{2+} + 8H_2O + 5Cl_2 + 2K^+ + 6Cl^-$$

Mn^{2+} や K^+ に対する陰イオンは Cl^- しかない．$6Cl^-$ のうち $2Mn^{2+}$ を $2MnCl_2$ にするのに

> 4 個の Cl^- を，$2K^+$ を 2KCl にするのに 2 個の Cl^- を充てると，
> $$2KMnO_4 + 16HCl \longrightarrow 2MnCl_2 + 8H_2O + 5Cl_2 + 2KCl$$

答 $2KMnO_4 + 16HCl \longrightarrow 2MnCl_2 + 8H_2O + 5Cl_2 + 2KCl$

問題 8-19

二クロム酸カリウム（$K_2Cr_2O_7$）は過マンガン酸カリウムよりも酸化力が弱い酸化剤である．いま，硫酸鉄(II)（$FeSO_4$）水溶液に二クロム酸カリウムの硫酸水溶液を滴下したときの，化合物による酸化還元反応式を示せ．なお二クロム酸イオンと鉄(II)イオンの反応式は以下の (1) と (2) のとおりである．

(1) $Cr_2O_7{}^{2-} + 14H^+ + 6e^- \longrightarrow 2Cr^{3+} + 7H_2O$

(2) $Fe^{2+} \longrightarrow Fe^{3+} + e^-$

ヒント：$14H^+$ は H_2SO_4 から生じたものであり，Fe^{2+} は $FeSO_4$ から生じたものである．

問題 8-20

シュウ酸（$(COOH)_2$）水溶液に過マンガン酸カリウム（$KMnO_4$）の硫酸水溶液に加えたときの，酸化還元反応式をイオン反応式で示すと以下のようになる．

$$2MnO_4{}^- + 6H^+ + 5(COOH)_2 \longrightarrow 2Mn^{2+} + 8H_2O + 10CO_2$$

これを化合物による反応式にせよ．

ヒント：$6H^+$ は H_2SO_4 から生じたものであり，Mn^{2+} に対する陰イオンは $SO_4{}^{2-}$ である．

8.5 酸化還元反応の量的関係と酸化還元滴定

酸化還元反応の量的関係 酸化還元反応も化学反応の一種であるから量的関係も同様である．酸化還元反応の係数が物質量比（モル比）なので，この比から量的関係や反応量を求めることができる．

酸化還元滴定 酸化還元反応においては明瞭な色調変化が生じる場合があるので定量分析（酸化還元滴定）に利用することができる．例えば過マンガン酸カリウム（$KMnO_4$）は水溶液中で電離して，過マンガン酸イオン（$MnO_4{}^-$）を生じる．この $MnO_4{}^-$ は紫色を呈しているが，相手物質を酸化して無色のマンガンイオン（Mn^{2+}）に変わる．したがって，紫色-無色の色調変化により，反応する相手物質が完全に消費されたかどうかを知ることができる．

【Fe^{2+} 定量の例】

Fe^{2+} 濃度が未知の水溶液を 0.100 [mol/L] の $KMnO_4$ 溶液で 5 回滴定した結果，終点（Fe^{2+} と $MnO_4{}^-$ の反応が終了した時点）の平均値は 19.0 [mL] であったときの Fe^{2+} 濃度は以下のように求められる．この場合，酸化還元反応において，$MnO_4{}^-$ 1 [mol] が Fe^{2+} 5 [mol] と反応することを考慮すれば*，以下のように Fe^{2+} 濃度は 0.475 [mol/L] と求めることができる．

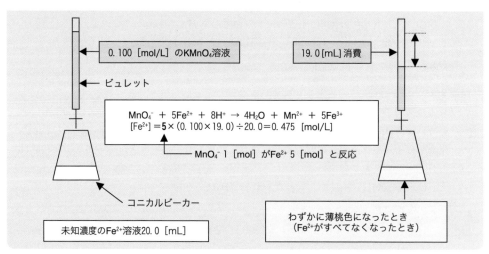

*電子（e⁻）1 [mol] を酸化（還元）する酸化剤（還元剤）のモル質量をグラム当量といい，1 [L] 中に1グラム当量を含む場合を1規定（1N）とすることがある.

例題と解き方

【例題 8-11】酸化剤が酸化する物質の物質量

過マンガン酸カリウム 0.01 [mol]，二クロム酸カリウム 0.01 [mol]，過酸化水素 0.02 [mol] をそれぞれ含む水溶液がある．酸性水溶液中で鉄（II）イオンが酸化される量の大小関係はどうなっているか．ただし，それぞれの酸化のはたらきを示す式は (1)(2)(3) 式のとおりである.

(1) $MnO_4^- + 8H^+ + 5e^- \longrightarrow Mn^{2+} + 4H_2O$

(2) $Cr_2O_7^{2-} + 14H^+ + 6e^- \longrightarrow 3Cr^{3+} + 7H_2O$

(3) $H_2O_2 + 2H^+ + 2e^- \longrightarrow 2H_2O$

➡酸化剤 1 mol が酸化するときの電子数を比較すればよい.

(1)〜(3)式から，MnO_4^- 1 [mol] は電子 5 [mol]，$Cr_2O_7^{2-}$ 1 [mol] は電子 6 [mol]，H_2O_2 1 [mol] は電子 2 [mol] を相手物質から奪う．したがって，

MnO_4^-：0.01 [mol]　　　⟶　e⁻：0.05 [mol]

$Cr_2O_7^{2-}$：0.01 [mol]　　⟶　e⁻：0.06 [mol]

H_2O_2：0.01 [mol]　　　　⟶　e⁻：0.04 [mol]

なお，鉄（II）イオン（Fe^{2+}）の反応式は以下のとおりである.

$$Fe^{2+} \longrightarrow Fe^{3+} + e^-$$

答　二クロム酸カリウム＞過マンガン酸カリウム＞過酸化水素

【例題 8-12】過マンガン酸カリウム滴定

過マンガン酸カリウム（$KMnO_4$）とシュウ酸ナトリウム（$Na_2C_2O_4$）は次のように反応する．

$$5Na_2C_2O_4 + 2KMnO_4 + 8H_2SO_4$$
$$\longrightarrow K_2SO_4 + 5Na_2SO_4 + 2MnSO_4 + 10CO_2 + 8H_2O$$

いま正確にはかり取ったシュウ酸ナトリウム 0.2998 [g] を硫酸水溶液に溶解した後，メスフラスコを用いて水を加えて正確に 250 [mL] にした．この溶液をホールピペットで正確に 20 [mL] 分取して，濃度未知の過マンガン酸カリウム水溶液で 5 回滴定した結果，平均すると終点に達するのにこの過マンガン酸カリウム水溶液 22.50 [mL] を要した．過マンガン酸カリウム水溶液のモル濃度はいくらか．ただし，シュウ酸ナトリウムのモル質量は 134.00 [g/mol] としてよい．

> ➡酸化還元反応式からわかる $Na_2C_2O_4$ と $KMnO_4$ の物質量比（モル比）を知り，$Na_2C_2O_4$ の質量 [g] とモル質量 [g/mol] から $Na_2C_2O_4$ の物質量 [mol] を求め，$KMnO_4$ のモル濃度を x [mol/L] とおいて解けばよい．

$Na_2C_2O_4$ の物質量 [mol] $= \dfrac{0.2998}{134.00}$

$Na_2C_2O_4$ のモル濃度 [mol/L] $= \dfrac{0.2998}{134.00 \times \dfrac{250}{1000}}$

20 [mL] 分取した溶液中の $Na_2C_2O_4$ の物質量 [mol] $= \dfrac{0.2998}{134.00 \times \dfrac{250}{1000}} \times \dfrac{20.00}{1000}$

$KMnO_4$ のモル濃度を x [mol/L] とおくと，$KMnO_4$ の物質量 [mol] は，滴定量が 22.50 [mL] だから，

$$KMnO_4 \text{ の物質量 [mol]} = \dfrac{22.50}{1000} x$$

酸化還元反応式より，$Na_2C_2O_4$ の物質量：$KMnO_4$ の物質量＝5：2 より，

$$\dfrac{0.2998}{134.00 \times \dfrac{250}{1000}} \times \dfrac{20.00}{1000} : \dfrac{22.50}{1000} x = 5 : 2$$

答　3.182×10^{-3} [mol/L]

問題 8-21

酸素の単体で地球を有害な紫外線から守っているオゾン（O_3）がオゾン層ではなく空気中にどれだけ存在するかを定量するために，以下のような実験操作を行った．

(1) 標準状態の空気 500 [L] の空気をヨウ化カリウム（KI）の水溶液に通し，すべてのオゾン吸収させ，そのオゾンと等しい物質量のヨウ素（I_2）を遊離させた．

$$O_3 + 2KI + H_2O \longrightarrow I_2 + 2KOH + O_2$$

(2) このヨウ素を 2.000×10^{-3} [mol/L] のチオ硫酸ナトリウム（$Na_2S_2O_3$）で滴定したところ，終点に達するのに平均して 19.81 [mL] を要した．

$$I_2 + 2Na_2S_2O_3 \longrightarrow 2NaI + Na_2S_4O_6$$

この空気 500 [L] 中にオゾンは何 [mol] 存在していたことになるか.

ヒント：O_3(mol)：$Na_2S_2O_3$(mol) = 1：2 であることを用いて解く.

問題 8-22

緑ばん（硫酸鉄(II)の結晶）（$FeSO_4 \cdot 7H_2O$）中の鉄含有率を知るために, 以下のような実験操作を行った.

(1) 緑ばん 7.9891 [g] を正確に計り取り, 水に溶解させてメスフラスコを用いて正確に 250 [mL] にした.

(2) この溶液をホールピペットで 20.00 [mL] 正確に分取して, 0.02012 [mol/L] の二クロム酸カリウム（$K_2Cr_2O_7$）水溶液で 5 回滴定したところ, 終点に達するのに平均して 18.88 [mL] を要した.

この緑ばんの鉄含有率は何%か. ただし, Fe の原子量は 55.85 として計算せよ. また硫酸鉄(II)と二クロム酸カリウムの酸化還元反応式は次式のとおりである.

$$K_2Cr_2O_7 + 6FeSO_4 + 7H_2SO_4$$
$$\longrightarrow K_2SO_4 + Cr_2(SO_4)_3 + 3Fe_2(SO_4)_3 + 7H_2O$$

ヒント：250 [mL] の溶液から 20 [mL] 分取した溶液を滴定したことに留意する.

問題 8-23

ヨウ素酸カリウム（KIO_3）はヨウ化カリウム（KI）を酸化してヨウ素（I_2）を遊離する.

$$KIO_3 + 5KI + 6H^+ \longrightarrow 3I_2 + 3H_2O + 6K^+$$

ビタミン C はこのヨウ素を還元することができるので, ヨウ素酸カリウム水溶液を用いてビタミン C を定量することができる.

いま, 以下のような実験操作を行った.

(1) ビタミン C を含む試料溶液を正確に 5.00 [mL] 分取し, 充分な KI を加えた.

(2) この溶液を 8.333×10^{-5} [mol/L] のヨウ素酸カリウム水溶液で 5 回滴定したところ, 終点に達するまでに平均で 3.237 [mL] を要した.

(1)と(2)から, ビタミン C を含む試料溶液 5.00 [mL] 中に, ビタミン C は何 [g] 含まれていたか. ただし, ビタミン C の分子量は 176.12 とする.

ヒント：ビタミン C [mol]：KIO_3 [mol] = 3：1 であることを用いて解く.

演習問題

【1】　以下の各物質の下線を引いた原子のうち，酸化されている場合は (o)，還元されている場合は (r)，どちらでもない場合は (n) を記せ．

(1) $Ca\underline{C}_2 + 2H_2O \longrightarrow Ca(OH)_2 + C_2H_2$

(2) $CaCl(\underline{Cl}O)\cdot H_2O + 2HCl \longrightarrow CaCl_2 + Cl_2 + 2H_2O$

(3) $\underline{Au} + NOCl + Cl_2 + HCl \longrightarrow H[AuCl_4] + NO$

(4) $CH_3-C(=O)-CH_3 + H_2N\underline{N}H_2 \longrightarrow CH_3-CH_2-CH_3 + H_2O + N_2$

(5) $\underline{Ag}NO_3 + NH_4CNS \longrightarrow AgCNS + NH_4NO_3$

(6) $2Bi(OH)_2 + 3\underline{Sn}O_2{}^{2-} \longrightarrow 2Bi + 3H_2O + 3SnO_3{}^{2-}$

(7) $\underline{Mn}O(OH)_2 + H_2O_2 + 2HNO_3 \longrightarrow Mn(NO_3)_2 + O_2 + 3H_2O$

(8) $2\underline{Cr}^{3+} + 4OH^- + 3Na_2O_2 \longrightarrow 2CrO_4{}^{2-} + 6Na^+ + 2H_2O$

(9) $Ca(OH)_2 + H_3PO_4 \longrightarrow Ca(HPO_4)_2 + 2H_2O$

(10) $Na\underline{H} + NH_3 \longrightarrow NaNH_2 + H_2$

【2】　二酸化マンガン（MnO_2）を主成分とする軟マンガン鉱中の二酸化マンガンとマンガン（Mn）を，以下のようにして定量した．

(1) ビーカーに 0.05012 [mol/L] のシュウ酸（$(COOH)_2$）水溶液を正確に 100.00 [mL]，50%の硫酸水溶液を 5 [mL] 加えた溶液に，粉砕した軟マンガン鉱を正確に 0.1996 [g] 量り取り完全に溶解させた．この溶液をすべてメスフラスコに移して水を加えて 250 [mL] とした．この実験操作により以下のような反応によってシュウ酸が消費された．

$$MnO_2 + H_2SO_4 + (COOH)_2 \longrightarrow MnSO_4 + 2H_2O + 2CO_2$$

(2) (1)の溶液をホールピペットで正確に 50.00 [mL] 分取して，0.01998 [mol/L] の過マンガン酸カリウム水溶液で 5 回滴定した結果，終点に達するまで平均 11.62 [mL] を要した．

この軟マンガン鉱中の二酸化マンガンとマンガンの含有率はそれぞれ何 [%] か．なお，過マンガン酸カリウムとシュウ酸の酸化還元反応式は次のとおりである．また，MnO_2 のモル質量は 86.9368 [g/mol]，Mn の原子量は 54.9380 とする．

$$5(COOH)_2 + 2KMnO_4 + 3H_2SO_4$$
$$\longrightarrow K_2SO_4 + 2MnSO_4 + 10CO_2 + 8H_2O$$

問 題 解 答

問題 8-1 酸化：(1) CH_4, (3) CH_3CHO, (7) SO_2, (8) Sn^{2+}, (9) Fe
　　　　 還元：(2) CH_3CHO, (4) C_6H_6, (5) H_2O_2, (6) H_3PO_4, (10) MnO_4^-

問題 8-2 (1) 酸化, (2) 還元, (3) 酸化, (4) 還元, (5) 酸化, (6) 還元, (7) 酸化, (8) 還元, (9) 還元, (10) 酸化

問題 8-3 (1) $+5$, (2) $+3$, (3) $+5$, (4) $+7$, (5) -1, (6) $+4$, (7) $+5$, (8) -1, (9) $+7$, (10) 0

問題 8-4 (1) $+5$, $+4$, $+3$, $+2$, -2, (2) $+1$, $+3$, $+5$, $+5$, $+5$, (3) -2, $+2$, $+3$, $+4$, $+7$,
　　　　 (4) -1, $+1$, $+3$, $+5$, $+7$

問題 8-5 (1) $+3$, (2) $+2$, (3) $+4$, (4) $+1$, (5) $+5$, (6) $+5$, (7) $+3$, (8) $+4$, (9) $+3$, (10) $+6$

問題 8-6 (1) o, (2) r, (3) r, (4) n, (5) n, (6) o, (7) o, (8) o, (9) n, (10) n

問題 8-7 (1) r, (2) r, (3) or, (4) o, (5) n

問題 8-8 (1) R, (2) O, (3) O, (4) R, (5) O

問題 8-9 (1) 酸化剤, (2) 還元剤, (3) 酸化剤, (4) 還元剤, (5) 還元剤, (6) 酸化剤

問題 8-10 (1) 起る, (2) 起る, (3) 起る, (4) 起る, (5) 起らない

問題 8-11 $F_2 > Cl_2 > Br_2 > I_2$

問題 8-12 (1) 酸化剤, (2) 還元剤, (3) 還元剤, (4) 還元剤, (5) 還元剤

問題 8-13 (1) ×, (2) ×, (3) ○, (4) ○, (5) ○, (6) ×, (7) ○, (8) ×, (9) ×, (10) ×

問題 8-14 (1) $MnO_4^- + 8H^+ + 5e^- \longrightarrow Mn^{2+} + 4H_2O$ 　(2) $SO_2 + 4H^+ + 4e^- \longrightarrow S + 2H_2O$

(3) $H_2O_2 + 2H^+ + 2e^- \longrightarrow 2H_2O$ 　(4) $O_3 + 2H^+ + 2e^- \longrightarrow O_2 + H_2O$

(5) $HNO_3 + 3H^+ + 3e^- \longrightarrow NO + 2H_2O$ 　(6) $HNO_3 + H^+ + e^- \longrightarrow NO_2 + H_2O$

(7) $H_2SO_4 + 2H^+ + 2e^- \longrightarrow SO_2 + 2H_2O$ 　(8) $Cl_2 + 2e^- \longrightarrow 2Cl^-$

(9) $FeCl_3 + e^- \longrightarrow FeCl_2 + Cl^-$ 　(10) $S_2O_8^{2-} + 2e^- \longrightarrow 2SO_4^{2-}$

問題 8-15 (1) $2S_2O_3^{2-} \longrightarrow S_4O_6^{2-} + 2e^-$ 　(2) $2I^- \longrightarrow I_2 + 2e^-$

(3) $H_2 \longrightarrow 2H^+ + 2e^-$ 　(4) $H_2S \longrightarrow S + 2H^+ + 2e^-$

(5) $BH_4^- + 8OH^- \longrightarrow B(OH)_4^- + 4H_2O + 8e^-$ 　(6) $HCOOH \longrightarrow CO_2 + 2H^+ + 2e^-$

(7) $H_2C_2O_4 \longrightarrow 2CO_2 + 2H^+ + 2e^-$ 　(8) $H_2O_2 \longrightarrow O_2 + 2H^+ + 2e^-$

(9) $HO-C_6H_4-OH \longrightarrow O=C_6H_4=O + 2H^+ + 2e^-$

(10) $CH_3CHO + H_2O \longrightarrow CH_3COOH + 2H^+ + 2e^-$

問題 8-16 ⓐ $2Fe^{2+} + H_2O_2 + 2H^+ \longrightarrow 2Fe^{3+} + 2H_2O$

ⓑ $5Fe^{2+} + MnO_4^- + 8H^+ \longrightarrow 5Fe^{3+} + Mn^{2+} + 4H_2O$

ⓒ $5H_2O_2 + 2MnO_4^- + 6H^+ \longrightarrow 5O_2 + 2Mn^{2+} + 8H_2O$

問題 8-17 ⓐ $Cu + H_2SO_4 + 2H^+ \longrightarrow Cu^{2+} + 2H_2O + SO_2$

ⓑ $2Ag + H_2SO_4 + 2H^+ \longrightarrow 2Ag^+ + 2H_2O + SO_2$

ⓒ $3Cu + 2HNO_3 + 6H^+ \longrightarrow 3Cu^{2+} + 4H_2O + 2NO$

ⓓ $3Ag + HNO_3 + 3H^+ \longrightarrow 3Ag^+ + 2H_2O + 2NO$

ⓔ $Cu + 2HNO_3 + 2H^+ \longrightarrow Cu^{2+} + 2H_2O + 2NO_2$

ⓕ $Ag + HNO_3 + H^+ \longrightarrow Ag^+ + H_2O + NO_2$

問題 8-18

$$2 \quad \text{(構造式)} \quad + O_2 \quad \rightarrow \quad 2 \quad \text{(構造式)} \quad + 2H_2O$$

問題 8-19 $6FeSO_4 + K_2Cr_2O_7 + 7H_2SO_4 \longrightarrow$
　　　　　　　　$3Fe_2(SO_4)_3 + Cr_2(SO_4)_3 + K_2SO_4 + 7H_2O$

問題 8-20　$2KMnO_4 + 5(COOH)_2 + 3H_2SO_4 \longrightarrow$
$$2MnSO_4 + 10CO_2 + K_2SO_4 + 8H_2O$$

問題 8-21　1.981×10^{-5} [mol]

問題 8-22　19.92 [%]

問題 8-23　1.425×10^{-4} [g]

演 習 問 題

【 1 】　(1) n, (2) r, (3) o, (4) o, (5) n, (6) o, (7) r, (8) o, (9) n, (10) o

【 2 】　二酸化マンガンの含有率：91.90 [%]
　　　　マンガンの含有率：58.07 [%]

9 酸化還元と電気

9.1 金属のイオン化傾向（金属イオンと金属との反応）

> **イオン化傾向**　　金属が電子（e^-）を失ってイオンになろうとする性質
> イオンになりやすい順番（イオン化傾向）は以下の通り
>   K＞Ca＞Na＞Mg＞Al＞Zn＞Fe＞Ni＞Sn＞Pb＞（H_2）＞Cu＞Hg＞Ag＞Pt＞Au
> **酸化還元反応**　　イオン化傾向の大きな金属は e^- を相手物質に与える還元剤，イオ
> ン化傾向の小さな金属のイオンは e^- を相手物質から奪う酸化剤としてはたらく．

例題と解き方

【例題 9-1】イオン化傾向と酸化還元反応
塩酸にマグネシウムリボンを浸した時の反応式を記せ．

> ➡ **イオン化傾向を比較し，イオンになりやすい方がイオンになる．**

塩酸の中に存在する陽イオン，すなわち H^+ と Mg のイオン化傾向を比較してみよう．
$Mg＞H_2$ であるから，マグネシウムのほうがイオンになりやすい．また酸化還元の観点か
らは，Mg は還元剤（電子（e^-）を放出しやすく），H^+ は酸化剤（e^- を受け取りやすい）
であることがわかる．右図はイオン化傾向の大きいも
のを上に記したもので，イオンを右に，金属を左に示
したものである．イオンと金属の反応は，e^- を水に
見立てて，e^- がホースをつないだときに流れるかど
うかで判断できる．よって，

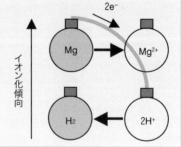

$$\begin{aligned} & Mg \longrightarrow Mg^{2+} + 2e^- \quad \cdots\cdots ① \\ +\ &)\,2H^+ + 2e^- \longrightarrow H_2 \quad \cdots\cdots ② \\ \hline & Mg\ +\ 2H^+ \longrightarrow Mg^{2+} + H_2 \end{aligned}$$

答　$Mg + 2H^+ \longrightarrow Mg^{2+} + H_2$

【例題 9-2】イオン化傾向と金属と金属イオンの酸化還元反応

ニッケルイオン（Ni^{2+}）が含まれる水溶液に，次の(1)〜(4)の金属を浸した．反応が起こる金属を選び，どのような反応が起こるか反応式で記せ．

(1) Zn   (2) Cu   (3) Al   (4) Ag

> ➡ イオン化傾向が Ni よりも大きな金属はイオン化して水溶液中に溶け出し，ニッケルイオンは電子を受け取り（還元されて）金属として析出する．反応式を書くときは各イオンの価数に注意して係数を合わせるようにする．

イオン化傾向は，Al>Zn>Ni>Cu>Ag の順であり，Al と Zn は Ni よりイオンになりやすいので反応することになる．また，【例題 9-1】のように，イオン化傾向の大きい金属と対応する金属イオンを描いたものが右図である．Ni よりもイオン化傾向の大きい Al と Zn からは，Ni^{2+} に電子は流れ込むことができ，Al と Zn は電子が出て行くので，それぞれ Al^{3+} と Zn^{2+} に変わる．他方，Ni よりもイオン化傾向の小さい Cu と Ag からは，Ni^{2+} に電子は流れ込むことができないので，反応しない．

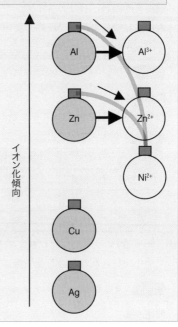

答 (1) $Zn + Ni^{2+} \longrightarrow Zn^{2+} + Ni$, (2) 反応しない, (3) $2Al + 3Ni^{2+} \longrightarrow 2Al^{3+} + 3Ni$, (4) 反応しない

問題 9-1

以下の文書を読んで(1)(2)(3)の各問に答えよ．

硫酸ニッケル水溶液にアルミニウムを浸すと，アルミニウムがイオン化して溶液中に溶け出し，アルミニウムの表面上に（ア）が析出する．この現象は，アルミニウムよりもニッケルのイオン化傾向が（イ）いことで説明できる．

(1) （ア）と（イ）に適当な語句を入れよ．
(2) 下線部の反応を反応式で記せ．
(3) 文書中の実験の途中で，アルミニウムを取り出し，銅を浸すとどのような変化が起こるか．

ヒント：Al，Ni，Cu のイオン化傾向の大小を考える．

問題 9-2

硫酸銅(II)水溶液に次の(1)～(5)の各金属片を浸した場合のイオン反応式を記せ．なお，何も反応しない場合は「反応しない」と記せ．

(1) Al　　　(2) Mg　　　(3) Ag　　　(4) Pb　　　(5) Ni

ヒント：硫酸銅(II)水溶液において，硫酸銅(II)は電離して Cu^{2+} がその溶液中に存在している．また，反応するかどうかは各金属のイオン化傾向の大小から，【例題 9-2】のように考えればよい．

問題 9-3

銅板を次の(1)～(5)の各イオンを含む水溶液に浸した場合のイオン反応式を記せ．なお，何も反応しない場合は「反応しない」と記せ．

(1) Zn^{2+}　　　(2) Ni^{2+}　　　(3) Ag^+　　　(4) Au^+　　　(5) Pb^{2+}

ヒント：反応するかどうかは各金属のイオン化傾向の大小から判断して考えればよい．

問題 9-4

鉄板 (Fe) と銅板 (Cu) を，Zn^{2+}，Cu^{2+}，Ag^+ を含む水溶液に浸した．その結果（反応）を下表のようにまとめた．

	鉄板 (Fe)	銅板 (Cu)
Zn^{2+} を含む水溶液	(a)	(b)
Cu^{2+} を含む水溶液	(c)	変化なし
Ag^+ を含む水溶液	(d)	(e)

(a)～(e)のうち，変化が観察できたと考えられるものはそのイオン反応式を書け．また，変化が見られなかったと予想される場合は「変化なし」と記せ．

ヒント：反応するかどうかは各金属のイオン化傾向の大小から，【例題 9-2】のように考えればよい．

問題 9-5

1.00 [mol/L] の銀イオン（Ag^+）を含む水溶液 100 [mL] に，1.00 [g] のアルミニウムはすべて溶解することができるか．ただし，アルミニウムの原子量は27.0とする．

ヒント：イオン化傾向の大小は，Al＞Ag であるから，反応は生じることになる．反応式を書いてみると，3 [mol] の Ag^+ に対して，1 [mol] の Al が溶解することがわかる．

問題 9-6

希塩酸中にイオン化傾向が水素（H_2）より大きい2価の原子価を有するある金属片 2.00 [g] を投入したところ，標準状態において 685 [mL] の水素が発生した．この金属の原子量はいくらか．

ヒント：イオン化傾向が水素より大きいので，金属と希塩酸中に存在する H^+ とが反応して H_2 が生じる．金属は2価のイオンになるので，金属と H^+ の反応の物質量の関係がわかる．

9.2　金属のイオン化傾向（水，酸，酸素との反応）

水，酸，酸素との反応　　イオン化傾向が大きい金属ほど反応性が高い．例えば水との反応についても，イオン化傾向の最も大きいK，Na，Caは冷水と反応するが，イオン化傾向がそれに次ぐMgは，熱水でないと反応しない．さらにイオン化傾向の小さいAl，Zn，Feにおいては，高温の水蒸気でないと反応しなくなる．酸や酸素との反応もイオン化傾向の大きい金属ほど反応性は高い．

イオン化傾向	大							小
金　属	K Na Ca	Mg	Al Zn Fe	Ni Sn Pb	Cu	Hg Ag	Pt Au	
H₂発生反応	冷水と反応							
	熱水と反応							
	高温水蒸気と反応							
	塩酸・希硫酸などと反応							
酸化性酸との反応	酸化力の強い硝酸・熱濃硫酸と反応							
	王水との反応							
O₂との反応	内部酸化		表面に酸化物皮膜が形成			酸化されにくい		

例題と解き方

【例題 9-3】金属のイオン化傾向と反応性

ナトリウムと水，塩酸，酸素との反応式を記せ．また，ナトリウムを大気中に放置した場合，どのように化学変化するかも反応式で記せ．

➡イオン化傾向の大きいナトリウムは，反応性が大である．

水や塩酸，酸素とは非常に激しく反応する．大気は微量の水分を含んだ空気（酸素＋窒素）と考え，酸素と反応した後，水と反応し最終的には水酸化ナトリウムが得られる．もちろん一部は大気中の水分と直接反応し，水酸化ナトリウムとなる．

答　水との反応：$2Na + 2H_2O \longrightarrow 2NaOH + H_2$，塩酸との反応：$2Na + 2HCl \longrightarrow H_2 + 2NaCl$，酸素との反応：$4Na + O_2 \longrightarrow 2Na_2O$，大気中での反応：$4Na + O_2 \longrightarrow 2Na_2O$，その後　$Na_2O + H_2O \longrightarrow 2NaOH$

【例題 9-4】 金属のイオン化傾向と反応性

(1) ～ (4) の記述を読み, 金属 A～E をイオン化傾向の大きい順に並べよ.

  (1) A, B, D は希硫酸と反応して水素を発生したが, C, E は反応しなかった.

  (2) D は室温で水と激しく反応したが, 他は反応しなかった.

  (3) A, B, D, E は希硝酸と反応したが, C は反応しなかった.

  (4) A の化合物の水溶液に B をいれたら, B の表面に A が析出した.

> ➡イオン化傾向が大きい金属ほど, H^+, H_2O などに対して反応性が高い. 逆にイオン
> 化傾向が小さい金属ほど, 反応性が低いことからイオン化傾向の順を判断する.

  (1)から(3)までの記述から, それぞれ希硫酸, 水, 希硝酸と反応する金属のほうが反応しない金属よりもイオン化傾向が大きいことが予想される. (4)の記述からは, 析出した金属のほうがイオン化傾向が小さいことが予想される. すなわち, (1)から A, B, D>C, E が, (2)から D>A, B, C, E が, (3)から A, B, D, E>C が, (4)から, B>A がわかる.

答 D>B>A>E>C

問題 9-7

A～E はナトリウム (Na), アルミニウム (Al), 鉄 (Fe), 銅 (Cu), 金 (Au) のいずれかとする. 以下の(1)～(4)の各文を読み, A～E はどの金属か答えよ.

  (1) C は 20 [℃] の水と激しく反応し, その水溶液は塩基性を示した.

  (2) E は濃硫酸とも反応しなかった.

  (3) B, C, D は塩酸と反応し水素を発生したが, A と E は反応しなかった

  (4) B のイオンを含む水溶液に金属 D を浸したが, 反応は起こらなかった

  ヒント：(1)と(2)の記述から C と E は特定できる. 他の特定は,【例題 9-4】を参考にイオン化傾向の大小から行える.

問題 9-8

次の記述を読み以下の(1)(2)の各問に答えよ.

金属カルシウムを水に浸すとカルシウムは溶解して, その水溶液は (ア) 性を示す. また金属カルシウムを大気中に放置すると, (イ) と激しく反応し, (ウ) が形成される. その後に (ウ) は大気中の水分と反応し (エ) となる.

  (1)（ ）内に適当な語句を入れ, 文書を完成させよ.

  (2) 下線部の変化を反応式で記せ.

  ヒント：【例題 9-3】を参考にするとよい.

9.3　電池（原理としくみ，実用電池）

電　　池　　酸化還元反応によって生じる化学エネルギーを電気エネルギーに変換する素子である．主として正極材料，負極材料，電解質（電解液）で構成される．下図はボルタ電池と呼ばれる電池を模式化したものである．イオン化傾向の大小は $Zn >H_2 > Cu$ の順なので，Zn がイオン化して生じた電子 (e^-) は Cu に向かって流れ，そ

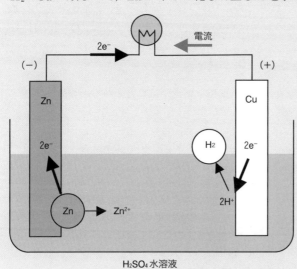

こで H^+ に電子を渡して H_2 が発生する．電流の向きは電子の流れと逆なので，Zn が負極，Cu が正極になる．この電池は以下のように表される．

$$(-)Zn|H_2SO_4 \text{ aq}|Cu(+)$$

例題と解き方

【例題 9-5】ダニエル電池

(1) ダニエル電池の正極材料及び負極材料を記せ．

(2) ボルタの電池は次のように表される．

$$(-)Zn|H_2SO_4 \text{ aq}|Cu(+)$$

これにならってダニエル電池を表せ．

(3) 酸化反応が生じているのは正極，負極のどちらか．

(4) 正極及び負極での反応を反応式で記せ．

➡ダニエル電池は電極に Zn と Cu を，電解液に $ZnSO_4$ と $CuSO_4$ を使用している．イオン化傾向は $Zn > Cu$ であることを考慮すると負極か正極かがわかる．なお 2 種類の電解液が混ざらないように，塩橋や素焼き板で仕切られてその間を SO_4^{2-} イオンが移動している．また，気体が発生せず分極の生じない構造となっている．

(3) イオン化傾向の大小は，$Zn > Cu$ であるから，Zn がイオン化して電子が生じる．この電子が Cu に向かい，溶液中の Cu^{2+} に電子を渡して Cu を生じさせる．したがって，Zn で酸化反応が，Cu で還元反応が生じる．

答　(1) 正極材料：Cu, 負極材料：Zn, (2) (−) Zn|ZnSO₄ aq||CuSO₄ aq|Cu (+), (3) 負極,
　　(4) 正極：$Cu^{2+} + 2e^- \longrightarrow Cu$, 負極：$Zn \longrightarrow Zn^{2+} + 2e^-$

【例題 9-6】電池の放電と量変化

JIS 名称でニカド電池，商標名でニッカド電池と呼ばれるニッケル・カドミウム電池の放電反応は以下の反応式で表される．(1)と(2)の各問に答えよ．

　　　　正極：$NiOOH + H_2O + e^- \longrightarrow Ni(OH)_2 + OH^-$　　　　……①

　　　　負極：$Cd + 2OH^- \longrightarrow Cd(OH)_2 + 2e^-$　　　　……②

(1) この電池を放電したところ，負極である Cd の質量が 1.7 [g] 増加した．このときに電解液から失われた水の質量はいくらか．ただし原子量は，O=16, H=1 とせよ．

(2) 放電反応により酸化された物質を，化学式で答えよ．

> ➡(1) 電池の放電反応が生じているときは，正極と負極で流れる電子（e^-）の物質量 [mol] は等しい．したがって放電反応の全体反応は，①式×②式により，
>
> 　　　　$2NiOOH + 2H_2O + Cd \longrightarrow 2Ni(OH)_2 + Cd(OH)_2$
>
> となる．1 [mol] 放電反応が進むと，正極の Cd が $Cd(OH)_2$ に変わるので $(OH)_2$ の式量分，すなわち 34 [g] 増加することになる．
>
> (2) 電子を奪われた物質が酸化された物質である．または酸化数の増加する物質をみてもよい．

(1) 1.7 [g] 増加したから，反応した Cd の物質量を求めるには 34 [g] で割ればよい．放電反応の全体反応より，Cd が 1 [mol] 反応すると水は 2 [mol] 消失する．したがって水の分子量は 18 だから，失われた水の質量は，

$$\frac{1.7}{34} \times 2 \times 18 = 1.8 \text{ [g]}$$

(2) Cd の酸化数は単体なので 0 であり，$Cd(OH)_2$ の Cd の酸化数は 2 であるから，酸化された物質は Cd である．

答　(1) 1.8 [g], (2) Cd

問題 9-9

自家用車などに用いられている鉛蓄電池の放電反応は以下の反応式で表される．(1)(2)の各問に答えよ．

　　　　正極：$PbO_2 + 4H^+ + SO_4^{2-} + 2e^- \longrightarrow PbSO_4 + 2H_2O$　　　　……①

　　　　負極：$Pb + SO_4^{2-} \longrightarrow PbSO_4 + 2e^-$　　　　……②

(1) 電池を放電すると正極の質量が 3.2 [g] 増加した．このときに電解液から失われた硫酸の質量はいくらか．ただし原子量は，O=16, S=32 とせよ．

(2) 放電反応により，酸化された物質と還元された物質を答えよ．

ヒント：**【例題 9-6】**を参考にして解けばよい．(1) 放電の全体反応は，①式＋②式であるが，$2H^++SO_4^{2-}$ を硫酸（H_2SO_4）とみなす．正極である PbO_2 が 1 [mol] 反応すると，$PbSO_4$ も 1 [mol] 生じる．すなわち式量として SO_2 分の正極の質量増加がある．(2) 電子の授受，あるいは酸化数の増減から判断すればよい．

問題 9-10

右図のように $CuSO_4$ 水溶液に銅板（Cu）を浸し，$AgNO_3$ 水溶液に銀板（Ag）を浸して導線でつないで電池として放電させた．以下の (1) ～ (5) の各問いに答えよ．ただし原子量は，Cu＝64，Ag＝108 として計算せよ．

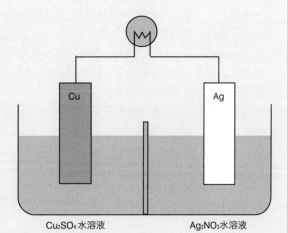

Cu₂SO₄水溶液　　　　　Ag₂NO₃水溶液

(1) 電流は銅板と銀板のどちらからどちらに向かって流れるか．

(2) 放電を行ったとき，正極と負極で起る反応を反応式で示せ．また放電反応の全体反応の反応式も記せ．

(3) ある条件で放電を行った結果，放電後の銅板は最初に比べ 0.16 [g] 減少していた．銀板の質量増加は何 [g] か．

(4) 放電により，酸化された物質と還元された物質を答えよ．

ヒント：(1)(2) Cu と Ag のイオン化傾向の大小を考えると判る．全体反応を考えるとき，正極と負極の反応における電子の数が同じになるようにして放電の全体反応を考える．(3) 全体反応の反応式から，【例題 9-6】を参考にして解けばよい．(4) 電子の授受か，酸化数の増減で判断すればよい．

9.4　電気分解（陽極と陰極および陽極と陰極で起こる反応）

電気分解　　電解質水溶液や溶融塩中に電極 2 本を浸し，この 2 本の電極間に外部電源から電圧を加えることにより酸化還元反応を起こすことを**電気分解**という．

陽極・陰極と起こる反応　　電気分解しているとき，酸化反応が起こっている電極を**陽極**，還元反応が起こっている電極を**陰極**という．電気分解においては，電極自身も含め最も酸化されやすいものが陽極（陽極自身）で酸化され，最も還元されやすいものが陰極で還元される．図は酸性水溶液を白金電極を用いて電気分解した例である．最も酸化されやすい H_2O

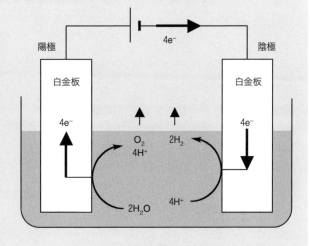

が陽極で酸化され O_2 が生じ，最も還元されやすい H^+ が陰極で還元され H_2 が生じる．

電極反応　　イオン化傾向の順は実は標準電極電位（$E°$）の小さい順に並べたものであり，金属以外の物質の酸化還元反応もこの $E°$ の大小により起こりやすさが決まっている．白金電極（Pt）や炭素電極（C）は安定でほとんど反応しないが，銅電極（Cu）などは電極自身も反応することがある．以下に，電気分解で起こる代表的な電極反応を $E°$ の小さい順に示す．

$$2H_2O + 2e^- \rightleftharpoons 2H_2 + 2OH^- \qquad -0.83\,V \qquad \cdots\cdots①$$
$$Fe^{2+} + 2e^- \rightleftharpoons Fe \qquad -0.44\,V \qquad \cdots\cdots②$$
$$2H^+ + 2e^- \rightleftharpoons H_2 \qquad 0\,V \qquad \cdots\cdots③$$
$$O_2 + 2H_2O + 4e^- \rightleftharpoons 4OH^- \qquad +0.40\,V \qquad \cdots\cdots④$$
$$Cu^{2+} + 2e^- \rightleftharpoons Cu \qquad +0.52\,V \qquad \cdots\cdots⑤$$
$$Ag^+ + e^- \rightleftharpoons Ag \qquad +0.80\,V \qquad \cdots\cdots⑥$$
$$O_2 + 4H^+ + 4e^- \rightleftharpoons 2H_2O \qquad +1.23\,V \qquad \cdots\cdots⑦$$

右向き（→）が還元反応，左向き（←）が酸化反応で，$E°$ が高いほど還元反応は起こりやすく，$E°$ が低いほど酸化反応は起こりやすい．

例題と解き方

【例題 9-7】金属のイオン化傾向と金属イオンの電気分解（電解還元）

銀イオン（Ag^+）と銅(II)イオン（Cu^{2+}）を含む酸性水溶液に2本の白金電極を挿入して電極間に電圧を加えて電解する場合，最も優先的に起こる反応を記せ．

> ➡ イオン化傾向が小さい金属のイオンほど還元されやすい．

酸性水溶液中だから，Ag^+ と Cu^{2+} 以外に H^+ も存在する．これらに対応する金属のイオン化傾向は，$H_2 > Cu > Ag$ であるから，Ag^+ が最も還元され易い．右図において，還元は電子を受け取る反応なので，コップに水が下から入っていくように，電子も下にあるものほど受け取りやすい．

イオン化傾向

答　$Ag^+ + e^- \longrightarrow Ag$

【例題 9-8】酸性・中性・塩基性水溶液の電気分解

2本の白金電極を用いて以下の(1)〜(3)の各水溶液の電気分解を行った場合，陽極と陰極において生じる反応を下の電極反応から選べ．なお，電極反応は還元反応が起こりやすい順に記してある．

(1) H_2SO_4 水溶液　　(2) NaOH 水溶液　　(3) Na_2SO_4 水溶液

$$O_2 + 4H^+ + 4e^- \rightleftharpoons 2H_2O$$
$$O_2 + 2H_2O + 4e^- \rightleftharpoons 4OH^-$$
$$2H^+ + 2e^- \rightleftharpoons H_2$$

$$2H_2O + 2e^- \rightleftharpoons 2H_2 + 2OH^-$$

➡最も還元されやすいものが陰極で還元され，最も酸化されやすいものが陽極で酸化される．

電極の白金，Na^+，SO_4^{2-} は安定で反応しない．還元反応（→）はより上にある反応が起こり，酸化反応（←）はより下にある反応が起こる．

(1) 還元：H^+ と H_2O が反応候補であるが，H^+ の方が反応，酸化：H_2O

(2) 還元：H_2O，酸化：OH^- と H_2O が反応候補であるが，OH^- の方が反応

(3) 還元：H_2O，酸化：H_2O

答 (1) 陰極：$2H^+ + 2e^- \longrightarrow H_2$，陽極：$2H_2O \longrightarrow O_2 + 4H^+ + 4e^-$

(2) 陰極：$2H_2O + 2e^- \longrightarrow 2H_2 + 2OH^-$，陽極：$4OH^- \longrightarrow O_2 + 2H_2O + 4e^-$

(3) 陰極：$2H_2O + 2e^- \longrightarrow 2H_2 + 2OH^-$，陽極：$2H_2O \longrightarrow O_2 + 4H^+ + 4e^-$

問題 9-11

希硫酸に硫酸銅(II)を溶解させた水溶液を銅電極と炭素電極を用いて電気分解を行った．各電極を用いた場合に，陽極と陰極で起こる反応を記せ．なお，起こりうる電極反応は以下のとおりであり，電極反応は還元反応が起こりやすい順に記してある．

$$O_2 + 4H^+ + 4e^- \rightleftharpoons 2H_2O$$
$$Cu^{2+} + 2e^- \rightleftharpoons Cu$$
$$O_2 + 2H_2O + 4e^- \rightleftharpoons 4OH^-$$
$$2H^+ + 2e^- \rightleftharpoons H_2$$
$$2H_2O + 2e^- \rightleftharpoons 2H_2 + 2OH^-$$

ヒント：炭素電極は安定で，電極自身は反応しないが，銅電極は反応する場合がある．

問題 9-12

白金電極を用いて希硫酸を電気分解した場合，陽極と陰極においては以下のような反応が生じる．

陰極：$2H^+ + 2e^- \longrightarrow H_2$　　　　陽極：$2H_2O \longrightarrow O_2 + 4H^+ + 4e^-$

陰極からの気体（H_2）の発生を停止させるためには，以下の(1)～(4)のどの塩を加えて溶解させればよいか．

(1) 硫酸亜鉛　　　(2) 硫酸鉄(III)　　　(3) 硫酸銅(II)　　　(4) 硫酸鉛

ヒント：イオン化傾向と金属イオンの還元反応の起こりやすさを考えればよい．

問題 9-13

硫酸銅(II)および硝酸銀を少し溶解させた希硫酸水溶液がある．この水溶液中に2本の白金電極を浸して電気分解を行い続けた場合，陰極に生じる変化を反応式を用いて説明せよ．

ヒント：イオン化傾向の大小の順序は，$H_2 > Cu > Ag$ の順であることを考慮するとよい．

問題 9-14

酸化アルミニウム（Al_2O_3）はイオン結晶で，加熱して得られる融解液は電気伝導性を示す．この融解液に2本の炭素電極を挿入して電気分解したところ，陰極にはアルミニウムが析出し，陽極からは二酸化炭素（CO_2）が発生した．以下の(1)と(2)の各問に答えよ．

(1) 陽極で生じている反応を記せ．

(2) 陽極で発生した CO_2 は標準状態換算で 672 [mL] であった．陰極に析出したアルミニウムは何 [g] か．アルミニウムの原子量は 27 とする．

ヒント：電池と同様に，陽極と陰極で同時に同じ数の電子が授受されることに注意する．

9.5 ファラデーの電気分解の法則（通電量と物質量変化の関係）

ファラデーの法則と電気分解における量的関係 電極反応も化学反応の一種であるから，基本的には量的関係も同じ考え方でよい．ただし，電気分解には電子（e^-）が関与する．この電子は電気量や電流からその量を測定できる．電気分解中に陽極および陰極における電極反応で変化する物質の物質量 [mol] は，流れた電気量に比例する．これを**ファラデーの法則**という．電子（e^-）1 [mol] の有する電気量は，$1F$（ファラデー）といい，**$1F = 96,500$ [C/mol]** である．

電気分解において，電流（i）が一定のとき，電解時間（t）と電気量（Q）の関係は，

$$Q = it$$

なお，Q の単位は [C]，i の単位は [A]，t の単位は [s] である．右図は希硫酸水溶液を白金電極を用いて電気分解した例である．陽極および陰極の反応は以下のとおりである．

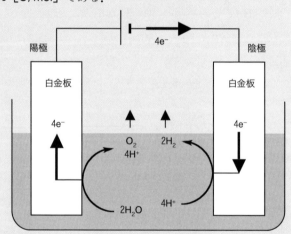

$$陽極：2H_2O \longrightarrow O_2 + 4H^+ + 4e^-$$

$$陰極：2H^+ + 2e^- \longrightarrow H_2$$

例えば，100 [mA] の電流で32分10秒間，電気分解したときの O_2 の発生量をみてみよう．まず $i = 0.100$ [A]，$t = 32 \times 60 + 10 = 1,930$ [s] だから，

$$Q = it = 0.100 \times 1,930 = 193 \text{ [C]}$$

1 [mol] の e^- の電気量は，$1F = 96,500$ [C/mol] だから e^- の物質量 [mol] は，

$$\frac{193}{96,500} = 0.00200 \ [\text{mol}]$$

e^- の物質量 [mol]：O_2 の物質量 [mol]＝4：1 より，O_2 の発生量は，

$$\frac{1}{4} \times 0.00200 = 0.000500 \ [\text{mol}] \Rightarrow 0.000500 \times 22.4 = 0.0112 \ [\text{L}]$$

$= 11.2 \ [\text{mL}]$ となる.

【例題 9-9】酸性・中性・塩基性水溶液の電気分解と発生気体量

2本の白金電極を用いて希硫酸水溶液の電気分解を 200 [mA] の定電流で行ったところ，陽極から標準状態換算で 89.6 [mL] の酸素の発生があった．以下の (1) と (2) の各問に答えよ.

(1) 陰極で発生した水素の体積は何 [L] か.

(2) 電解時間はいくらか.

> ➡両極で生じている反応より，水素－酸素－電子の物質量 [mol] の関係を知る．ファラデーの法則より電気量を求めて電解時間を計算する.

陽極と陰極で生じている反応は以下のとおりである．両極で消費されている電子は同量なので，電子数を同じにするため陰極の反応式は2倍する.

$$陽極：2H_2O \longrightarrow O_2 + 4H^+ + 4e^-$$
$$陰極：2H^+ + 2e^- \longrightarrow H_2 \Rightarrow 4H^+ + 4e^- \longrightarrow 2H_2$$

(1) O_2 の物質量 [mol]：H_2 の物質量 [mol]＝O_2 の体積 [L]：H_2 の体積 [L]＝1：2 であるから，H_2 の体積 [L] を x [L] とおくと，

$$89.6 : x = 1 : 2 \Rightarrow x = 2 \times 89.6 = 179 \ [\text{mL}]$$

(2) O_2 の物質量 [mol]：e^- の物質量 [mol]＝1：4 であるから，e^- の物質量を y [mol] とおくと，

$$\frac{0.0896}{22.4} : y = 1 : 4 \Rightarrow y = 4 \times \frac{0.0896}{22.4} = 0.0160 \ [\text{mol}]$$

1 [mol] の e^- の電気量は，$1F = 96,500$ [C/mol] だから，要した電気量 (Q) [C] は，

$$Q = 0.0160 \times 96,500 = 1544 \ [\text{C}]$$

$Q = it$ に，$i = 200$ [mA]＝0.200 [A]，$Q = 1544$ [C] を代入すると，電解時間 (i) [s] は，

$$t = \frac{1544}{0.200} = 7720 \ [\text{s}] \ 2 時間 8 分 40 秒$$

答　(1) 179 [mL]，(2) 2 時間 8 分 40 秒

問題 9-15

Ag^+（式量 108）を希硫酸水溶液中で白金電極を用いて 10 分間 0.5 [A] で電気分解を行った．生成する銀の質量 [g] と酸素の体積 [mL] を求めよ.

> ヒント：電極反応は，陰極：$Ag^+ + e^- \rightarrow Ag$，陽極：$2H_2O \rightarrow O_2 + 4H^+ + 4e^-$.

問題 9-16

2本の白金電極を用いて希硫酸水溶液の定電流での電気分解を30分間行った. このとき両極で発生した気体を集めて体積を測定すると, 標準状態換算で251 [mL] であった. この電気分解は何 [A] で行われたか.

> **ヒント** : 電極反応は, 陰極：$2H^+ + 2e^- \rightarrow H_2$, 陽極：$2H_2O \rightarrow O_2 + 4H^+ + 4e^-$ であり, 同じ電子の消費で発生する H_2 と O_2 の体積比は $2 : 1$ である.

問題 9-17

アルミニウムは工業的に電気分解で得られる. アルミニウムの鉱石であるボーキサイト（Al_2O_3 を55 [%] 含有している）中の Al_2O_3 を NaOH 水溶液によって溶解させる. これをろ過した後, ろ液を加水分解させて得られた沈殿（$Al(OH)_3$）を加熱して Al_2O_3 を得る. これを融解した氷晶石中に溶解させ, 炭素電極を用いて電気分解することによって Al を析出させる. 反応式で示すと次のとおりである. このことについて以下の(1)と(2)の各問に答えよ.

$$Al_2O_3 + 2NaOH \longrightarrow 2NaAlO_2 + H_2O$$
$$NaAlO_2 + 2H_2O \longrightarrow Al(OH)_3\downarrow + NaOH$$
$$2Al(OH)_3 \longrightarrow Al_2O_3 + 3H_2O$$
電気分解　陽極：$3O^{2-} + 3C \longrightarrow 3CO + 6e^-$
陰極：$2Al^{3+} + 6e^- \longrightarrow 2Al$

(1) 10 [kg] のアルミニウムを得るために必要なボーキサイトの理論量を求めよ. アルミニウムの原子量は27, 酸素の原子量は16とせよ.

(2) 10 [kg] のアルミニウムを得るのに必要な理論電気量は何 [kA·h] か.

> **ヒント** : (1) 反応式より Al とボーキサイト中の Al_2O_3 の物質量比は $2 : 1$ である. また, 含有率が55 [%] であることも考慮する. (2) 1 [A·h]＝3,600 [C] である.

問題 9-18

2本の白金電極を用いて水酸化ナトリウム水溶液を2.00 [A] の定電流で電気分解を行った. このとき陽極で酸素が標準状態換算で1.12 [L] 発生した. このとき失われた水は何 [g] か. また, 電解した時間はいくらか.

> **ヒント** : 電極反応は, 陰極：$4H_2O + 4e^- \rightarrow 2H_2 + 4OH^-$, 陽極：$4OH^- \rightarrow 2H_2O + O_2 + 4e^-$ である. 水は陰極では消費され陽極では生成するので, その差を求める.

問題 9-19

Ag^+, Cu^{2+}, Al^{3+} を含む3つのそれぞれの水溶液を同じ電気量で電気分解したとき, 陰極に析出する Ag, Cu, Al の物質量 [mol] の大小はどうなるかを記せ.

> **ヒント** : それぞれの電極反応を書けば, 容易に理解できる.

演 習 問 題

【1】　水素（H₂）を燃料とし，以下のように表される燃料電池がある．

$$(-)\ Pt\cdot H_2|H_3PO_{4\ aq}|O_2\cdot Pt\ (+)$$

この燃料電池の全体の反応は，$2H_2+O_2 \rightarrow 2H_2O$ で表される．この燃料電池について以下の(1)と(2)の各問に答えよ．

(1) 正極と負極で生じる電極反応を記せ．

(2) この燃料電池を 2.0 [A] で，20 分間放電した．消費された水素と酸素は，標準状態換算でそれぞれ何 [mL] か．ただし，ファラデー定数は，$96{,}500$ [C/mol] とする．

> **ヒント**：(2) $Q=it$ の関係から電気量を求めて電子の物質量 [mol] を求めれば，(1)の反応式をもとに水素と酸素の物質量 [mol] を求めることができる．

【2】　下図のように電解装置を組み，電解槽Ⅰを硫酸銅(Ⅱ)水溶液で，電解槽Ⅱを硝酸銀水溶液で満たした．この電解装置を用いて，電流を 0.200 [A] に保ちながら，48 分 15 秒間，電気分解を行った．このことについて以下の(1)～(5)の各問に答えよ．

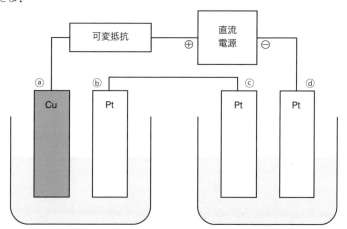

電解槽Ⅰ：硫酸銅(Ⅱ)水溶液　　　　電解槽Ⅱ：硝酸銀水溶液

(1) 電解槽Ⅰと電解槽Ⅱの各電極で起こっている反応を記せ．

(2) 流れた電子の物質量 [mol] はいくらか．

(3) 電解終了後に質量が変化していた電極はⓐ～ⓓのどれか．またその質量変化はいくらか．なお原子量は，Cu=64，Ag=108 とする．

(4) 気体が発生した電極はⓐ～ⓓのどれか．またその体積 [mL] は標準状態換算でいくらか．

> **ヒント**：電子の流れと電流の流れる方向は逆であることに注意する．

問 題 解 答

問題 9-1 (1) (ア) ニッケル，(イ) 小さ，(2) $3Ni^{2+} + 2Al \longrightarrow 3Ni + 2Al^{3+}$，(3) 銅は溶液中には溶けださない（変化は起こらない）

問題 9-2 (1) $3Cu^{2+} + 2Al \longrightarrow 3Cu + 2Al^{3+}$，(2) $Cu^{2+} + Mg \longrightarrow Cu + Mg^{2+}$，(3) 反応しない，(4) $Cu^{2+} + Pb \longrightarrow Cu + Pb^{2+}$，(5) $Cu^{2+} + Ni \longrightarrow Cu + Ni^{2+}$

問題 9-3 (1) 反応しない，(2) 反応しない，(3) $Cu + 2Ag^+ \longrightarrow Cu^{2+} + 2Ag$，(4) $Cu + 2Au^+ \longrightarrow Cu^{2+} + 2Au$，(5) 反応しない

問題 9-4 (a) 変化なし，(b) 変化なし，(c) $Fe + Cu^{2+} \longrightarrow Fe^{2+} + Cu$，(d) $Fe + 2Ag^+ \longrightarrow Fe^{2+} + 2Ag$，(e) $Cu + 2Ag^+ \longrightarrow Cu^{2+} + 2Ag$

問題 9-5 銀イオンとアルミニウムの反応は以下のとおりである．
$$3Ag^+ + Al \longrightarrow 3Ag + Al^{3+}$$
Ag^+ の物質量 [mol] は，$1.00\,[mol/L] \times 0.100\,[mL] = 0.100\,[mol]$．$Ag^+$ の物質量 [mol] の 1/3 の Al が反応して溶けるから，溶液中に溶けることのできる Al の最大量は，
$$0.100 \times \frac{1}{3} \times 27.0 = 0.900\,[g]$$
よって，1 [g] の Al は全て溶けることができない．

問題 9-6 金属を M とすると，H^+ との反応は，以下のとおりである．
$$M + 2H^+ \longrightarrow M^{2+} + H_2$$
したがって，金属 M の原子量を x とすると，反応式の係数から
$$\frac{2.00}{x} : \frac{0.685}{22.4} = 1 : 1 \Rightarrow x = \frac{2.00 \times 22.4}{0.685} = 65.4 \qquad 65.4$$

問題 9-7 A：銅，B：アルミニウム，C：ナトリウム，D：鉄，E：金

問題 9-8 (1) (ア) 塩基（アルカリ），(イ) 酸素，(ウ) 酸化カルシウム，(エ) 水酸化カルシウム，
(2) $Ca + 2H_2O \longrightarrow Ca(OH)_2 + H_2$

問題 9-9 (1) 9.8 [g]，(2) 酸化された物質：Pb，還元された物質：PbO_2

問題 9-10 (1) 銀板から銅板に向かって流れる，
(2) 正極で起こる反応：$Ag^+ + e^- \longrightarrow Ag$，負極で起こる反応：$Cu \longrightarrow Cu^{2+} + 2e^-$，
放電反応の全体反応：$2Ag^+ + Cu \longrightarrow 2Ag + Cu^{2+}$
(3) 0.54 [g]，(4) 酸化された物質：Cu，還元された物質：Ag^+

問題 9-11 （炭素電極の場合）陽極：$2H_2O \longrightarrow O_2 + 4H^+ + 4e^-$
陰極：$Cu^{2+} + 2e^- \longrightarrow Cu$
（銅電極の場合）陽極：$Cu \longrightarrow Cu^{2+} + 2e^-$
陰極：$Cu^{2+} + 2e^- \longrightarrow Cu$

問題 9-12 (3) 硫酸銅(II)

問題 9-13 イオン化傾向の大小の順は，$H_2 > Cu > Ag$ であるから，まず銀の析出が起こる．次には溶液中に Ag^+ が消費されると，銅の析出が起こる．最後に Cu^{2+} が消費されると，水素発生が生じる．反応式は以下のとおりである．
$$Ag^+ + e^- \longrightarrow Ag \Rightarrow Cu^{2+} + 2e^- \longrightarrow Cu \Rightarrow 2H^+ + 2e^- \longrightarrow H_2$$

問題 9-14 (1) $C + 2O^{2-} \longrightarrow CO_2 + 4e^-$
(2) (1) の反応の電子の数に合わせると Al の還元反応は，
$$\frac{4}{3}Al^{3+} + 4e^- \longrightarrow \frac{4}{3}Al$$
したがって，$\dfrac{0.672}{22.4} \times \dfrac{4}{3} \times 27 = 1.08 \qquad 1.08\,[g]$

問題 9-15 銀の質量 $[g] = \dfrac{10 \times 60 \times 0.5}{96,500} \times 108 = 0.34 \qquad 0.34\,[g]$
酸素の体積 $[L] = \dfrac{10 \times 60 \times 0.5}{96,500} \times \dfrac{1}{4} \times 22.4 = 0.017\,[L] \qquad 17\,[mL]$

問題 9-16　同じ電子の消費で発生する H_2 と O_2 の体積比は $2：1$ であるから，H_2 の体積は $(2/3) \times 0.251$ [L] にな
る．また，電子の物質量 [mol] は H_2 の物質量の 2 倍であること，電解時間が 30×60 [s] であること
から，求める電流 [A] は，

$$\frac{2}{3} \times \frac{0.251}{22.4} \times 2 \times \frac{96,500}{30 \times 60} = 0.801 \qquad 0.801\ [\text{A}]$$

問題 9-17　(1) 必要なボーキサイト量 [kg] は，Al_2O_3 の式量が 102 だから，

$$\frac{1}{2} \times \frac{10}{27} \times 102 \times \frac{1}{0.55} = 34.3 \qquad 34.3\ [\text{kg}]$$

(2) $Al^{3+} + 3e^- \longrightarrow Al$ より，電子の物質量 [kmol] は Al の物質量 [kmol] の 3 倍であるから，電気
量は

$$3 \times \frac{10}{27} \times \frac{96,500}{3,600} = 29.8 \qquad 29.8\ [\text{kA·h}]$$

問題 9-18　陰極と陽極で流れる電子の数は同じなので，e^- を同じになるように反応式を書けば，

陰極：$4H_2O + 4e^- \longrightarrow 2H_2 + 4OH^-$，

陽極：$4OH^- \longrightarrow 2H_2O + O_2 + 4e^-$

したがって，陽極では O_2 の物質量 [mol] の 2 倍量の水が増加し，陰極では O_2 の物質量 [mol] の同
量の水が減少するから，失われた水の質量 [g] は，

$$\left(4 \times \frac{1.12}{22.4} - 2 \times \frac{1.12}{22.4}\right) \times 18 = 1.8 \qquad 1.8\ [\text{g}]$$

電解した時間は，

$$\frac{1.12}{22.4} \times 4 \times \frac{96,500}{2.00} = 9,650\ [\text{s}] \qquad 2\ \text{時間}\ 40\ \text{分}\ 50\ \text{秒}$$

問題 9-19　$Ag^+ + e^- \rightarrow Ag,\ Cu^{2+} + 2e^- \rightarrow Cu,\ Al^{3+} + 3e^- \rightarrow Al$ より，析出する金属の物質量 [mol] の大
小の順は，

$$Ag > Cu > Al$$

演 習 問 題

【1】　(1) 正極：$O_2 + 4H^+ + 4e^- \longrightarrow 2H_2O$

負極：$H_2 \longrightarrow 2H^+ + 2e^-$

(2) 消費された水素量 [mL] $= \dfrac{2 \times 20 \times 60}{96,500} \times \dfrac{1}{2} \times 22.4 \times 1,000 = 279 \qquad 279\ [\text{mL}]$

消費された酸素量 [mL] $= \dfrac{2 \times 20 \times 60}{96,500} \times \dfrac{1}{4} \times 22.4 \times 1,000 = 139 \qquad 139\ [\text{mL}]$

【2】　(1) 電解槽 I　（陽極，ⓐ）$Cu \longrightarrow Cu^{2+} + 2e^-$

（陰極，ⓑ）$Cu^{2+} + 2e^- \longrightarrow Cu$

電解槽 II　（陽極，ⓒ）$2H_2O \longrightarrow O_2 + 4H^+ + 4e^-$

（陰極，ⓓ）$Ag^+ + e^- \longrightarrow Ag$

(2) 48 分 15 秒は 2,895 [s] だから，電子の物質量 [mol] は，

$$\frac{0.2 \times 2,895}{96,500} = 0.00600 \qquad 6.00 \times 10^{-3}\ [\text{mol}]$$

(3) 電極ⓐ：$6.00 \times 10^{-3} \times \dfrac{1}{2} \times 64 = 0.192 \qquad 0.192\ [\text{g}]$ 減少

電極ⓑ：$6.00 \times 10^{-3} \times \dfrac{1}{2} \times 64 = 0.192 \qquad 0.192\ [\text{g}]$ 増加

電極ⓒ：質量変化なし

電極ⓓ：$6.00 \times 10^{-3} \times 108 = 0.648 \qquad 0.648\ [\text{g}]$ 増加

(4) 電極ⓒ：$6.00 \times 10^{-3} \times \dfrac{1}{4} \times 22.4 = 0.0336 \qquad 33.6\ [\text{mL}]$

10 有機化合物

10.1 炭化水素

> **炭化水素**　炭化水素は炭素と水素原子でできた化合物の総称で，その分子構造により鎖式炭化水素と環式炭化水素に大別される．さらに脂肪族炭化水素，脂環式炭化水素，芳香族炭化水素などに細分化される．
> **異性体**　同じ分子式を持ちながら，構造の異なる化合物を異性体と呼び，構造異性体，シス-トランス異性体（幾何異性体），鏡像異性体（光学異性体）などがある．

例題と解き方

【例題 10-1】炭化水素の分子式

あるアルケンの分子量を測定したところ，70 であった．このアルケンの分子式を示せ．ただし，炭素の原子量は 12，水素の原子量は 1 とする．

> ➡炭素原子数を n とすると，アルカンの分子式は，C_nH_{2n} と表される．

分子量は n を用いて表すと，$12 \times n + 1 \times 2n$ となり，これが 70 に等しいから，
$$12 \times n + 1 \times 2n = 14n = 70 \qquad n = 5$$

答　C_5H_{10}

問題 10-1

シクロアルカンの炭素原子間の単結合が一つ二重結合となったものを，シクロアルケンという．あるシクロアルケンの分子量が 96 であったとき，このシクロアルケンの分子式を示せ．

> ヒント：シクロアルカンの分子量は n を用いて表すと，C_nH_{2n} であるが，シクロアルケンはその単結合が一つ二重結合となったものである．したがって，分子量は $12 \times n + 2n - 2$ となる．

例題と解き方

【例題10-2】異性体

分子式が C_4H_{10} で表されるアルカンに関する異性体について，以下の各問に答えよ．

(1) このアルカンには2つの構造異性体がある．その2つの構造式を記せ．

(2) このアルカンの水素原子の一つを塩素原子で置換した化合物（分子式：C_4H_9Cl）には，いくつの構造異性体が考えられるか．

(3) (2)の構造異性体のうち，鏡像異性体（光学異性体）はどれか．構造式を示せ．

➡ 炭素の原子価は4であり，水素と塩素の原子価はともに1であることを考慮して炭素骨格を考える．

(1) 炭素原子は4個なので，直鎖か一つ枝分かれする骨格が考えられる．

(2) (1)の2つの構造異性体について，水素原子を塩素原子で置換することにより，それぞれ2つの構造異性体が考えられる．

(3) (2)の構造異性体のうち，不斉炭素を有するものを選べばよい．

答 (1)、(2) 4、(3) の構造式

問題10-2

分子式 C_5H_{12} で表される化合物に関して，以下の問いに答えよ．

(1) この化合物には3種類の構造異性体が考えられる．それらの構造式と名称をすべて記せ．

(2) この化合物の水素原子1つを塩素原子で置換し $C_5H_{11}Cl$ を合成した．構造異性体は全部でいくつ考えられるか．

(3) $C_5H_{11}Cl$ の構造異性体のうち，不斉炭素原子をもつものは全部でいくつあるか．

ヒント：炭素の原子価が4，水素と塩素の原子価が1であることを考慮し，構造異性体を考える．単結合ですべて異なる原子や原子団が結合している炭素原子が不斉炭素原子である．

10.2 官 能 基

官能基　炭化水素は，炭素と水素のみで構成された有機化合物であるが，水素原子を他の原子または原子団に置き換わることによって化学的性質が大きく変化する．このような有機化合物の特性を決める原子や原子団を官能基という．

官能基名	官能基	化合物の一般名	例
ヒドロキシ基	-OH	アルコール	CH_3OH　メタノール
ホルミル基*	-CHO	アルデヒド	CH_3CHO　アセトアルデヒド
カルボニル基	$>CO$	ケトン	$\begin{matrix}CH_3\\CH_3\end{matrix}>CO$　ジメチルケトン
カルボキシ基	-COOH	カルボン酸	CH_3COOH　酢酸
ニトロ基	$-NO_2$	ニトロ化合物	$C_6H_5NO_2$　ニトロベンゼン
アミノ基	$-NH_2$	アミン	$C_6H_5NH_2$　アニリン
エーテル結合	-O-	エーテル	CH_3OCH_3　ジメチルエーテル
エステル結合	-COO-	エステル	$CH_3COOC_2H_5$　酢酸エチル

＊アルデヒド基ともいう

例題と解き方

【例題10-3】化学式から構造式を考える

次の分子式で表される有機化合物の構造異性体をすべて示性式で示せ．また組成式についてもそれぞれ答えよ．

(1) C_4H_{10}　　(2) $C_2H_4O_2$ のうちカルボニル基をもつ化合物

➡炭素原子，水素原子の数から単結合か二重結合・三重結合の数を予想する．アルカンの一般式は C_nH_{2n+2} になり，二重結合・三重結合が1つ増えると，水素の数が2，4減少する．

総称	アルカン	アルケン	アルキン	シクロアルカン
分子式	C_nH_{2n+2}	C_nH_{2n}	C_nH_{2n-2}	C_nH_{2n}
特徴	単結合のみ	二重結合1つ	三重結合1つ	環状の炭素骨格

(1) C_4H_{10} は C_nH_{2n+2} の形であるのでアルカンであることが予想される．
　　次に，炭素骨格が異なる異性体（枝分かれ）を考える．
　　組成式は各原子の個数の最小整数比を考える．
　　　　C：H＝4：10 ⇒ C：H＝2：5
(2) カルボニル基（＝CO）を含む官能基を考え，炭素・水素の数が合う構造式を選ぶ．
　　この場合予想できる官能基は　-COOH，-COO-，-CHO と -OH．
　　組成式は(1)と同様に考える．
　　　　C：H：O＝2：4：2 ⇒ C：H：O＝1：2：1

答　$CH_3CH_2CH_2CH_3$，$CH_3\overset{\underset{|}{CH_3}}{C}HCH_3$，組成式：$C_2H_5$　(2) CH_3COOH，$HCOOCH_3$，$HOCH_2CHO$，組成式：CH_2O

問題10-3

$C_nH_{2n+2}O_{n-1}$ について次の各問に答えよ．

(1) $n=2$ のとき，考えられる物質をすべて示性式で示せ．
(2) $n=3$ のとき，考えられる O を含む官能基を答えよ．

(3) $n=3$ の物質のうち，アルコールのみで構成されている物質を示性式で示せ.

ヒント：-O-O- をペルオキシル基という.

問題 10-4

次の(1)~(6)の分子式で表される有機化合物はカルボキシル基（-COOH）を一つ含む化合物である（**高級脂肪酸**という）.(1)~(6)の高級脂肪酸には炭素の二重結合（-C=C-）は分子中にそれぞれ何個，存在するか.ただしどの高級脂肪酸も炭素の三重結合（-C≡C-）は存在しない.

(1) $C_{15}H_{31}COOH$ （パルミチン酸）　　(2) $C_{17}H_{33}COOH$ （オレイン酸）

(3) $C_{19}H_{31}COOH$ （アラキドン酸）　　(4) $C_{23}H_{37}COOH$ （ドコサヘキサエン酸）

(5) $C_{21}H_{39}COOH$ （ドコサジエン酸）　　(6) $C_{19}H_{33}COOH$ （ミード酸）

ヒント：後端の -H が -COOH に代わったとして【例題 10-3】の表をもとに考えるとよい.

問題 10-5

分子式 C_7H_8O で表される芳香族化合物に関して，以下の問いに答えよ.

(1) 全部で何種類の構造異性体が存在するか.

(2) 単体のナトリウムと反応するものは，全部でいくつか.

(3) 塩化鉄(III)水溶液を加えても色が変化しないものは全部でいくつか？

ヒント：・芳香族化合物（$C_6H_{5 or 4}$）＋官能基(1 or 2)で，O を含む官能基を考える.
　　　　・アルコールは Na と反応し，フェノールは塩化鉄(III)水溶液と反応する.

例題と解き方

【例題 10-4】元素分析

C，H，O からなる有機化合物 6.66 [mg] 燃焼させると，二酸化炭素 15.84 [mg]，水 8.10 [mg] が得られた.また分子量を調べたところ，148 であった.この有機化合物の組成式と分子式を答えよ.

➡ 二酸化炭素に含まれる炭素の質量は CO_2質量 $\times \dfrac{C}{CO_2} = CO_2$質量 $\times \dfrac{12}{44}$

　水に含まれる炭素の質量は　　　　H_2O質量 $\times \dfrac{2H}{H_2O} = H_2O$質量 $\times \dfrac{2.0}{18}$

上記式にあてはめると，

$$C：15.84 \times \frac{12}{44} = 4.32 \text{ [mg]}, \quad H：8.10 \times \frac{2.0}{18} = 0.90 \text{ [mg]}$$

有機化合物 6.66 [mg] に含まれる O は，$6.66-(4.32+0.90)=1.44$ [mg]

これらを各原子量で割ることで，整数比を求める

$$C：H：O = \frac{4.32}{12} : \frac{0.90}{1.0} : \frac{1.44}{16} = 4 : 10 : 1$$

よって組成式は $C_4H_{10}O$ となる.分子式は（$C_{4 \times n}H_{10 \times n}O_n$）

組成式の式量 $\times n =$ 分子量なので　$n=\dfrac{148}{74} = 2$

答　組成式：$C_4H_{10}O$，分子式：$C_8H_{20}O_2$

問題 10-6

とある炭化水素 21.0 [mg] を元素分析装置で完全燃焼させたところ，二酸化炭素 61.6 [mg]，水 37.8 [mg] を得た．また別の実験で，この炭化水素の物質量を調べると 6.0 [g] で 0.2 [mol] であった．この炭化水素の分子式を答えよ．

ヒント：分子量 M を質量と物質量から考える．

問題 10-7

とある有機化合物の組成を調べたところ炭素 C 32%，水素 H 4.0%，酸素 64%であった．また，別の実験で分子量を調べた結果 225 であった．この有機化合物の組成式と分子式を答えよ．

ヒント：質量組成値（%）からも同様に原子量で割ることで整数比を求めることができる．

10.3　身近な高分子化合物

高分子化合物　分子量が非常に大きな物質を高分子化合物という．モノマーと呼ばれる基本となる分子構造が重合反応により多数規則的に結合して形成している．タンパク質や糖類などの天然高分子化合物と，工業的に合成された合成高分子化合物に分類される．

重合反応　付加重合と縮合重合が主である．付加重合の代表としてポリエチレン（PE）が，縮合重合の代表としてポリエチレンテレフタレート（PET）があげられる．

エチレン　→　ポリエチレン

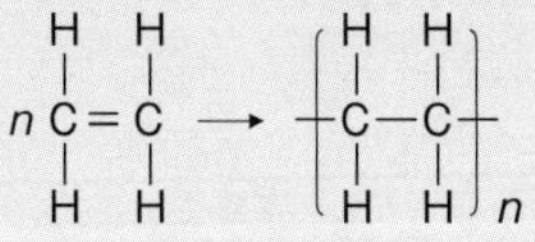

$$n \begin{matrix} H & H \\ | & | \\ C = C \\ | & | \\ H & H \end{matrix} \rightarrow \begin{bmatrix} H & H \\ | & | \\ -C - C- \\ | & | \\ H & H \end{bmatrix}_n$$

テレフタル酸　＋　エチレングリコール　→　ポリエチレンテレフタレート　＋　水

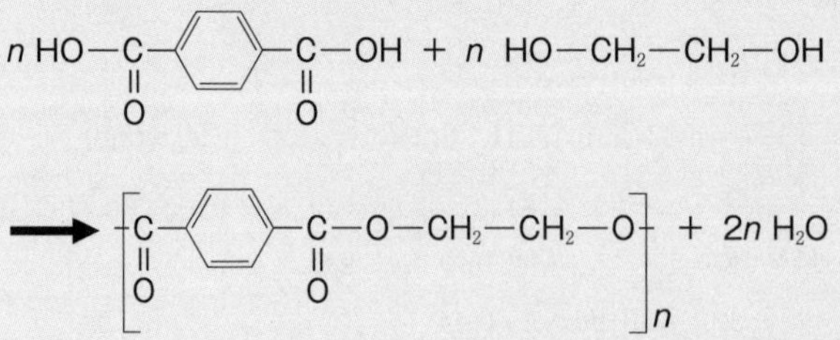

$$n\ HO-\underset{O}{\overset{O}{C}}-\bigcirc-\underset{O}{\overset{O}{C}}-OH + n\ HO-CH_2-CH_2-OH$$

$$\rightarrow \begin{bmatrix} \underset{O}{\overset{O}{C}}-\bigcirc-\underset{O}{\overset{O}{C}}-O-CH_2-CH_2-O \end{bmatrix}_n + 2n\ H_2O$$

高分子のもととなる分子をモノマーと言い，その結合数（上図中の n）を重合度という．同じ高分子でも重合度が異なると性質が異なることが多い．

例題と解き方

【例題 10-5】重合度
電線の被覆や水道管などに使用されるポリ塩化ビニルについて，平均分子量が 10 万の時の平均重合度はおおよそいくらか．

➡ポリ塩化ビニルの組成式は，$(-CH_2-CHCl-)n$ で表される．

$-CH_2-CHCl-$ は 62.5 である．よって，

$$\frac{100000}{62.5}=1600 \qquad 重合度は 1600$$

答　重合度は 1600

問題 10-8
重合度が約 3000 のポリエチレンの平均分子量はおおよそいくらになるか．

ヒント：上記例題の逆の計算である．ポリエチレンの組成式は，$(-CH_2-CHC_2-)n$ で表される．

【例題 10-6】
重合度が n のポリエチレンテレフタレート（PET）中にエステル結合はいくつ存在するか．n を用いて答えよ．

➡エステル結合は $-COO-$ である．

★組成式内にエステル結合が n 個，更に繰り返し単位をつなぐエステル結合が $(n-1)$ 個存在するので，エステル結合は，$n+(n+1)$ で合計 $(2n-1)$ 個存在する．
高分子化合物の重合度 n は非常に大きいので，$2n-1≒2n$ と考えることができる．よって，重合度 n のポリエチレンテレフタレート（PET）中のエステル結合は $2n$ 個である．

答　$2n$ 個

問題 10-9
(1) 平均分子量が 10000 のナイロン-6,6 には何個のアミド基が存在するか．

ヒント：ナイロン-6,6 の組成式は以下のとおりで，繰り返し単位の分子量は 226 である．また，アミド結合は $-NH-$ であり，重合度 n のナイロン-6,6 には $2n$ 個のアミド基が存在することになる．

10.4　人体と有機化合物（DNA）

　生物体を構成する大部分は有機化合物であり，これら生物体を構成している物質などを天然有機化合物という．天然有機化合物にはタンパク質・糖類・などがあり，その中でも生命現象に直接関係する化合物であるタンパク質・糖類の基本構造と性質，遺伝子の本体である核酸の基本構造は重要である．

タンパク質：アミノ酸分子同士の結合によって構成されている．二つのアミノ酸分子から脱水縮合してできた結合をペプチド結合という．

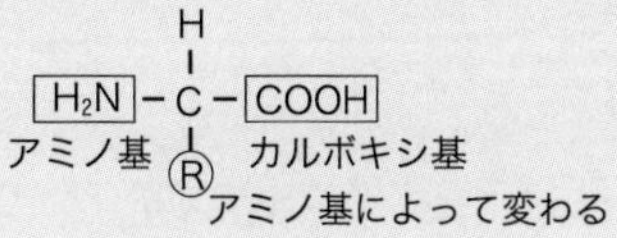

アミノ酸の構造 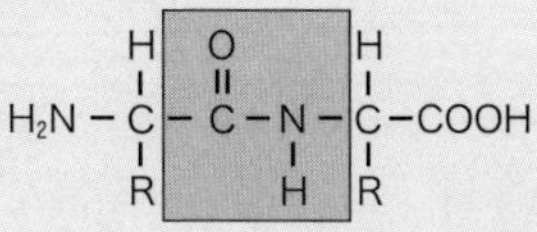　　　　　ペプチド結合

核酸：デオキシリボ核酸（DNA）とリボ核酸（RNA）の2種類が存在する．核酸は，リン酸・糖・塩基からなるヌクレオチドを構成単位とする．DNAを構成するヌクレオチドの糖はデオキシリボースであり，この糖に結合している塩基は，4種類（アデニン・チミン・グアニン・シトシン）である．

例題と解き方

【例題 10-7】DNA

核酸は，リン酸，　①　，糖からなる　②　という構成単位が連なった高分子化合物であり，DNAと　③　がある．DNAと　③　では構成する糖の種類が異なり，DNAでは　④　である．DNAを構成する　①　は，　⑤　，　⑥　，　⑦　，　⑧　の略号で示した4種類である．2本の鎖状のDNA分子は，一方の鎖中の　①　と　①　対を形成し，　⑨　構造とよばれる立体構造をとる．

➡核酸の基本構造を知っておく必要がある．

答　① 塩基，② ヌクレオチド，③ RNA，④ デオキシリボース，⑤ A，⑥ T，⑦ G，⑧ C，⑨ 二重らせん

問題 10-10

ある生物の2本鎖のDNA分子の塩基成分を調査すると，Aの割合は35%，であった．このDNAのT，G，Cの割合はそれぞれ何%になるか．

ヒント：DNAはAとT，GとCが塩基対を形成する．

例題と解き方

【例題 10-8】

アミノ酸は，その分子中に酸性の　①　基と塩基性の　②　基をもっている．アミノ酸のうち最も簡単な構造をもつアミノ酸は　③　である．

タンパク質は，多数のアミノ酸が　④　結合で鎖状に連結した　⑤　からできている．　⑤　鎖中のアミノ酸の配列順序をタンパク質の　⑥　いう．　④　結合の部分では水素結合が形成され，二次構造としてらせん状の　⑦　構造やひだ状の　⑧　構造が生じる．実際のタンパク質では，二次構造を形成したポリペプチド鎖同士の相互作用やシステインの –SH 間につくられる　⑨　結合などによって三次構造をとることが多い．

➡ アミノ酸・タンパク質の基本構造を知っておく必要がある．

答　① カルボキシ，② アミノ，③ グリシン，④ ペプチド，⑤ ポリペプチド，⑥ 一次構造，⑦ α-ヘリックス，⑧ β-シート，⑨ ジスルフィド

問題 10-11

右図のような α-アミノ酸 A，B がある．
A のアミノ酸 1 分子と B のアミノ酸 1 分子から生じるジペプチドの構造式を示せ．

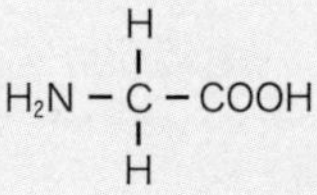

$$H_2N-\overset{\overset{\displaystyle H}{|}}{\underset{\underset{\displaystyle H}{|}}{C}}-COOH \qquad H_2N-\overset{\overset{\displaystyle H}{|}}{\underset{\underset{\displaystyle CH_3}{|}}{C}}-COOH$$

A 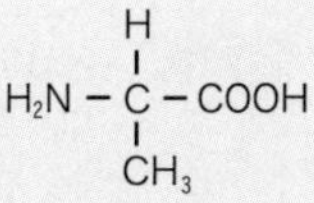　　　　　　　B

ヒント：ペプチド結合のでき方を知っておく必要がある．答えは 2 つある．

演 習 問 題

【1】　分子式 $C_4H_8O_2$ をもつ化合物 A～D に関する記述を参考に，以下の問いに答えよ．

化合物 A　　$NaHCO_3$ 水溶液を加えると CO_2 が発生した．また，炭素鎖は枝分かれしていなかった．

化合物 B　　1 [mol] の B を加水分解した後に酸化すると，カルボン酸 E が 2 [mol] 生成した．

化合物 C　　加水分解すると，銀鏡反応を示すカルボン酸 F とヨードホルム反応を示すアルコール G が生成した．

化合物 D　　二価の第一級アルコールである．また，シス形の炭素－炭素二重結合 C＝C をもっている．

(1) 化合物 A～D ならびにアルコール G の構造式を書け．

(2) カルボン酸 E と F の名称を答えよ．

> **ヒント**：・$NaHCO_3$ と弱酸が反応したときに，CO_2 が発生する．
> ・加水分解される有機化合物はエステルであり，加水分解されるとカルボン酸とアルコールが生成する．第一級アルコールとは，ヒドロキシル基が結合している炭素原子が一つの炭素原子と結合しているアルコールのことで，酸化されるとアルデヒドを経てカルボン酸になる．
> ・銀鏡反応は還元性のあるホルミル基を有する有機化合物について生じる．
> ・ヨードホルム反応が生じるアルコールは，$CH_3CH(OH)$-R の構造が存在している．
> ・二価のアルコールとは，ヒドロキシル基を 2 個有するアルコールのことである．

【2】　C，H，O からなる有機化合物 10.01 [mg] を元素分析装置で完全燃焼させたところ，二酸化炭素 22.00 [mg]，水 12.06 [mg] を得た．また別の実験で，この有機化合物の物質量を調べると 12.0 [g] で 0.2 [mol] であった．この時考えられる，有機化合物の示性式を全て答えよ．

【3】　天然高分子化合物であるタンパク質に水酸化ナトリウムを加えて加熱すると，タンパク質は分解しタンパク質中の窒素はアンモニアへと変化する．良質なタンパク源として世界中から注目を集めている豆腐 100 g に水酸化ナトリウムを加えて加熱分解すると 15 mg のアンモニアが発生した．タンパク質が約 16 ％の窒素を含むとしてこの豆腐に含まれるたんぱく質の割合はおおよそいくらか．

> **ヒント**：・豆腐に含まれるタンパク質の割合を x% とおいてみよう．
> ・豆腐に含まれる窒素の質量は $100 \times \dfrac{x}{100} \times \dfrac{16}{100}$ となる．
> ・窒素がアンモニアへ変化すると質量は $\dfrac{NH_3}{N} = \dfrac{17}{14}$ 倍となる．
> ・15 mg は 0.015 g である．

【4】　右図はDNAの構造を模式的に表している．次の問いに答えよ．

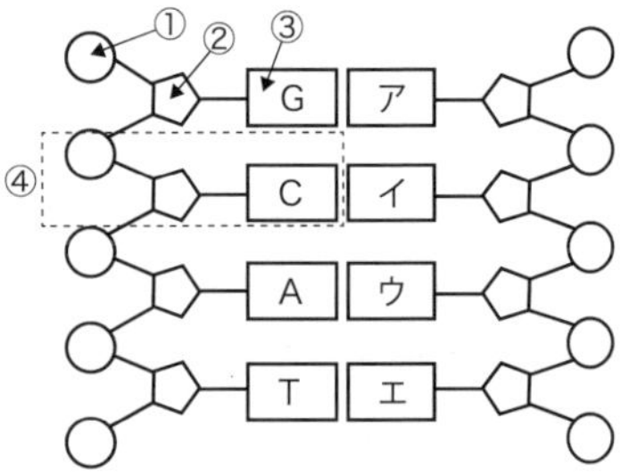

(1) 図中の①～④の部分の名称を答えよ．

(2) 図中のア～エに当てはまる物質名を答えよ．

(3) DNAは図のような構造を基本として，どのような立体構造をとっているか．

(4) (3)のこの構造をはじめて提唱した人物がだれか．

(5) あるDNA分子を調べると，全塩基中でTが22%を占めていた．この時，A，G，Cそれぞれの塩基が占める割合は何%か．

(6) DNAは10塩基対毎に1周する構造（上記(3)の構造）となっている．あるDNA分子を調べると，総塩基数が1.0×10^9個であった．1周のらせんの長さが3.4 nmのとき，DNA全体の長さは何nmになるか．

【5】　次の記述を読み，以下の問いに答えよ．

1. メタンと塩素の混合気体に光を当てると〔a〕反応が起き，クロロメタンCH_3Clが生成する．この反応は十分な量の塩素が存在するとさらに進行し，分子式CH_2Cl_2で表される化合物Aが生成する．

2. メタンのH原子2つをエチル基で置き換えた化合物Bと，メタンのH原子すべてをメチル基で置き換えた化合物Cは互いに構造異性体である．また，メタンのH原子3つをそれぞれメチル基，ヒドロキシ基，カルボキシ基で置き換えた化合物Dは，〔b〕原子をもつため〔c〕異性体が存在する．

3. 化合物Eと化合物Fに触媒の濃硫酸を加えて加熱すると〔d〕反応が起き，酢酸エチルが生成する．酢酸エチルに希硫酸を加えて加熱すると〔e〕反応が起き，化合物Eと化合物Fが得られる．化合物Fにヨウ素と水酸化ナトリウム水溶液を加えると〔f〕反応が起き，黄色の沈殿が生成する．

(1) 〔a〕～〔f〕に当てはまる語句を下記【語群】より選び番号で答えよ．

　　【語群】 ① 銀鏡　　② エステル化　　③ 置換　　④ シス-トランス
　　　　　　⑤ 不斉炭素　　⑥ 中和　　⑦ 鏡像　　⑧ スルホン化　　⑨ 付加
　　　　　　⑩ ヨードホルム　　⑪ 加水分解　　⑫ 重合

(2) 化合物A，B，C，E，Fの化合物名を答えよ．

(3) 化合物B，C，Dならびに酢酸エチルの構造式を示せ．

【6】　次の文章を読み，以下の問いに答えよ．

　バファリンAの商品名で知られる解熱鎮痛剤の有効成分は「アスピリン（アセチルサリチル酸)」と呼ばれる化合物である．その合成法を図に示す．まず，ベンゼンに試薬aと触媒を反応させて化合物Aを合成する．つづいて，酸素で酸化して化合物Bへと導いた後，濃硫酸を作用させ化合物Cと化合物Dを得る．

その後，水酸化ナトリウムとの反応により化合物Cをナトリウムフェノキシドへと変換してから，二酸化炭素を反応させると化合物Eが得られる．化合物Eに濃硫酸を作用させて弱酸の遊離を行い化合物Fとする．最後に，化合物Fと試薬bを反応させるとアスピリンが合成できる．

(1) 置換基 [X 1] は炭化水素基である．適切なものを次から選び番号で答えよ．
　　① メチル基　　　② エチル基　　　③ プロピル基
　　④ イソプロピル基　　　⑤ ビニル基

(2) 化合物C，D，Fの名称を記せ．

(3) ここで示した化合物Cの製造法は実際に工業的に利用されている．この製造法を何というか．

(4) 化合物A，C，Fとアスピリンのうち，塩化鉄（Ⅲ）水溶液で呈色するものをすべて答えよ．

(5) 化合物Fの置換基 [X 2] と [X 3] のように，ベンゼン環で隣り合う置換基の位置関係を何というか．「○○位」で示せ．

(6) 試薬aの構造式ならびに置換基 [X 2]～[X 4] の構造を示せ．

(7) 試薬bは酢酸2分子が脱水縮合したものである．試薬bの構造式を示せ．

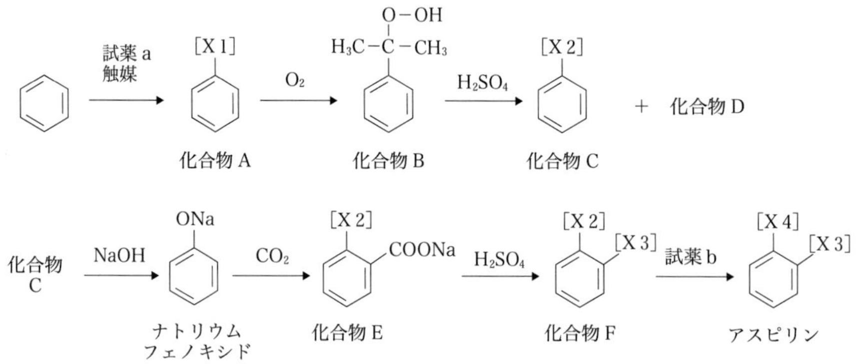

【7】　次の文章を読み，以下の問いに答えよ．

化合物Aに濃硫酸を作用させると分子内脱水反応が起き，分子量が同じ化合物BとCが生成した．化合物Bを加水分解すると化合物Dが，化合物Cを加水分解すると化合物Eが，メタノールと一緒に得られた．化合物DとEは両方とも，白金触媒を用いて水素付加反応を行うと化合物F（分子量118）に変換された．化合物Dは加熱すると水1分子を失って化合物Gとなったが，化合物Eはこのような反応を起こさなかった．

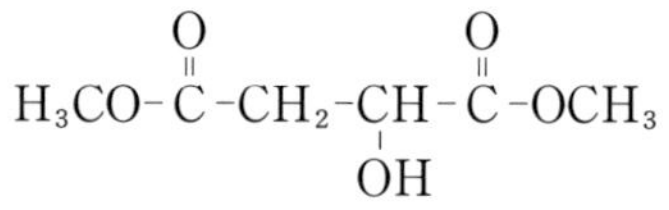

$$H_3CO-\overset{\overset{O}{\|}}{C}-CH_2-\underset{\underset{OH}{}}{CH}-\overset{\overset{O}{\|}}{C}-OCH_3$$

化合物A

(1) 化合物Aには不斉炭素原子が存在しているため，ある立体異性体が生じる．この異性体を何と言うか．

(2) 化合物 B と C は互いに立体異性体の関係になっている．このような異性体を何と言うか．

(3) 化合物 D と E の名称は何か．以下から 1 つ選び番号で答えよ．
　　① フタル酸　　　② マレイン酸　　　③ アクリル酸　　　④ リノール酸
　　⑤ フマル酸　　　⑥ 乳酸

(4) 化合物 F と化合物 G の構造式を書け．

【8】　分子式 $C_{10}H_{16}O_4$ で表されるエステルを用いて実験を行った．次の実験結果を基に，化合物 A，B，C に関する記述①〜⑥のうち，正しいものを"すべて"選び番号で答えよ．

【実験1】エステル 1 mol を酸を触媒として加水分解すると，化合物 A 1 mol と化合物 B 2 mol が生成した．

【実験2】A にはシス-トランス異性体が存在することが分かった．

【実験3】A を加熱すると脱水反応が起こり，分子式 $C_4H_2O_3$ で表される化合物 C が得られた．

【実験4】B は，ヨードホルム反応を示し，酸化するとアセトンになった．

　① A は二価アルコールである．
　② A はシス型の異性体である．
　③ B は第二級アルコールである．
　④ B には，B 自身も含めて 3 種類の構造異性体が存在する．
　⑤ C には 6 個の原子で構成される環が存在する．
　⑥ C はカルボキシ基を 2 つもっている．

問 題 解 答

問題 10-1　C_7H_{12}

問題 10-2　(1) $CH_3-CH_2-CH_2-CH_2-CH_3$　　　$CH_3-\underset{\underset{\displaystyle CH_3}{|}}{C}H-CH_2-CH_3$　　　$CH_3-\underset{\underset{\displaystyle CH_3}{|}}{\overset{\overset{\displaystyle CH_3}{|}}{C}}-CH_3$

　　　　　　　　　ペンタン　　　　　　　　2-メチルブタン

　　　　　　　　　　　　　　　　　　　　　　　　　　　　　　2,2-ジメチルプロパン

　　(2) 8, (3) 3

問題 10-3　(1) CH_3CH_2OH, CH_3OCH_3,

　　(2) OH(ヒドロキシ基), -O-(エーテル基), -O-O-(ペルオキシ基),

　　(3) $CH_3CH_2\underset{\underset{\displaystyle OH}{|}}{C}HOH$, $OH-CH_2CH_2CH_2OH$, $CH_3\underset{\underset{\displaystyle OH}{|}}{C}HCH_2OH$, $CH_3\underset{\underset{\displaystyle OH}{|}}{\overset{\overset{\displaystyle OH}{|}}{C}}CH_3$

問題 10-4　(1) 0 個, (2) 1 個, (3) 4 個, (4) 5 個, (5) 2 個, (6) 3 個

問題 10-5　(1) 5, (2) 4, (3) 2

問題 10-6　C_2H_6

問題 10-7　組成式 $C_2H_3O_3$, 分子式 $C_6H_9O_9$

問題 10-8　平均分子量は約 84000

問題 10-9　約 90 個

問題 10-10　T：35%, G：15%, C：15%

問題 10-11　$H_2N-\underset{\underset{\displaystyle H}{|}}{\overset{\overset{\displaystyle HO}{|}}{C}}-\overset{\overset{\displaystyle H}{|}}{C}-N-\underset{\underset{\displaystyle CH_3}{|}}{\overset{\overset{\displaystyle H}{|}}{C}}-COOH$　または　$H_2N-\underset{\underset{\displaystyle CH_3}{|}}{\overset{\overset{\displaystyle HO}{|}}{C}}-\overset{\overset{\displaystyle H}{|}}{C}-N-\underset{\underset{\displaystyle H}{|}}{\overset{\overset{\displaystyle H}{|}}{C}}-COOH$

演 習 問 題

【1】　(1) 化合物 A　$CH_3-CH_2-CH_2-\overset{\overset{\displaystyle O}{\|}}{C}-OH$

　　　　化合物 B　$CH_3-\overset{\overset{\displaystyle O}{\|}}{C}-O-CH_2-CH_3$

　　　　化合物 C　$H-\overset{\overset{\displaystyle O}{\|}}{C}-O-\underset{\underset{\displaystyle H}{|}}{\overset{\overset{\displaystyle CH_3}{|}}{C}}-CH_3$

　　　　化合物 D　$\overset{\displaystyle HO-CH_2 \quad\quad CH_2-OH}{\underset{\displaystyle H \quad\quad\quad\quad H}{C=C}}$

　　　　アルコール G　$HO-\underset{\underset{\displaystyle CH_3}{|}}{\overset{\overset{\displaystyle CH_3}{|}}{C}}-CH_3$

　　(2) カルボン酸 E：酢酸　　　カルボン酸 F：ギ酸

【2】　$CH_3CH_2CH_2OH$, $CH_3\underset{\underset{\displaystyle OH}{|}}{C}HCH_2$, $CH_3CH_2OCH_3$

【3】　豆腐に含まれるタンパク質の割合を x% とすると次式が成立する.

$$100\times\left(\frac{x}{100}\right)\times\left(\frac{16}{100}\right)\times\left(\frac{17}{14}\right)=0.015$$

　　　$x=0.0772$ となり, この豆腐に含まれるタンパク質の割合は約 8% となる.

【4】　(1) ①：デオキシリボース, ②：リン酸, ③：塩基, ④：ヌクレオチド

　　(2) ア：シトシン, イ：グアニン, ウ：チミン, エ：アデニン

　　(3) 二重らせん構造

　　(4) ワトソン・クリック

　　(5) A：22%, G：28%, C：28%

　　AとTの数は等しいため，A＝T＝22％となる.

　　G＋C＝100−(22×2)＝56％

　　GとCの数も等しいため 56÷2＝28％

(6) $1.7×10^2$ mm

　　総塩基数 $1.0×10^9$ 個より，塩基対数はその半分の $5.0×10^8$ 個となる.

　　1周のらせんの長さ（10塩基対分の長さ）が 3.4 nm なので,

　　$5.0 × 10^8 × (3.4 ÷ 10) ＝ 1.7 × 10^8$ nm　10^6 nm ＝ 1 mm なので，$1.7 × 10^2$ mm

【5】(1) 〔a〕③　　〔b〕⑤　　〔c〕⑦　　〔d〕②　　〔e〕⑪　　〔f〕⑩

(2) 化合物A ジクロロメタン　　化合物B ペンタン　　化合物C 2,2-ジメチルプロパン（ネオペンタン）

　　化合物E 酢酸　　化合物F エタノール

(3) 化合物B $CH_3-CH_2-CH_2-CH_2-CH_3$　　化合物C $CH_3-\overset{\overset{\displaystyle CH_3}{|}}{\underset{\underset{\displaystyle CH_3}{|}}{C}}-CH_3$

　　化合物D $CH_3-\overset{\overset{\displaystyle H}{|}}{\underset{\underset{\displaystyle O-H}{|}}{C}}-\overset{\overset{\displaystyle O}{\|}}{C}-O-H$　　　　酢酸エチル $CH_3-\overset{\overset{\displaystyle O}{\|}}{C}-O-CH_2-CH_3$

【6】(1) ④

(2) 化合物C フェノール　　化合物D アセトン　　化合物F サリチル酸

(3) クメン法

(4) 化合物C　化合物F

(5) オルト位（o-位）

(6) 試薬a $CH_2＝CH-CH_3$　　置換基[X2] $-O-H$　　置換基[X3] $-\overset{\overset{\displaystyle O}{\|}}{C}-O-H$　　置換基[X4] $-O-\overset{\overset{\displaystyle O}{\|}}{C}-CH_3$

(7) 試薬b $CH_3-\overset{\overset{\displaystyle O}{\|}}{C}-O-\overset{\overset{\displaystyle O}{\|}}{C}-CH_3$

【7】(1) 鏡像異性体（光学異性体）　　(2) シス-トランス異性体（幾何異性体）

(3) 化合物D ②　　　　　化合物E ⑤

(4) 化合物F $HO-\overset{\overset{\displaystyle O}{\|}}{C}-CH_2-CH_2-\overset{\overset{\displaystyle O}{\|}}{C}-OH$　　　化合物G $\begin{matrix} O＝C{\diagdown}^O{\diagup}C＝O \\ | \qquad | \\ H-C＝C-H \end{matrix}$

【8】② ③ ④

付録　単位と有効数字

1　単位と次元

単　位　　自然科学において，測定したい量を数値で表現するためには基準が必要である．この基準となる量のことを**単位**という．長さをメートル［m］，質量をキログラム［kg］，時間を秒［s］，電流をアンペア［A］，温度をケルビン［K］，物質量をモル［mol］，光度をカンデラ［cd］で表わす単位系を**国際単位系（SI）**という．このとき m, kg, s, A, K, mol, cd を**基本単位**といい，速さ［m/s］などの基本単位を組み合わせて作られる単位を**組立単位**という．

次　元　　単位系とは無関係に長さを L，質量を M，時間を T と書くと，その他の量は a, b, c を実数として $L^a M^b T^c$ という形で表される．この関係を**次元**と呼ぶ．例えば密度の次元は ML^{-3} で，M（質量）について 1 次元，L（長さ）について -3 次元，T（時間）について 0 次元であるという．

例題と解き方

【例題 1】次元と関数形

浅い水面に起こる波の速さ v［m/s］は，水の深さ h［m］と重力加速度 g［m/s²］に関係することがわかっている．速さ v の関数形を推測せよ．

➡ $v = A h^a g^b$ という関数形を仮定する（A はある定数）．

右辺の次元式は $[h^a g^b] = L^a (LT^{-2})^b = L^{a+b} T^{-2b}$ となる．

一方，左辺の次元式は $[v] = LT^{-1}$ であるから両辺の指数を比較すると，

$$a + b = 1, \quad -2b = -1$$

を得る．この連立方程式を解くと，$a = b = \dfrac{1}{2}$ となる．

答　$v = A\sqrt{gh}$（A は次元解析からは決まらない定数）

問題 1

次の (1) ～ (6) 各量の単位を，基本単位を用い $[kg^a \cdot m^b \cdot s^c]$ の形で表わせ.

(1) 体積   (2) 加速度

(3) エネルギー   (4) 圧力

(5) 力   (6) 熱量

ヒント：基本単位のそれぞれの各量が式や法則などにより，どのように表されるかを考える.

問題 2

単位の (1) ～ (3) の各換算について，以下の問に答えよ.

(1) 15 $[m/s]$ は何 $[km/h]$ か.

(2) 314 $[kJ]$ は何 $[kcal]$ か.

(3) 1024 $[hPa]$ は何 $[mmHg]$ か.

ヒント：$1 [cal] = 4.184 [J]$，$1013 [hPa] = 760 [mmHg]$ の関係を用いる.

問題 3

化学におけるモル濃度の単位は通常 $[mol/L]$ であるが，これを $[mol/cm^3]$ および $[mol/m^3]$ で表すときの関係はどのようになるか.

ヒント：$1 [L] = 10^3 [cm^3]$，$1 [L] = 10^{-3} [m^3]$ であることを用いるとよい.

問題 4

高さ $h [m]$ の橋から，質量 $m [kg]$ のおもりを自由落下させるとき，水面における速さ $v [m/s]$ の関数形を推測せよ. ただし，重力加速度を $g [m/s^2]$ とする.

ヒント：A を定数として，$v = Ah^a m^b g^c$ と仮定する.

問題 5

ばね定数 $k [N/m]$ のばねの一端に，質量 $m [kg]$ のおもりをつけて単振動させたときの周期 $T [s]$ の関数形を推測せよ.

ヒント：A を定数として，$T = Ak^a m^b$ と仮定する.

問題 6

気体の圧力を $P [Pa = N/m^2]$，体積を $V [m^3]$ とすると，その積 PV はエネルギーの次元を持つことを示せ.

ヒント：$[N] = [kg \cdot m \cdot s^{-2}]$ であることを用いる.

問題 7

プランク定数を $h [J \cdot s]$，光速を $c [m/s]$ とするとき，振動数 $\nu [Hz (= s^{-1})]$ の光子が持つ運動量 $p [kg \cdot m/s]$ の関数形を推測せよ.

ヒント：$[J] = [kg \cdot m^2 \cdot s^{-2}]$ であることを用いる.

2 有効数字

有効数字　化学や物理の実験において，測定値は基本的に最小目盛りの1/10の位まで目分量で読み取る．たとえば，針金の直径を測定して1.23 [mm] という値を得た場合，「1」,「2」,「3」はすべて測定値として意味のある数字であり，これらを**有効数字**という．また，1.23 は有効数字が3桁であるという．

有効数字の四則演算

【加法と減法】　測定値中で有効数字の末位が最高の位をもつものを基準にして，他の測定値については基準の位の1つ下の位の数字まで残して切り捨てし（四捨五入ではない），その後に計算して最下位の位を四捨五入する．

【乗法と除法】　測定値中の最小の有効数字の数を調べ，それよりも桁数を1桁だけ余分に計算し，最後にその桁を四捨五入して，結果の有効数字の数を最小の有効数字に等しくする．

例題と解き方

【例題2】

有効数字に注意して，次の(1)と(2)の計算をせよ．

(1) 11.356 ＋ 2.3   (2) 3.1415 × 1.4

$$
\begin{array}{ll}
\text{(1)} & \text{(2)} \\
\quad 11.35\cancel{6} \quad \leftarrow \text{有効数字5桁} & \quad 3.14\cancel{15} \quad \leftarrow \text{有効数字5桁} \\
+\,)\,\underline{2.3} \quad \leftarrow \text{有効数字2桁} & \times\,)\,\underline{1.4} \quad \leftarrow \text{有効数字2桁} \\
\quad 13.6\cancel{5} & \quad 4.39\cancel{6} \\
\quad 13.7 \qquad \leftarrow \text{有効数字3桁} & \quad 4.4 \qquad \leftarrow \text{有効数字2桁}
\end{array}
$$

➡(1) 末位が最高の位は2.3の少数点下1つ目であるから，11.356を少数点下2つ目まで残して切り捨てて計算し，四捨五入して末位が最高の位にあわせる．

➡(2) 最小の有効数字の数は1.4の2つだから，3.1415の桁数を1桁だけ余分の3.14として計算し，最小の有効数字の数に四捨五入する．

答　(1) 13.7　(2) 4.4

問題 8

次の(1)～(6)の各値の有効数字は何桁か．

(1) 432.6 [kJ]　　　　　　　(2) 1.9934×10^{-23} [kg]

(3) 2.30 [mol]　　　　　　　(4) −273.15 [K]

(5) 0.0062 [mm]　　　　　　(6) 0.00620 [mm]

ヒント：位取りの0は有効数字とみなさないことに注意する．

問題 9

次の (1) と (2) の各数を $x \times 10^n$ （$1 \leqq x < 10$）の形で表せ.

(1) 483.598

(2) 0.00347

ヒント：桁数を間違えないように注意する.

問題 10

電子1個の静止質量は 9.109×10^{-31} [kg] である. 有効数字に注意して，電子 1.5 [mol] の静止質量 [kg] を求めよ. ただし，アボガドロ定数を 6.022141×10^{23} [1/mol] とする.

ヒント：最小の有効数字の数は 9.109 の4つだから，6.022141 の桁数を1桁だけ余分の 6.0221 として計算する.

問題 11

次の (1) ～ (7) の各演算を有効数字に注意して計算せよ.

(1) $8.52 + 16.9365$

(2) $135.68 + 29.310 - 60.5$

(3) 43.682×0.062

(4) $\dfrac{1329.61}{6.3 \times 10^3}$

(5) $2.734 \times 12.056 \times 6.12$

(6) $\dfrac{(7.53)^2}{3.14} + \dfrac{2.34}{5.6}$

(7) $\dfrac{1.775 \times 980}{2.0000 \times 3.1416 \times (1.696 + 1.660)} + \dfrac{1.696 - 1.660}{2.000} \times 0.515 \times 0.9984 \times 980$

演 習 問 題

【1】　ラザフォード散乱

　　質量 m_a [kg]，電荷 $2e$ [C]（e は電気素量）の α 粒子（ヘリウム原子核）を v [m/s] の速さで原子番号 Z の原子核（電荷 Ze [C]）に下図のように入射させる．ここで，ρ [m] は衝突パラメータ，χ [rad] は α 粒子を入射させたときの散乱角である．このとき，クーロン定数を k [Nm²/C²] とすると，χ は m_a，$2e$，v，Ze，ρ，k の関数で表わされる．次元解析の方法を用いて，χ の関数形を求めよ．

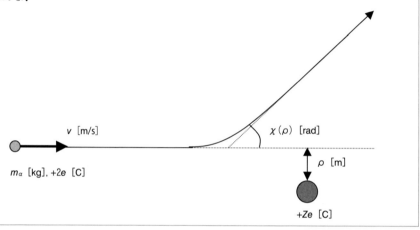

:::ヒント:::　長さ，質量，時間，電流の次元をそれぞれ L，M，T，I とする．電荷 [C] の次元は [C] =I·T となることに注意しよう．

:::解法:::　以下のような関数形を仮定する．

$$\chi \;=\; A m_a^a (2e)^b v^c (Ze)^d \rho^e k$$

A は次元解析からは決まらないある定数である．ここで，k の指数を 1 とおいても一般性は失わない．散乱角 χ [rad] は無次元量であるから，両辺の次元式は，

$$1 \;=\; M^a \cdot (IT)^b \cdot (LT^{-1})^c \cdot (IT)^d \cdot L^e \cdot (ML^3 I^{-2} T^{-4})$$
$$\Leftrightarrow M^0 L^0 T^0 I^0 \;=\; M^{a+1} L^{c+e+3} T^{b+d-c-4} I^{b+d-2}$$

となる．両辺の指数を比較して，

$$a + 1 = 0, \; c + e + 3 = 0, \; (b + d) - c - 4 = 0, \; (b + d) - 2 = 0$$

を得る．電荷 2e，Ze は対等だから b=d=1 と取れることに注意すると，

$$a = -1, \; b = 1, \; c = -2, \; d = 1, \; e = -1$$

となる．

問 題 解 答

問題 1 (1) m³, (2) m·s⁻², (3) kg·m²·s⁻², (4) kg·m⁻¹·s⁻², (5) kg·m·s⁻², (6) kg·m²·s⁻²

問題 2 (1) 54 [km/h], (2) 75.0 [kcal], (3) 768 [mmHg]

問題 3 $1 \, [\text{mol/L}] = 1 \times 10^{-3} \, [\text{mol/cm}^3] = 1 \times 10^3 \, [\text{mol/m}^3]$

問題 4 $v = A\sqrt{gh}$

問題 5 $T = A\sqrt{\dfrac{m}{k}}$

問題 6 PV の単位は [N·m=kg·m²·s⁻²] となる．これは**問題 1** で見たように，エネルギーの単位と同じである．したがって，PV はエネルギーと同じ次元を持つ．

問題 7 $p = A\dfrac{h\nu}{c}$

問題 8 (1) 4 桁, (2) 5 桁, (3) 3 桁, (4) 5 桁, (5) 2 桁, (6) 3 桁

問題 9 (1) 4.83598×10^2, (2) 3.47×10^{-3}

問題 10 8.222×10^{-7} [kg]

問題 11 (1) 25.46, (2) 104.5, (3) 2.7, (4) 0.21, (5) 202, (6) 18.5, (7) 91.6

演 習 問 題

【1】 $\chi = A\dfrac{2Ze^2k}{m_a v^2 \rho}$

＊正確には，χ は $\dfrac{2Ze^2k}{m_a v^2 \rho}$ の関数であり，その関数形は Newton の運動方程式を解いて求められる．

索　引

編著者

やの じゅん
矢野　潤
新居浜工業高等専門学校数理科・特任教授　工学博士
1987 年　広島大学大学院工学研究科博士課程修了
1987 年　山梨大学教育学部化学教室
1991 年　山口大学工学部応用化学工学科
1994 年　東亜大学工学部食品工業科学科
2004 年　新居浜工業高等専門学校数理科
2012 年　The University of California, Los Angele
　　　　（UCLA）客員研究員
趣味・特技：バドミントン（元国体選手および監督），
登山，ギター，ウクレレ

かんの よしのり
管野　善則
（株）ムジカ企画代表取締役会長　工学博士
1982 年　東京工業大学大学院総合理工学研究科博士課
　　　　程修了
1982 年　通産省入省　工業技術院名古屋工業技術試験
　　　　所
1986 年　同所　放射線部　主任研究官
1987 年　山梨大学教育学部化学教室
1998 年　山梨大学工学部
2008 年　首都大学東京産業技術大学院大学
趣味・特技：キックボクシング，空手，音楽鑑賞

著　者

いとう たけし
伊藤　武志（2 章，6 章）
弓削商船高等専門学校総合教育科・教授　博士（工学）
2005 年　広島大学大学院先端物質科学研究科博士課程
　　　　修了
2005 年　高松工業高等専門学校一般教育科・非常勤講師
2006 年　弓削商船高等専門学校総合教育科
趣味・特技：ラグビー・フットボール，音楽鑑賞（ライ
ブ・ロックフェスに行くこと）

おかの ひろし
岡野　寛（1 章，9 章）
香川工業高等専門学校一般教育科・教授　博士（工学）
1988 年　岡山大学大学院工学研究科修士課程修了
1988 年　三洋電機株式会社研究開発本部ニューマテリ
　　　　アル研究所
2001 年　高松工業高等専門学校一般教育科
2005 年　University of New South Wales および Uni-
　　　　versity of Technology, Sydney）客員研究員
趣味・特技：野球，自転車，家庭菜園，日曜大工

おさき のぶかず
尾崎　信一（5 章，7 章）
元高知工業高等専門学校総合科学科・教授
1973 年　高知短期大学教職課程修了
1988 年　高知工業高等専門学校工業化学科
1997 年　高知工業高等専門学校総合科学科
趣味・特技：テニス，サイクリング

かとう せいこう
加藤　清考（付録の章）
小山工業高等専門学校一般科・教授　博士（理学）
2000 年　金沢大学大学院自然科学研究科博士課程修了
2001 年　高松工業高等専門学校一般教育科
2010 年　福井工業高等専門学校一般科目教室（自然系）
2015 年　小山工業高等専門学校
趣味・特技：野球，ギター演奏

たけなか かずひろ
竹中　和浩（5 章，7 章，10 章）
香川高等専門学校一般教育科・准教授
博士（理学）
2002 年　北海道大学理学研究科博士後期課程修了
2002 年　分子科学研究所博士研究員
2005 年　大阪大学産業科学研究所
2010 年　RWTH Aachen University 客員研究員
2019 年　香川高等専門学校一般教育科
趣味・特技：音楽鑑賞（特にライブやフェス），サイク
リング

ただ かおり
多田　佳織（3 章，4 章，10 章）
高知工業高等専門学校ソーシャルデザイン工学科・准教授
博士（工学）
2000 年　金沢大学大学院自然科学研究科博士課程修了
2009 年　徳島大学大学院先端技術科学教育部博士後期
　　　　課程修了
2009 年　香川高等専門学校　非常勤講師
2010 年　阿南工業高等専門学校　非常勤講師　兼任
2011 年　高知工業高等専門学校総合科学科
趣味・特技：音楽鑑賞，フラダンス

たちかわ なおき
立川　直樹（8 章，9 章）
香川高等専門学校一般教育科・講師　博士（工学）
2009 年　慶應義塾大学大学院理工学研究科博士課程修了
2009 年　横浜国立大学大学院工学研究院　産学連携研
　　　　究員
2012 年　Monash University 日本学術振興会海外特別
　　　　研究員
2014 年　慶應義塾大学大学院理工学研究科　特任助教
2019 年　香川高等専門学校一般教育科
趣味・特技：周期表関連グッズ収集